“十三五”江苏省高等学校重点教材(编号:2018-2-226)
南京信息工程大学“三百工程”建设精品教材

天气预报综合实习教程

朱　彬　郭志荣　侯瑞钦　肖递祥　编著

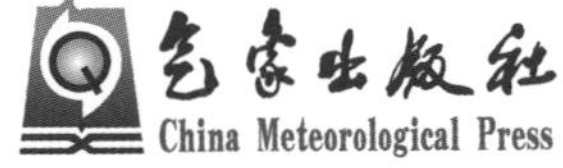

内容简介

本书是在高等学校大气科学专业的天气预报综合实习和相关实践课程的长期教学经验基础上总结编写而成的，其主要内容包括我国天气气候特征介绍、气象信息综合分析处理系统使用、常用数值预报模式产品简介及其释用、天气形势分析与预报和气象要素预报五部分。本书旨在培养学习者的基本天气预报思路，每章根据重点和难点内容设置了实习和练习，综合性与实践性较强，可作为高等院校气象专业及相关专业的教材，对从事天气预报业务人员和相关科研人员也具有一定的参考价值。

图书在版编目(CIP)数据

天气预报综合实习教程 / 朱彬等编著. —北京 ：气象出版社，2021.5

ISBN 978-7-5029-7428-2

Ⅰ. ①天… Ⅱ. ①朱… Ⅲ. ①天气预报-高等学校-教材 Ⅳ. ①P45

中国版本图书馆 CIP 数据核字(2021)第 077540 号

天气预报综合实习教程

Tianqi Yubao Zonghe Shixi Jiaocheng

出版发行：气象出版社

地　　址：北京市海淀区中关村南大街 46 号　　**邮政编码**：100081

电　　话：010-68407112(总编室)　010-68408042(发行部)

网　　址：http://www.qxcbs.com　　**E-mail**：qxcbs@cma.gov.cn

责任编辑：黄红丽　　**终　　审**：吴晓鹏

责任校对：张硕杰　　**责任技编**：赵相宁

封面设计：地大彩印设计中心

印　　刷：三河市君旺印务有限公司

开　　本：787 mm×1092 mm　1/16　　**印　　张**：10.5

字　　数：270 千字

版　　次：2021 年 5 月第 1 版　　**印　　次**：2021 年 5 月第 1 次印刷

定　　价：58.00 元

前　言

“天气预报综合实习”是高等学校大气科学专业的核心课程，南京信息工程大学自建校以来就开设了此课程。它是继《天气学原理》《天气分析基础》《中国天气》《典型天气过程》之后所设立的综合性实践课程，也是大气科学和相关专业的主干课程和必修课程。通过该课程的学习，学生应掌握一般气象台站的天气预报流程，初步建立制作天气预报的基本思路，具备从事气象及相关部门天气分析与预报业务的综合技能。

本教程内容设计紧密结合实践教学需求，侧重于预报方法和技术介绍，突出天气预报的实践性和可操作性，能够逐步引导学生完成实习项目，有步骤地培养学生掌握天气分析、初步制作单站公众要素预报等专业技能。

本教程为首次出版，全书共分 5 章。朱彬负责整个教程的框架和内容设计并对全书通稿；郭志荣编写了第 1、2 和 3 章，侯瑞钦编写了第 4 章和第 5 章的 5.1 节及 5.3—5.8 节，5.2 节由郭志荣和侯瑞钦共同编写，肖递祥负责对教程进行了审校。

教程部分内容源自本校“天气预报综合实习”的教案和课件。特别感谢教研组江燕如、谭桂容、唐卫亚、陈旭红、龚建福、王丽娟、钱代丽、王妍、徐菊艳、朱素行等老师提供的素材。此外，还参考了同类院校相关教材及前人在天气预报教学和研究方面的成果。在此向本教程参考材料的作者和提供者表示敬意和感谢。在教程编写和修订过程中得到了气象出版社黄红丽编辑的大力支持，审稿专家及同事们提出了非常宝贵的意见，在此谨向他们致以诚挚的感谢！

本教材得到“十三五”江苏省高等学校重点教材和南京信息工程大学“三百工程”建设精品教材资助。由于笔者学识有限，定存在错误和疏漏之处，敬请广大读者和专家们提出宝贵修改意见。

编者

2020 年 10 月

目　录

第1章　天气预报介绍及我国天气气候特征

“天气”是由各种气象要素和现象所共同表现出来的大气状态，随着时间和地点的变化而变化。天气预报是根据大气科学的基本理论和技术，由预报员通过分析过去和当前气象要素及其分布、天气现象及其演变规律推测未来天气变化；或者借助大气的数学物理模式计算未来天气变化并由预报员做出综合预报。

1.1　天气预报业务

天气预报业务是气象业务的核心和基础业务，天气预报的准确率和精细化水平是检验一个国家或地区气象业务水平的重要标志(矫梅燕，2004)。随着大气科学和预报技术的进步与发展，气象现代化的建设迅速发展以及气象服务水平的大力提升，我国天气预报业务取得了长足的发展与进步。

1.1.1　天气预报的基本概念及发展

天气预报的发展始终以人类社会的需求为动力。自古以来，人类就对天气现象和物候进行观测，并在此基础上总结出很多谚语，比如“朝霞不出门，晚霞行千里”等，并据此开始制作纯经验性的天气预报。

随着科学技术的进步，从16世纪末到20世纪初逐渐出现了利用气象仪器进行地面观测，并发展形成了地面气象观测网。克里米亚战争之后，法国于1856年建立了气象台站网。荷兰于1860年正式开始发布天气预报，标志着天气预报业务的诞生。1916年，我国开始天气图分析预报方法试验。此时，人们只是凭借地面观测资料，绘制地面天气图，采用简单的外推法来预报高、低压系统的移动，根据“高压多晴天，低压多雨天”的粗浅认识制作天气预报。20世纪20—60年代初，发明了大气高空探测技术，实现了对大气的三维探测，出现了高空天气图。由此，罗斯贝提出了著名的大气长波理论，推进了正压涡度模式、滤波模式和平衡模式，为后来出现的大气环流数值模拟和数值天气预报开辟了道路。当时出现了高空图和地面图并重的形势，天气预报的水平达到了新的高度。

此外，随着气象雷达和气象卫星等现代探测技术的发展，在一定程度上弥补了观测资料的不足，丰富了天气预报业务的探测手段。20世纪60年代之前，气象雷达资料一般只用于定性分析，60年代之后采用了多普勒技术，具有了大气流场结构的定量探测能力；80年代以后，雷达偏振技术实现了雨滴等降水粒子特征和分布的精细探测。随着业务气象卫星种类及数量的增多，卫星资料的时空分辨率不断提高，不仅丰富了天气分析预报业务的数据资料，填补了海上和气象台站稀少地区的观测资料空白，而且促进了短时预报业务的发展和水平的提高，增强了灾害性天气的预报能力。

今后天气预报业务将继续朝着时空分辨率更加精细化和时间尺度预报无缝隙方向发展，

目前气象业务部门正在努力发展智能网格天气预报和智慧气象。天气预报业务的发展表现在将依托遥感和遥测为主要技术特征的新一代探测网，对天气（特别是灾害性天气）实现全天候无缝隙实时监测。天气监测不仅是对天气系统宏观特征的监测，更加强调对其内部细致结构的监测。天气预报也将更加精细化和专业化，时间尺度从数分钟延伸到 30 d，水平空间尺度精细到百米量级，垂直尺度涵盖从地面、海洋表层到高层大气；预报对象从大气基本要素拓展到大气中各种天气现象及其相关灾害。预报业务也更加广泛，不仅提供公共基本气象预报，还提供了专业气象预报，例如交通气象预报、环境气象预报、森林火险和草原火险预报等。随着数值天气预报模式的快速发展和各类观测资料同化技术的实现，数值天气预报技术为天气预报业务发展提供了主要的支撑，数值分析预报产品的解释应用成为气象要素精细化预报的主要手段。

天气预报技术的重要发展方向是集合预报，目前已取得了良好的使用成效。除此以外，气象信息综合预报分析平台建设使天气预报制作方式更加快捷、高效。综合预报分析平台建设逐步实现 GIS 技术应用、资料的智能分析等功能，同时平台可视化、交互性操作技术的进一步发展，这些都将使平台逐步具有智能预报功能，实现预报产品与预报制作方式及流程的一体化。

1.1.2 短期天气预报方法

短期天气预报的预报时效一般为 24～72 h。标有同一时间、不同地点天气现象和气象要素的地图就是天气图。目前气象台站的实况天气图主要包括地面天气图、高空天气图和探空图等。对其分析时，首先是绘制各种天气图。气象相关部门对观测到的气象信息进行传送，接收之后按照一定的要求存放成计算机能够自动识别或绘制的数据集，最终形成地面图、高空图和探空图。一般情况下，预报人员要依据天气图来识别出各种天气系统，然后分析其发生、发展以及移动过程。采用相关的分析方法，例如：外推法、引导气流法以及物理分析法等，参考其他相关的资料，最后做出对该天气系统未来移向、移速以及发展的预报。根据天气系统的预报分析，就可以知道冷空气和暖空气大致在什么位置，哪些地方刮风下雨，哪些地方天气晴好。但由于这种预报方法和预报员的经验有很大的关系，靠预报人员的主观判断得出，所以又被称作为主观预报。

随着科学技术的不断提高，高速度大容量的计算机开始在各个领域使用。气象领域也不例外，该技术的出现是实现主观预报向数值天气预报的转变的硬件基础。数值天气预报指的是在一定初始值（即融合和同化了的各类气象要素观测资料）的条件下，通过复杂的计算技术求解大气动力学和热力学方程组，对未来天气演变过程进行模拟，实现对未来一定时间段的天气现象和运动状态进行一定程度的预测。这种预报方式和前面所说的主观天气预报方法相比，具有更加客观和直接的优势。随着观测资料种类的丰富、时空密度的不断提高，数值天气预报已成为短中期天气预报的重要方法，例如通过在模式中同化雷达和卫星观测资料，可以有效提高短期天气预报的数值预报准确率。

目前，同化了探空、地面观测和卫星、雷达等资料的数值预报模式在短、中期形势预报上的能力已远远超过了人工主观的外推预报能力。因此，当前预报员制作预报的重点是在数值预报给出的天气形势基础上，综合运用天气学、热力学、动力气象学等有关知识和实时监测资料，判断数值预报产品结果的合理性，在此基础上进行天气过程和要素的预报。

随着气象观测手段的不断发展，数值模式预报的精细化水平不断提升，气象行业已经进入了“大数据”时代。气象信息综合分析处理系统（MICAPS4）全面融入网络化、数字化、智能化和可视化的技术环境，预报业务也更加规范化。预报员能够按照天气预报制作流程，在综合分析各类气象信息的基础上，通过对客观要素预报的订正，完成各时段、各区域或各站点的各类要素预报制作，并快速生成各类文字、图表、图形、图像等服务产品。

总的来说，天气预报由传统向现代转变，实现了从传统的天气图主观分析预报到以数值天气预报为主要技术的转变。随着天气预报工作平台自动化水平和交互能力的不断增强，预报员在天气预报中将进一步发挥其重要作用。预报员的主要作用体现在对数值预报模式产品和其他客观预报产品性能的掌握和了解，以及对各种资料和方法的综合分析应用和订正能力，特别是在复杂天气形势中的预报和综合决策。预报员的主观分析预报能力仍起重要作用。预报员基于对天气系统的科学认识和分析理解，对模式结果作出订正，形成主客观融合预报结果。

1.1.3　短期天气预报的思路和流程

预报员在制作地方短期天气预报时，应当先从分析大范围环流背景开始，由远及近、由粗至细逐步地集中到分析影响当地天气的环流系统和天气过程，通过高低层系统配置和物理量配置分析，作出预报。天气预报制作的主要步骤是：首先，分析和判断近期大气环流背景及主导系统的演变；其次，分析和判断未来影响本地的天气系统及其处于影响系统什么部位；然后，分析局地的天气实况和气象条件，理解、判断和订正数值预报及中央气象台的指导预报意见，并且结合动力和统计释用方法；最后，制作完成最终预报结论。具体步骤如下。

(1)了解检查上一班的预报效果

了解上一班的预报思路，并对上一班的预报结果进行检验。这不仅仅是一般预报流程的需要，更重要的是有助于预报员总结经验，建立或调整自己的预报思路，以适应天气形势发展的实际情况。检查的内容包括天气形势的检查，重点是对预报区域的影响系统、天气现象和气象要素等方面的检查。将上一班预报结论和天气实况都记录下来，以便事后进行案例收集、技术总结和科研等使用。

(2)熟悉中央气象台指导预报

中央气象台的指导预报一般有两方面的内容：一是以数值天气预报为主的环流形势的预报产品；二是各种物理量预报产品。熟悉这些预报产品之后，就大概了解了当前的环流形势，再深入细致地分析本地区的物理量预报产品。

(3)分析大型环流背景，判别主导天气系统

在进行天气图形势分析之前，首先要对天气预报业务平台(如 MICAPS 系统)显示的天气图做必要的人工修补，包括修改不合理的等值线、高空槽线、切变线、高低压中心、冷暖中心和地面锋面等，补绘没有分析的天气系统和等值线等。

就时空尺度的匹配关系来说，大型环流演变主要与中长期天气变化及其预报相联系。但是在短期预报中，了解大型环流演变将会给预报员提供重要的天气背景图像，因此，环流背景的分析仍是短期预报流程中不可缺少的基本环节之一。

对大型环流的分析，着重回答以下三个问题。

① 目前亚欧范围内大型环流的基本特征是什么？

② 目前和未来预报时段内，本地区是受槽控制还是受脊控制？

③ 这种槽或脊是基本稳定的还是会有大的调整变化？

按一般经验，在中纬度西风带环流中，若预报区域处于基本稳定的长波脊控制下，通常该

地区以晴天为主或者可能有弱的天气过程出现。若该地区是受基本稳定的长波槽或槽前锋区的控制，通常短波槽更替活动频繁，以中等强度降水为主或者间歇性降水天气过程为主。但要注意，若遇“北槽南涡”或在梅雨锋区（副热带锋区）短波槽替换却可能导致大暴雨天气，其与一般中纬度极锋锋区波动有所不同。而若中高纬度地区有大的长波调整，则很可能出现转折性的天气，需做进一步分析。当然，对于具体地区的天气预报，还需要进一步分析影响系统及其演变等。

副热带系统有南北移动、西进东撤等变化，但对其的分析和判断要比中纬度西风带系统的分析和判断困难一些。夏季西太平洋副热带高压与大陆上的高压东西方向振荡或南北方向摆动，也常常与东亚中纬度西风带波动相互影响。此外，副热带高压的减弱或增强通常与西风带长波槽、脊的移动和强弱有关。

（4）分析判断影响系统

高空冷涡、低压（槽）、东风波、高原切变线、低空切变线、低空冷涡、低空急流、温带气旋、锋面和热带气旋等天气系统是我国各地短期天气过程中最常见的影响系统，每个系统的生消演变及其所对应的天气现象等在本书后面章节会有详细介绍。在此，仅对如何考虑本地区短期天气影响系统而提出的思路和步骤做简要介绍。

① 明确预报时段内有无新的影响天气系统将会影响本地区并导致明显的天气变化。

② 如果有，需要判断该影响天气系统属于哪种类型。为此，需要查看预报区域短期数值预报产品输出的等压面图上温、压、风场、湿度、涡度、散度、垂直速度、高空急流等物理量场分析和预报图，并进行高低空配合分析，需要时可调用垂直剖面图进行分析，以揭示影响系统的三维空间结构特征。其中高低层涡度、散度的配置及低层比湿、水汽通量散度、垂直速度等物理量有重要的参考价值。此外，还可结合卫星云图进行分析和判断。

③ 通过比较，了解当前影响系统与同类影响系统典型模型的异同，判断是否属于典型模型，如果是，就要考虑可能出现典型模型对应出现的天气；如果不是，就需要进一步诊断分析。

④ 比较各家数值预报产品的预报图，判断并订正中央气象台指导产品对该影响系统演变的预报。

⑤ 判断、预计未来本地区将受到哪些影响系统控制，并分析本地区处于该系统的什么部位，判断相应出现的天气类型，进行初步判断或订正上一次预报。

（5）分析局地气象条件

大的环流形势背景和影响系统分析确定之后，局地天气条件将是影响局地天气变化的重要因素。目前分析局地天气条件，特别是局地灾害性天气，主要方法是分析相关的辅助图表和有关大气状况的物理参数。

（6）考虑地形影响

地形影响，如迎风坡增大降水，背风坡减弱降水，背风坡为下沉运动，使对流性天气减弱等。降水量、气温因地形高度的变化而变化。风口出现的大风、峡谷大风、焚风效应、海陆风、地形风、盆地逆温和雾等均与地形有关。在进行天气分析预报时，地形影响都应考虑。

（7）应用客观定量预报方法

除了数值模式具有气象要素场预报能力外，动力学释用方法和统计学释用方法均是在数值预报产品基础上进一步开发的客观定量预报方法，预报的对象都是具体时段内、定量化的气象要素，例如暴雨、高温、大风降温等，所以在制作天气预报的时候，要合理应用此方法。

具体的短期天气预报的思路和工作流程如图 1.1。

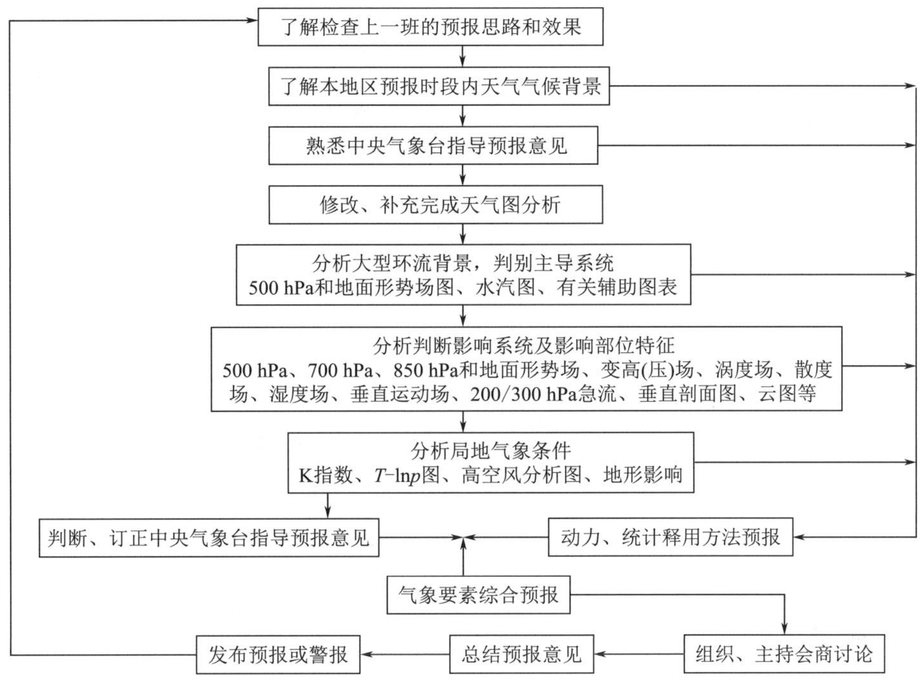

图 1.1　短期天气预报的思路和工作流程框图

1.2　我国天气气候特征

中国幅员辽阔，南北东西跨度较大，距海远近差距也较大，加之西部跨越青藏高原，地势高低不同，地形类型及山脉走向多样，因而天气系统、气温、降水的组合多样，形成了多种多样的气候类型，导致我国天气复杂多变。中国大部分地区的气候具有夏季高温高湿、冬季寒冷少雨等特点，海陆分布特征和高原的热力和动力作用使得东亚成为全球最著名的季风区，季风气候显著。制作短期天气预报时，必须要了解本地区的天气气候背景，所以本节简要介绍我国的天气气候特征。

1.2.1　中国地区年平均气候特征

1.2.1.1　主要天气气候特征介绍

除西北地区及少部分地区外，中国的大部分地区处于亚洲季风区，地域差异十分明显，类型复杂多样，年平均降水量如图 1.2 所示。中国年平均降水量为 629.9 mm，各地降水量分布极为不均，空间差异大，400 mm 年降水量等值线沿大兴安岭西麓南下，经太行山麓，延伸至青藏高原东缘，由东北地区向西南地区斜贯，将全国分为东西两大部分，此线为中国干湿地区的分界线。此分界线西北部为我国西北干旱和半干旱地区，该地区的降水量在 400 mm 以下。降水分布总体呈现从东南沿海向西北内陆逐渐减少的特征。

新疆托克逊年降水量最少，年平均 7.7 mm，历史极值 0.6 mm(1968 年)，广西防城港年降水量最高，达 2695 mm，历史极值为 4147.7 mm(2001 年)，两地多年平均降水量相差 350 倍。

图 1.3 是中国 1981—2010 年全国月平均降水量统计图。从图中可以看出，我国月降水量

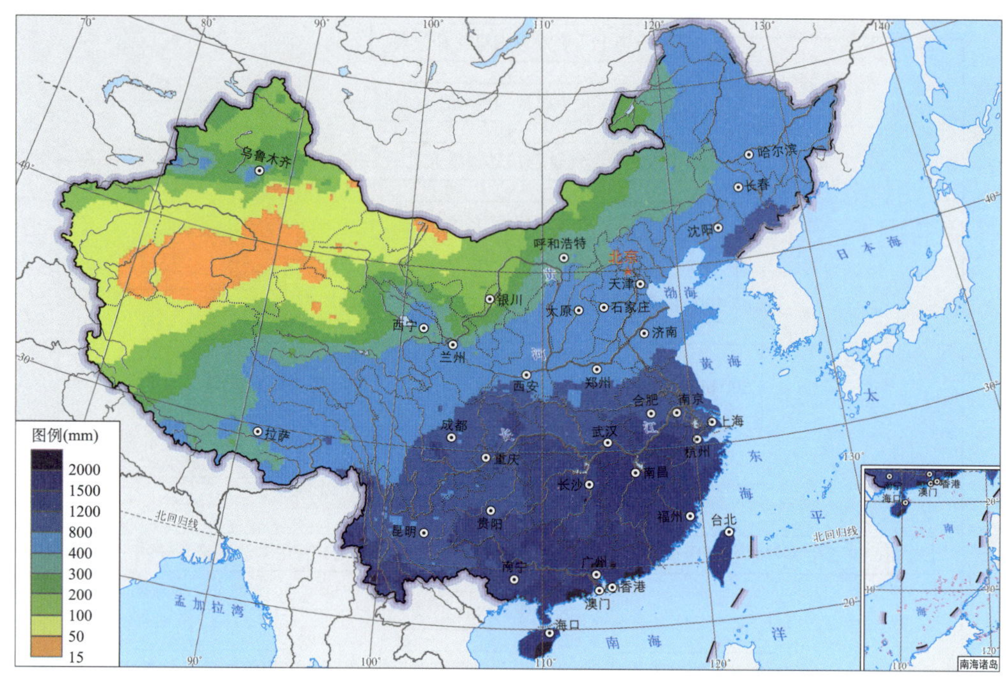

图 1.2 中国年平均降水量分布图(引自:郑国光,2019)

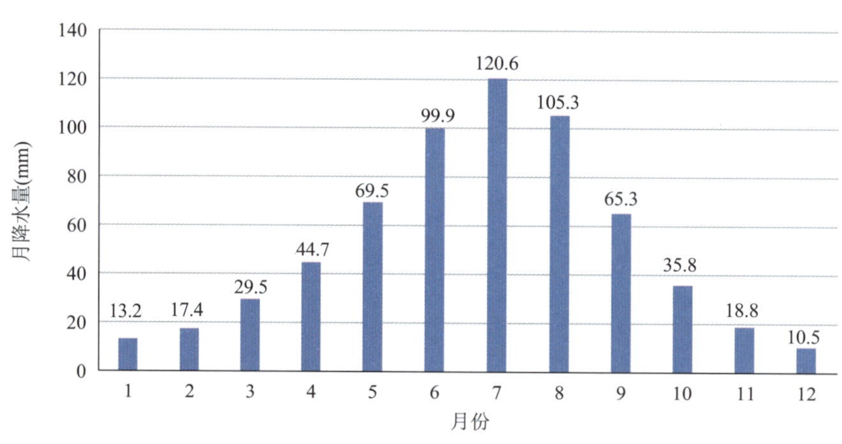

图 1.3 中国月平均降水量分布图(1981—2010 年)(引自:郑国光,2019)

差异较大,大部分地区降水集中在夏季,其中 7 月的降水量为 120.6 mm,达到全年最高值,冬季降水最少,其中 12 月降水量为全年最低值,一个月只有 10.5 mm,两个月相差 10 倍以上。

由 1981—2010 年我国平均干湿气候分布图(图 1.4)可见,我国的西部和北部大部分地区处于干旱区,西北地区干旱严重,东部和南部大部分地区处于湿润区,长江以南的东部部分地区处于极湿润地区。

由我国和国外(法国巴黎、英国伦敦)的月降水量对比图(图 1.5)可以看出,我国降水量集中在 4—9 月,各月之间差异大,干湿季明显。巴黎和伦敦的各月降水量变化不大。由表 1.1 可知,我国最多月降水量与最少月降水量比值较大,而巴黎、伦敦和纽约的最多月降水量与最少月降水量比值很小。

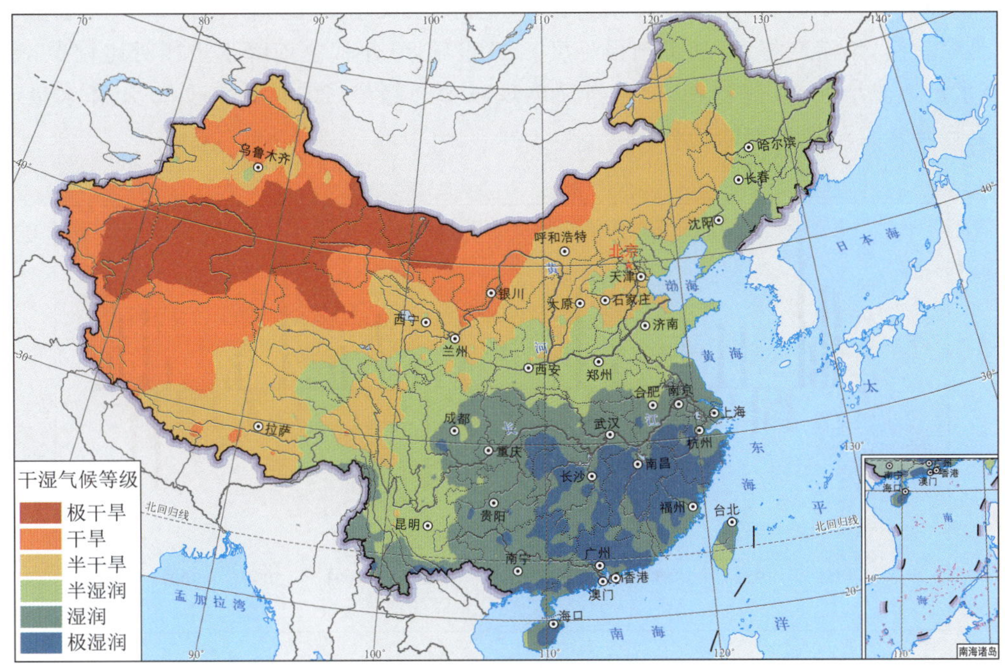

图 1.4　全国干湿气候分布图(引自:郑国光,2019)

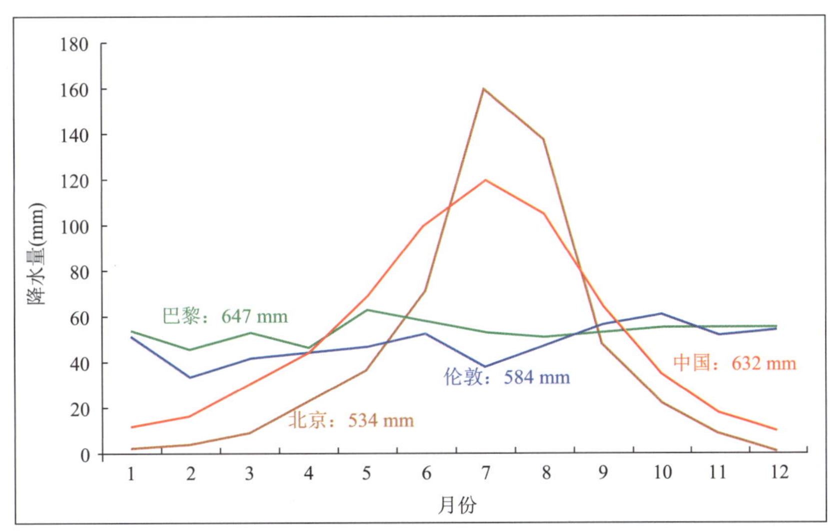

图 1.5　我国和国外(巴黎、伦敦)的月降水量对比图

表 1.1　我国与国外其他地区年内降水量对比表

	4—9 月占全年比例(%)	最多月与最少月降水量比值(%)
中国	80.1	11.4
北京	90.3	80.1
巴黎	50.4	1.4
伦敦	49.3	1.8
纽约	53.8	1.7

受多种气候因子影响，中国年降水量存在明显的年代际变化特征（图 1.6），降水量年际变率大，易旱易涝，旱涝交替，增加了预报难度。20 世纪 80 年代之前降水量相对比较少，80 年代之后降水量逐步增加，21 世纪初，降水量又出现减少的趋势，2011 年是近 60 年降水量最少的一年，之后降水又呈现增加的趋势。

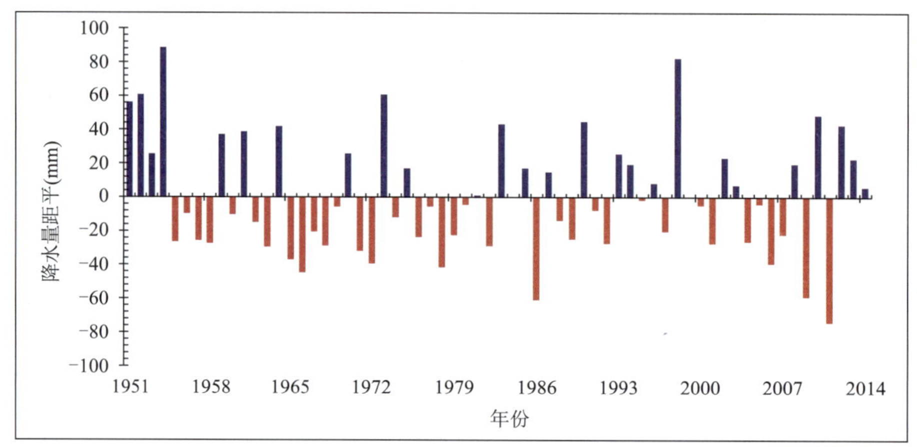

图 1.6　中国年降水量变化图（1951—2014 年）（引自：郑国光，2019）

从夏季我国主雨带年代际变化图（丁一汇 等，2020）可知，我国夏季主雨带有明显的年代际变化特征，20 世纪 50 年代降水主要集中在华北地区，60 年代东北地区降水偏多，70 年代华北地区降水又偏多，80 年代长江流域多雨，90 年代雨带南移到江南和华南，2000—2010 年淮河流域附近和华南地区降水偏多，出现了两条雨带，2011 年以来，雨带合并到长流中下游地区。

图 1.7 为中国地区 1981—2010 年年平均气温分布图，由图中可知，从华北到青藏高原东

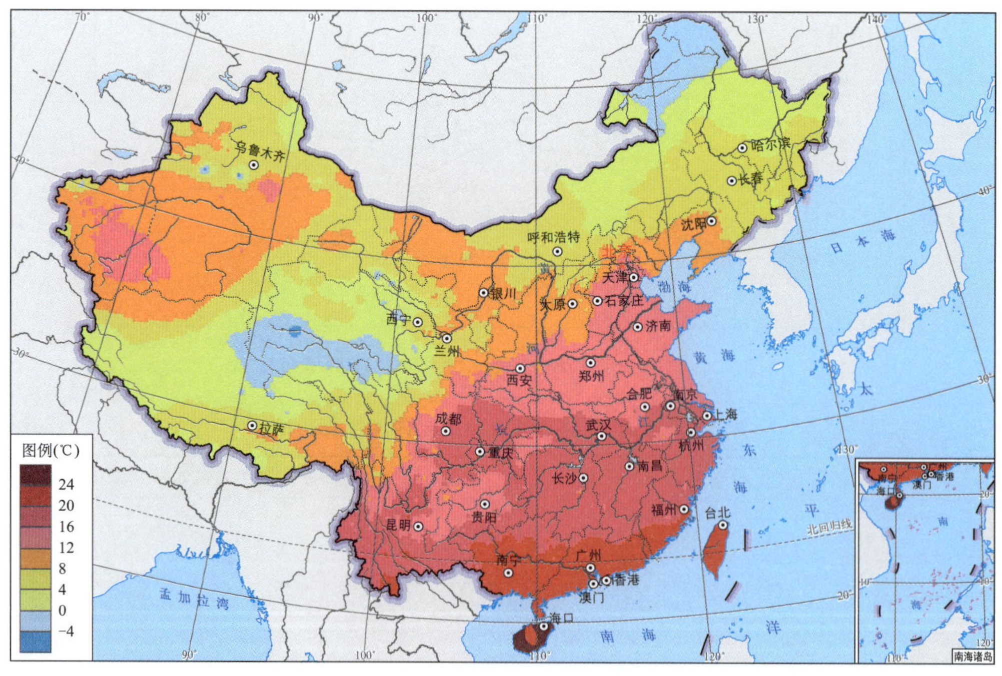

图 1.7　中国年平均气温分布图（引自：郑国光，2019）

部的西南地区年平均气温在 10 ℃以上，华南地区的温度在 25 ℃以上，西沙群岛及其以南海面是我国年平均气温最高的地区，年平均气温超过 26 ℃。塔里木盆地和吐鲁番盆地周围出现了一个相对的温度高值区，温度在 10～15 ℃。青藏高原唐古拉山脉和东北地区的西北角常年温度在 0 ℃以下。整体呈现自南向北逐渐降低的趋势。

图 1.8 为我国四季的平均气温变化图，由图中可知，春季和秋季平均气温差不多，都在 10 ℃左右，夏季平均气温为 20.9 ℃，冬季平均气温最低，在 0 ℃以下。

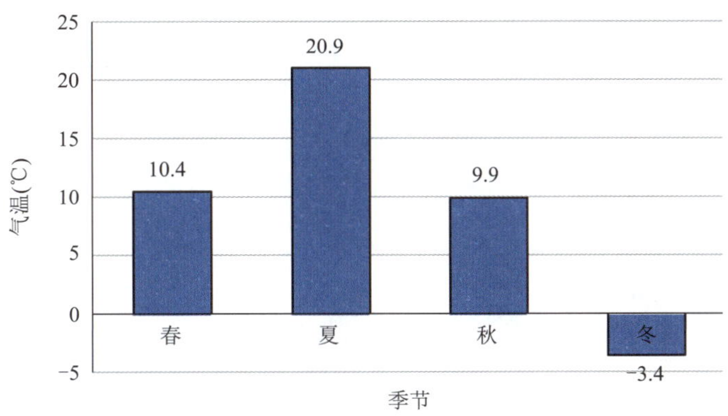

图 1.8　中国四季平均气温变化图(1981—2010 年)(引自：郑国光，2019)

图 1.9 为中国地区 1981—2010 年年平均日照时数分布图。由图中可知，我国年平均日照时数各地差异较大，从东北经华北北部到西北地区的年平均日照时数相对比较长，在 2500 h 以上。四川东南部、重庆、贵州地区和湖南部分地区的日照时数相对比较少，在 1500 h 以下。总体呈现北多南少、西多东少的特征。

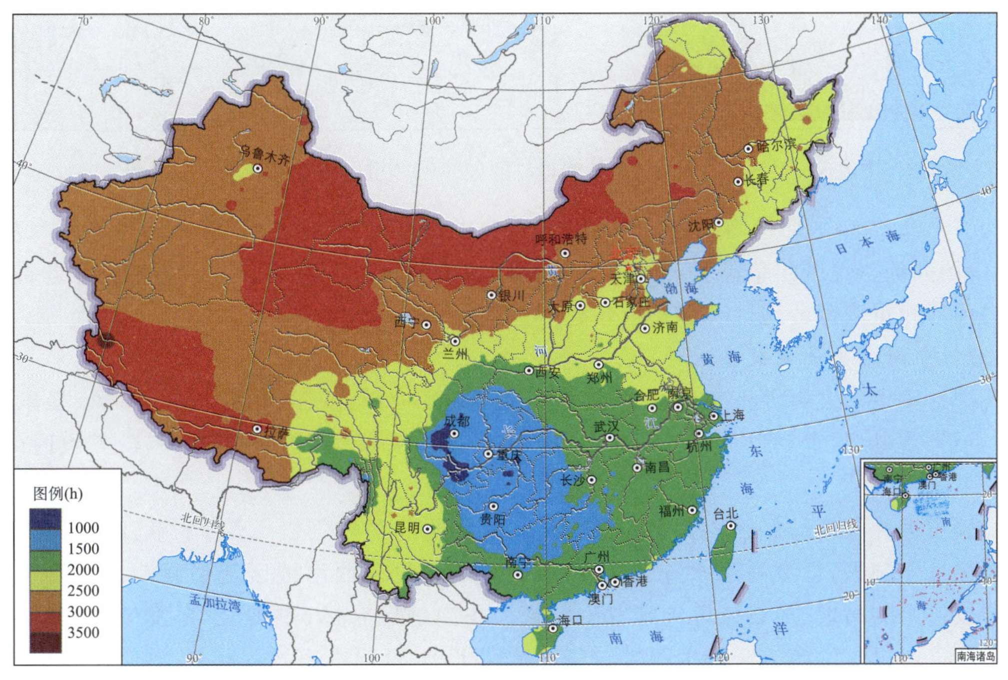

图 1.9　中国年平均日照时数分布图(引自：郑国光，2019)

气象上将日最高气温≥35 ℃定义为高温日；将日最高气温≥38 ℃称为酷热日。连续出现 3 d 及以上日最高气温≥35 ℃或连续 2 d 出现≥35 ℃并伴有一天≥38 ℃，定义为一次高温过程，也称为高温热浪。

中国 1981—2010 年平均高温日数分布如图 1.10，有两个温度高值区：一个位于新疆南部、准噶尔盆地及内蒙古西部地区，高温日数在 30～50 d 之间，个别地区高温日数超过 50 d；另一个位于江南、华南北部及海南北部、重庆等地，一般有 20～30 d，部分地区超过 30 d。

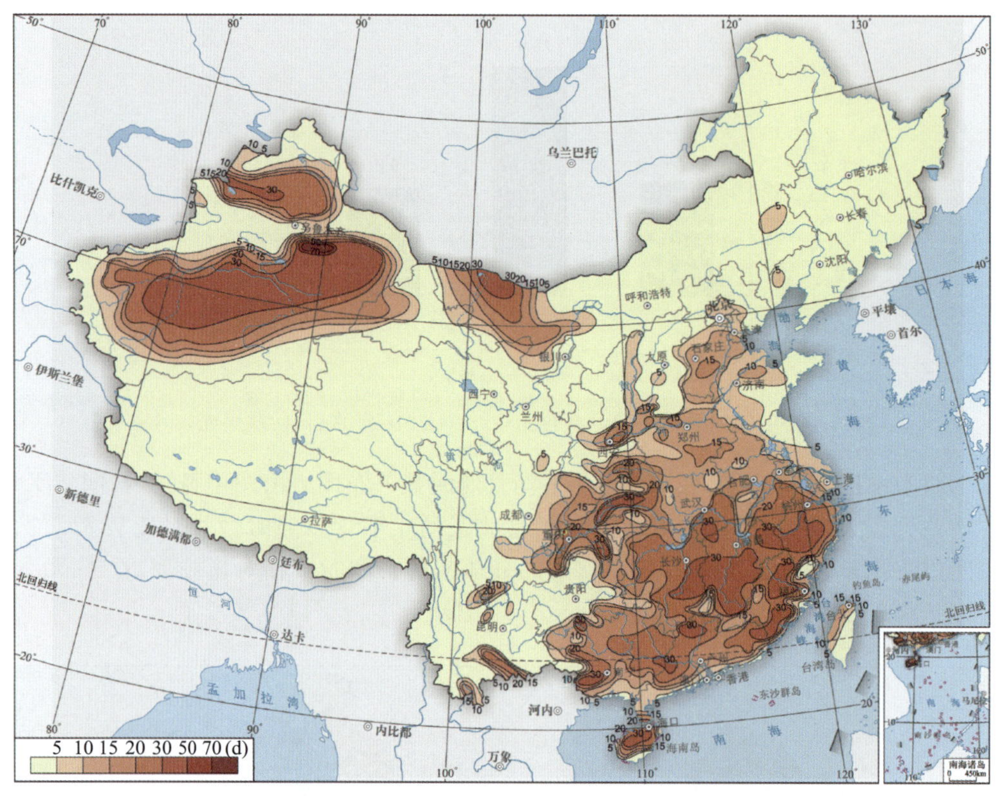

图 1.10　1981—2010 年平均高温日数分布图（引自：国家气候中心，2018）

1981—2010 年平均最高气温分布如图 1.11，由图中可见，除青藏高原、云贵高原和东北大部外，中国大部分地区年最高气温均在 35 ℃以上，新疆塔里木盆地、准噶尔盆地、吐鲁番盆地、内蒙古西部和重庆部分地区气温甚至超过 40 ℃。

1.2.1.2　中国主要气象灾害

我国常发生的灾害性天气气候包括寒潮、大风、沙尘暴、低温冷害、雪灾、台风、暴雨洪涝、高温、干旱、雷电、冰雹、霜冻、冰冻、雾、霾、酸雨等，具有种类多、范围广、频率高、持续时间长等特点。

中国灾害性天气气候区域分布如图 1.12，西北地区常年气候干燥，干旱、沙尘暴、低温冷害和大风发生频繁，青藏高原冰雹、雪灾等天气特别多见。西南地区地形复杂，高温、干旱、暴雨洪涝及引发的滑坡、泥石流等灾害发生频繁。华南地区台风、洪涝、干旱发生频繁。东北地区低温冷害、干旱、洪涝灾害发生频繁。华北地区干旱、低温冷害发生频繁。江淮、江南是我国暴雨洪涝、台风灾害最为严重的地区，也是雷雨大风、龙卷、高温等灾害性天气多发区。

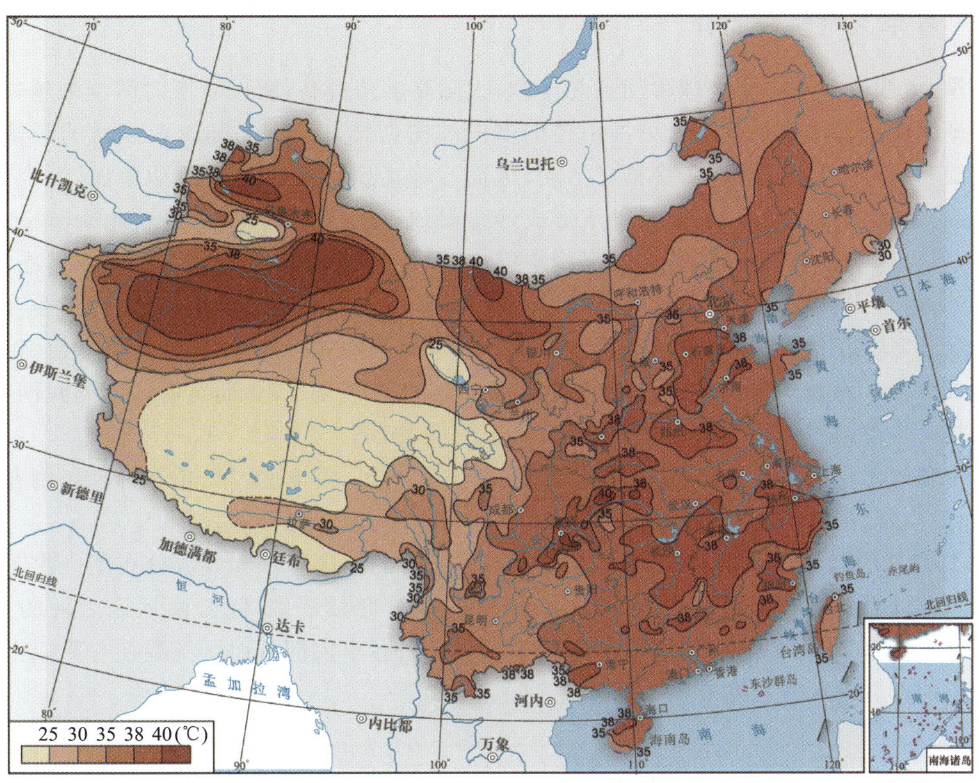

图 1.11　1981—2010 年平均最高气温分布图(引自:国家气候中心,2018)

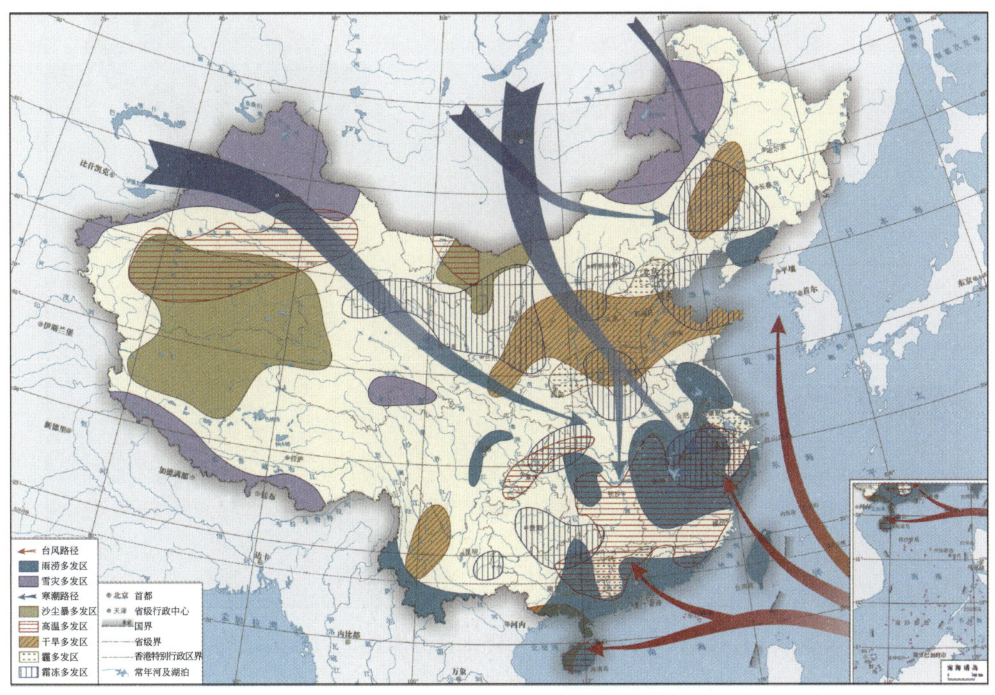

图 1.12　中国主要气象灾害综合分布图(引自:国家气候中心,2018)

1.2.2 春季天气气候简介

春季，太阳直射点由南半球移动到北半球，太阳高度角升高，所以日照时间越来越长，气温开始逐渐回暖。春季中纬度环流处在由径向型向纬向型转变时期。随着西风槽的频繁活动，蒙古气旋和河套气旋开始增多，多槽脊活动，地面冷锋活跃。由于气旋活动增加，天气变化明显，造成春季大风天气增多，一定条件下形成沙尘暴（扬沙、浮尘）天气。虽然此季节冷空气势力减弱，但出现次数仍较频繁，若有较强冷空气南下，会造成较强的降温并出现晚霜冻和倒春寒。另外，由于入春后地面和大气底层气温不断升高，冷空气影响时易形成“上冷下暖”的不稳定大气层结，从而引起冰雹等强对流天气出现。春季也是海雾多发季节，在海上和沿海地区多凝结形成海雾。春季华南已经进入前汛期，主要灾害性天气是暴雨；而黄河以南的我国中东部地区则是一年中强对流天气最频繁的时期。

春季我国出现的主要灾害性天气有：低温连阴雨、大风、雷电、干旱、霜冻、高温、倒春寒、海上大风、沙尘暴（扬沙、浮尘）、冰雹、干热风、大雾、暴雨、局地强对流等。

图 1.13 和图 1.14 给出了 1981—2010 年春季 4 月的全国降水和气温分布图。由图可见，春季降水和气温的分布与年平均值（图 1.2 和图 1.7）分布较一致，除云南地区之外的长江以南地区降水偏多，华南地区的气温偏高，在 25 ℃以上。春季大部分地区气温在 0 ℃以上，仅青藏高原上的部分地区气温在 0 ℃以下。

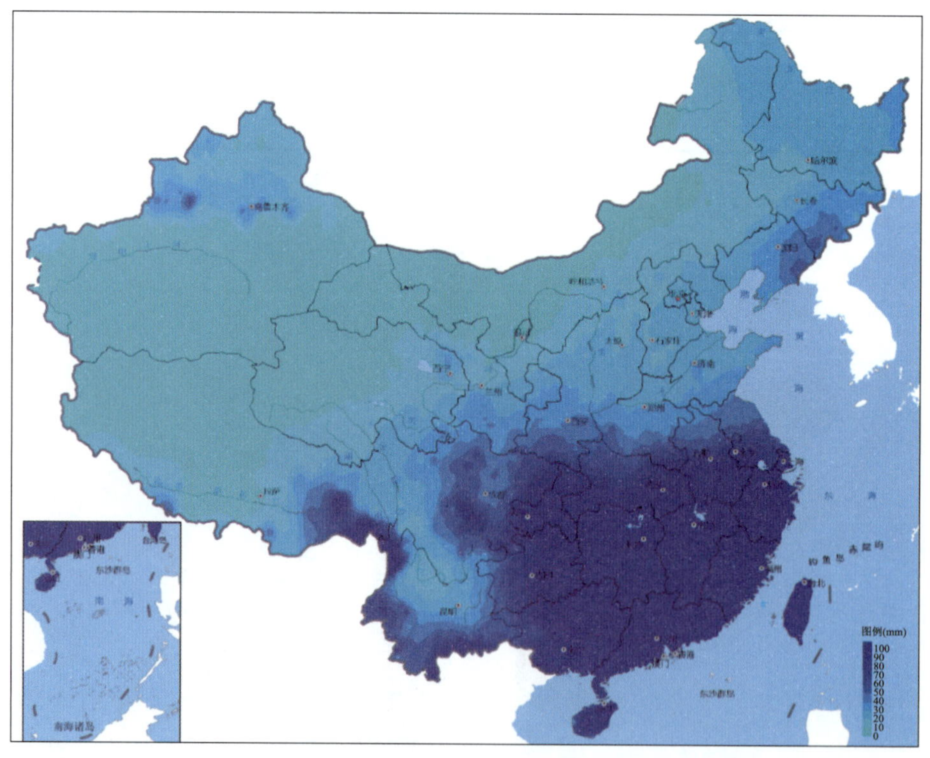

图 1.13 中国春季 4 月（1981—2010 年）平均降水量分布图（引自：国家气象科学数据中心）

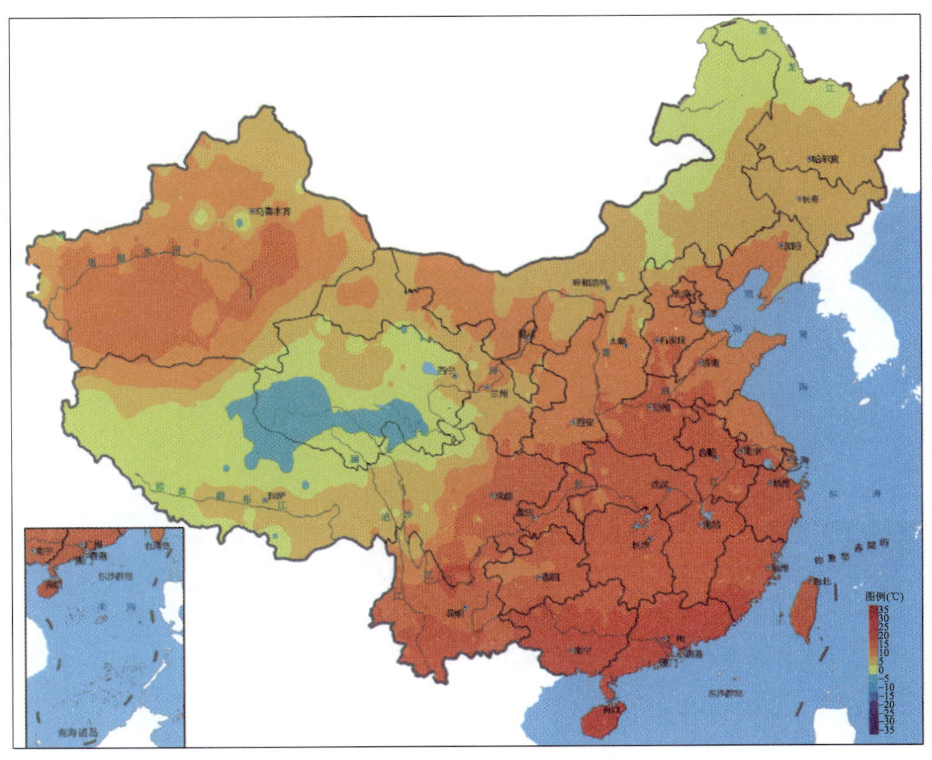

图 1.14　中国春季 4 月(1981—2010 年)平均气温分布图(引自:国家气象科学数据中心)

1.2.3　夏季天气气候简介

夏季是我国最炎热、台风活动最频繁的季节。夏季常见的天气有五类:一是受副热带高压控制,晴热少雨,并常伴有较为严重的夏旱;二是受台风环流的影响,出现狂风暴雨,导致风涝灾害;三是受辐合线影响,常出现暴雨等强对流天气;四是受西风带低压槽活动影响,常出现过程性降水;五是江淮地区受静止锋影响,出现连阴雨天气,江淮梅雨等。

夏季主要的灾害性天气有:暴雨、雷雨大风、雷电、高温、海上大风、冰雹、干热风、江淮梅雨等。

图 1.15 和图 1.16 给出了 1981—2010 年夏季 7 月的平均降水量和气温分布图。由图可见,夏季除青藏高原外,我国大部分地区气温在 20 ℃以上,降水量分布和全年降水分布一致,夏季降水是大部分地区一年中降水量最多的季节,占全年总降水量的 50%左右。东部地区的南北温差与冬季相比小了很多,受夏季风影响,中国大部分地区达到了全年最热的时段,是世界同纬度上除了沙漠地区以外最热的地方。

夏季风建立之后,以阶段性方式向北推进,期间一般经历 2 次北跳和 3 个相对静止的维持期(图 1.17)。南海夏季风暴发之后,一直到 6 月上旬,西北太平洋副热带高压脊线维持在 20°N 以南,华南前汛期降水开始并一直维持。6 月上旬以后,副热带高压(简称副高)北跳到 20°—25°N 之间,长江流域受副高西侧的西南季风和来自阿拉伯海的季风气流汇合之后流向江淮地区,江淮流域梅雨开始。7 月中旬,副热带高压北跳到 25°N 以北,季风前沿抵达华北和东北地区,华北地区进入雨季。

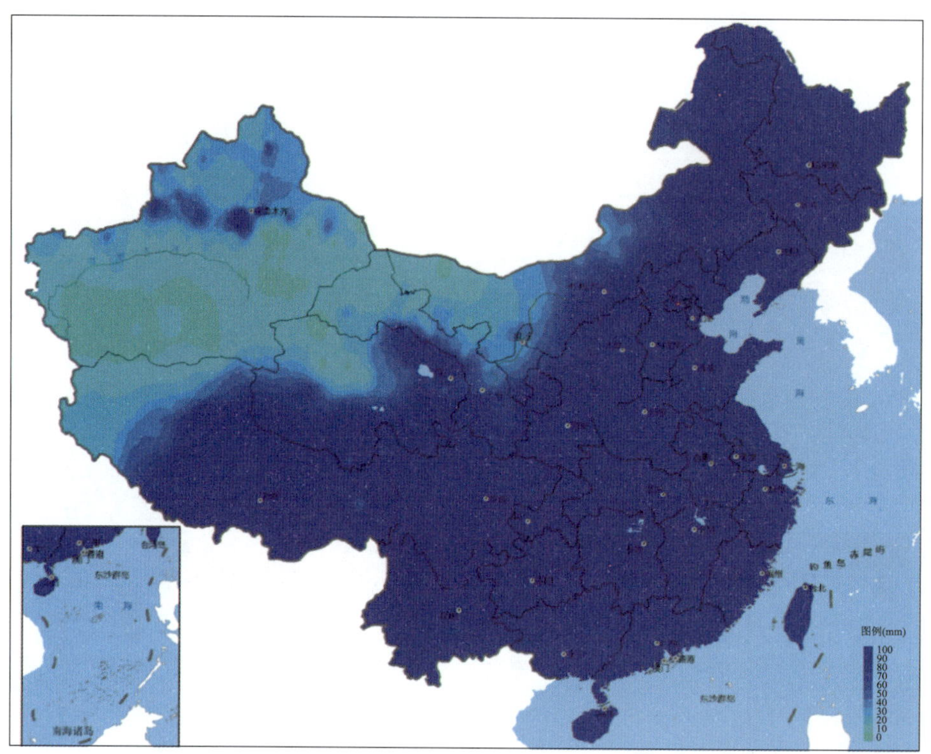

图 1.15　中国夏季 7 月(1981—2010 年)平均降水量分布图(引自:国家气象科学数据中心)

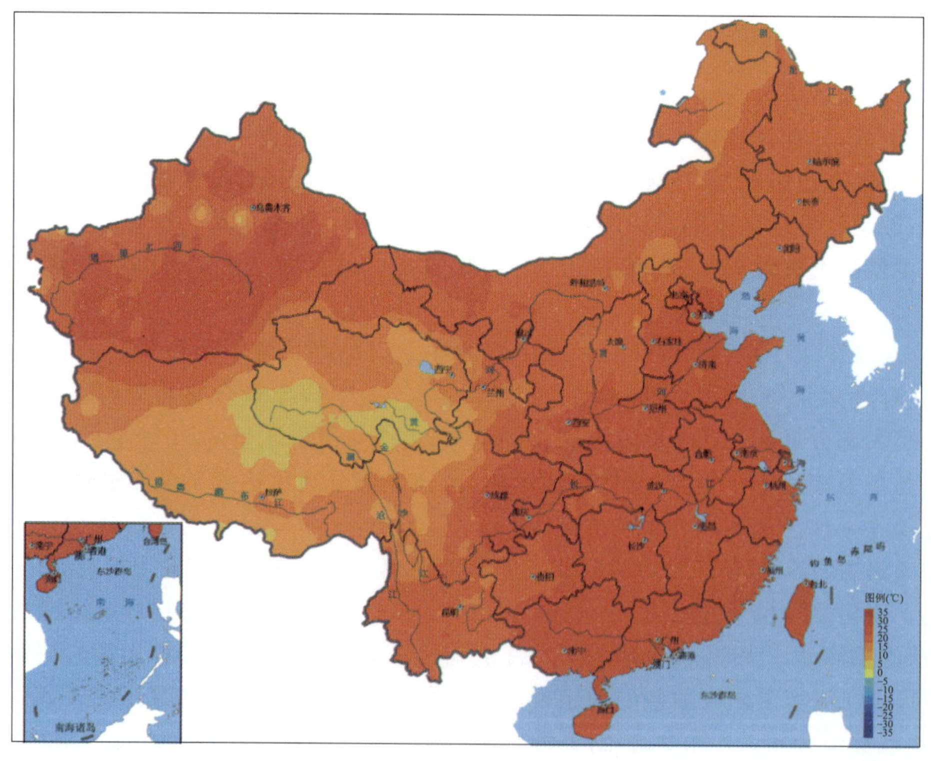

图 1.16　中国夏季 7 月(1981—2010 年)平均气温分布图(引自:国家气象科学数据中心)

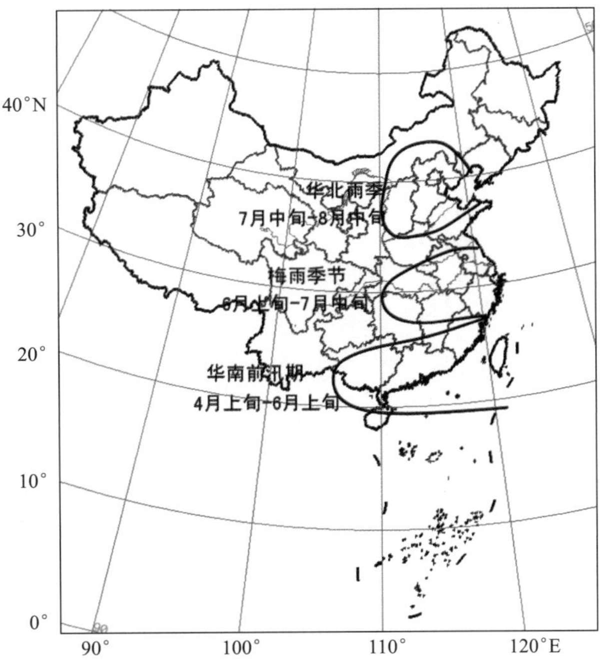

图 1.17　夏季中国东部雨带推进示意图

1.2.4　秋季天气气候简介

秋季，副高南撤，蒙古高压建立，天气相对稳定，秋季是我国大部分地区风和日丽、秋高气爽的季节。环流异常时，灾害性天气也会发生。如在东南亚南支槽和西南气流活跃或副高南撤较迟的环流背景下，我国东部地区也会出现连阴雨天气，造成秋涝。进入秋季，开始受极地大陆气团控制，冷空气的堆积和暴发引发的寒潮、霜冻和大风也是影响较大的灾害性天气。秋季内陆地区在清晨易出现大雾天气，且大部分是在晴朗、微风的夜晚，地表面辐射冷却作用而形成的辐射雾。秋季偏南大风出现频次少于春季，偏北大风出现频次则少于冬季。秋季沿海地区东北大风是一年之中大风日数最多、持续时间最长的季节，降水较夏季明显减少，东部地区和南部地区的主要气象灾害是秋季连旱，但晚台风有时会带来大范围的暴雨洪涝。

秋季主要的灾害性天气有：连阴雨、霜冻、冰雹、沙尘暴（扬沙、浮尘）、海上大风、寒潮、大雾、暴雨洪涝等。

图 1.18 和图 1.19 给出了 1981—2010 年秋季 10 月的全国平均降水量和气温分布图。由图可见，秋季降水与夏季降水相比明显减少，湖南北部、贵州东北部和湖北南部地区的降水偏多，东北、华北和西北地区的降水偏少，青藏高原和东北的西北部地区气温在 0 ℃以下，秋季气温分布和全年气温分布（图 1.7）较为一致。

1.2.5　冬季天气气候简介

冬季，强而干冷的蒙古高压控制我国，受到不同强度南下冷锋的频繁影响。寒潮、低温和大风等灾害性天气主要出现在此季节。冬季主要灾害性天气有：寒潮、暴雪、低温、大雾、雾凇、雪松、冻雨、大风等。

图 1.20 和图 1.21 给出了 1981—2010 年冬季 1 月的全国平均降水量和气温分布图。由

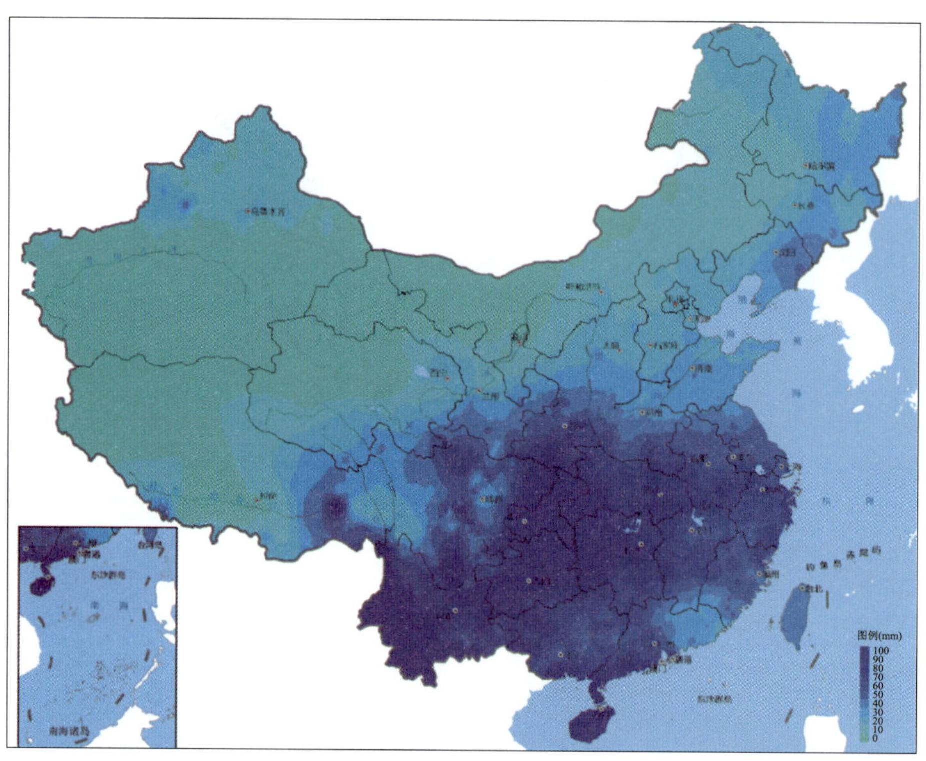

图 1.18　中国秋季 10 月(1981—2010 年)平均降水量分布图(引自:国家气象科学数据中心)

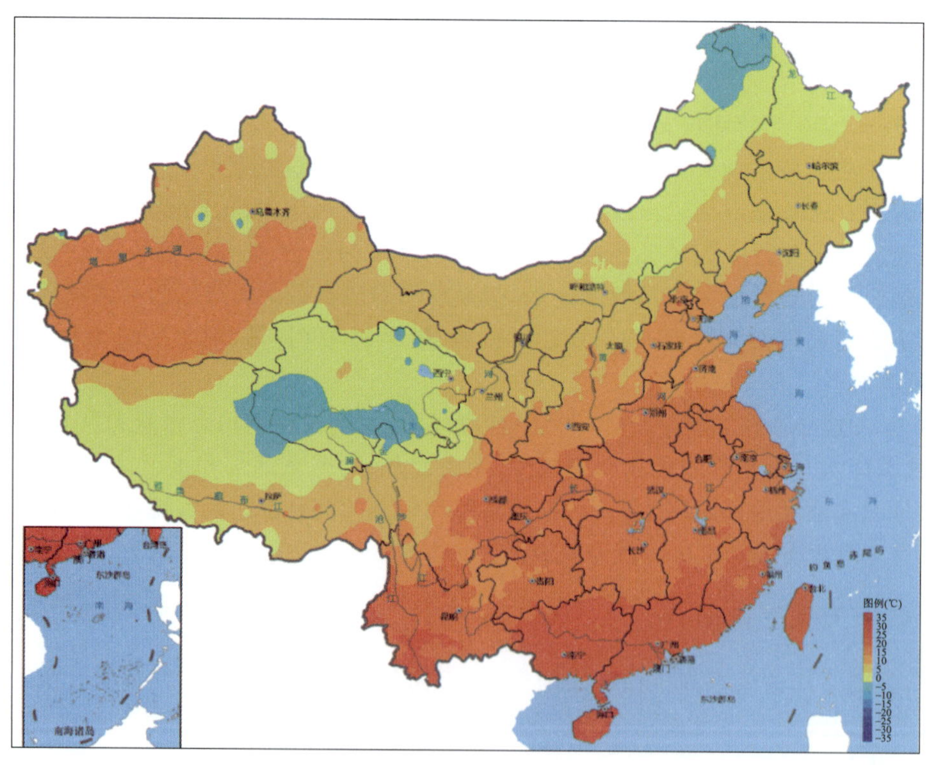

图 1.19　中国秋季 10 月(1981—2010 年)平均气温分布图(引自:国家气象科学数据中心)

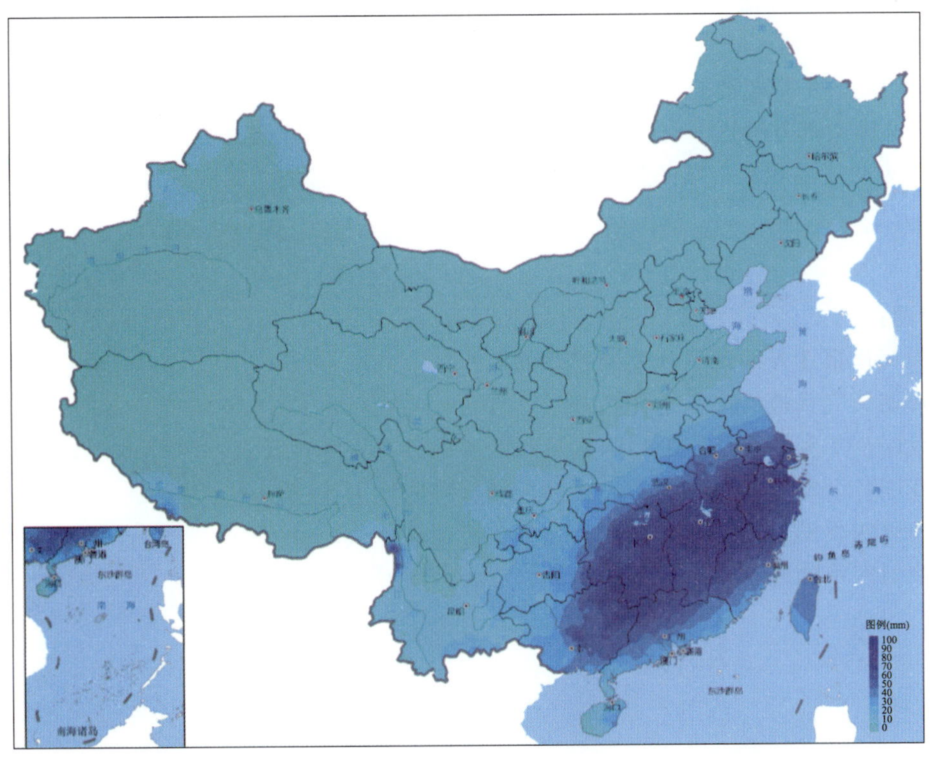

图 1.20　中国冬季 1 月(1981—2010 年)平均降水量分布图(引自:国家气象科学数据中心)

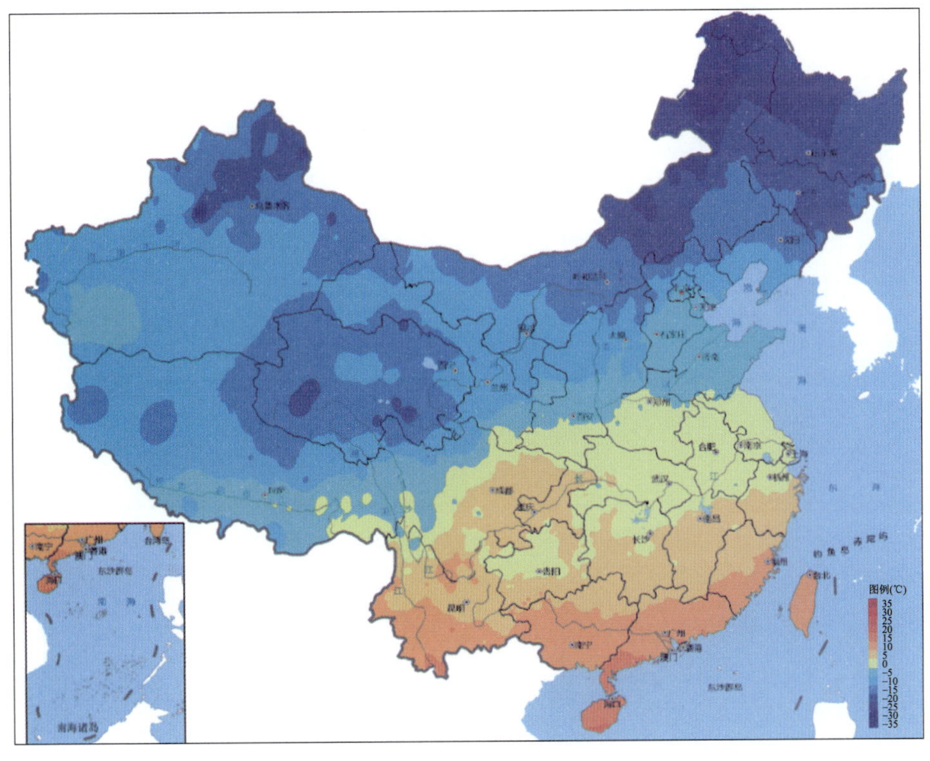

图 1.21　中国冬季 1 月(1981—2010 年)平均气温分布图(引自:国家气象科学数据中心)

图可见，冬季整个长江流域附近和以南地区的降水相对来说偏多，降水量在 30 mm 以上。冬季也是全国大部分地区降水量最少的季节，除东南部地区、新疆大部和青藏高原西部外，各地冬季降水量所占年降水量的比例均在 5%以下。东北、华北和西北以及高原地区的气温在 0 ℃以下，全国大部分地区气温在 20 ℃以下，气温达到全年最低。我国东部地区的南北温差较大，最北边的气温和最南端的气温相差 50 ℃以上，中国也是世界同纬度上除沙漠地区以外最冷的地方。

思考题：

(1)天气预报业务的现状和发展趋势如何？

(2)短期天气预报的流程是什么？

(3)我国全年和各个季节平均降水量和气温的分布特征是什么？

(4)我国各个季节主要发生的灾害性天气有哪些？

(5)我国四季发生的主要灾害性天气分布特征是什么？

(6)我国四季的气候差异有哪些？

第2章　气象信息综合分析处理系统(MICAPS4)的使用

2013年7月为了满足不断发展的业务需求，中国气象局正式启动了新一代MICAPS研发工作，开发更高使用效率的MICAPS4系统。MICAPS4建设是中国气象业务现代化建设的重点任务，是现代天气业务的基础性、关键性工作。MICAPS4版本大幅改进了系统性能，提高了工作效率。科研人员综合利用快速多维数据处理技术、高性能气象数据可视化与渲染方法、多线程并发IO与流水线指令管理、客户端与缓冲及时空匹配等技术进行改进。改版后的MICAPS4实现了预报员应用的智能化，针对海量数据实现智能化分析、智能化预报提醒、智能化的信息关联，同时还实现了产品生成、检索应用和协同工作等多方面的高效灵活性。

MICAPS4客户端于2017年7月正式向全国发布(高嵩 等，2017)，第四版主要关注于现代预报技术方法与现代IT技术的结合，新版本在界面组织方式、人机交互方式、综合图配置方式等方面沿袭了MICAPS3版的风格。MICAPS4重新定义了"黑白"两种主题、提升了数据显示效率、使用了"扁平化"的设计思路，重新梳理了图层的属性修改窗口、提升了数据统计和数据分析效率、增加了数据"显示样式"自定义的灵活性。具体表现为：通过引入分布式数据环境的支持，解决了海量数据的快速并发访问效率问题；通过对底层渲染引擎的升级改造以及并行计算框架的支持，提供了高分辨数据的高效显示、矢量数据的动画显示以及数据高效并行计算功能；通过与OGC标准的对接，实现了标准地理信息数据、WMTS服务的接入；通过对界面的梳理整合，提供了"扁平化"的界面设计方式，提升了数据属性的操作效率。同时，MICAPS4平台对现代化的预报方法也进行了功能支撑，增加了集合预报数据的显示，完善了模式数据的累加、平均、距平计算、多模式融合、模式TLOGP等功能；增加了"脚本解析器"，提升了对于Python脚本的直接支持，可支持预报算法的直接接入；基于MICAPS4基础版的"精细化预报订正平台"，目前已支持国家级、省级的精细化格点预报订正业务流程。

作为综合图像处理系统，MICAPS4集气象信息显示(包括各类常规天气图表、卫星云图、雷达拼图、传真图、指导预报图等)、国家地理数据(诸如行政区域图、地形图、湖泊、河流、主要铁路公路等)、历史气象数据(如气温、降水量极值等)、人机交互处理、气象预报服务产品加工为一体，它的最终目标是成为预报人员的工作平台，支持以数值预报及其解释应用为基础的新预报业务流程的建立，目前MICAPS4已发展到4.6版本(2020)。

2.1　实习目的

通过实习让学习者了解MICAPS4系统中的数据存储方式、常用交互编辑功能，练习各类气象资料在MICAPS4系统中的显示与设置，掌握MICAPS4系统的各类气象资料的检索方式等。

2.2 MICAPS4 系统介绍

2.2.1 MICAPS4 窗口布局介绍

MICAPS4 客户端界面如图 2.1 所示。

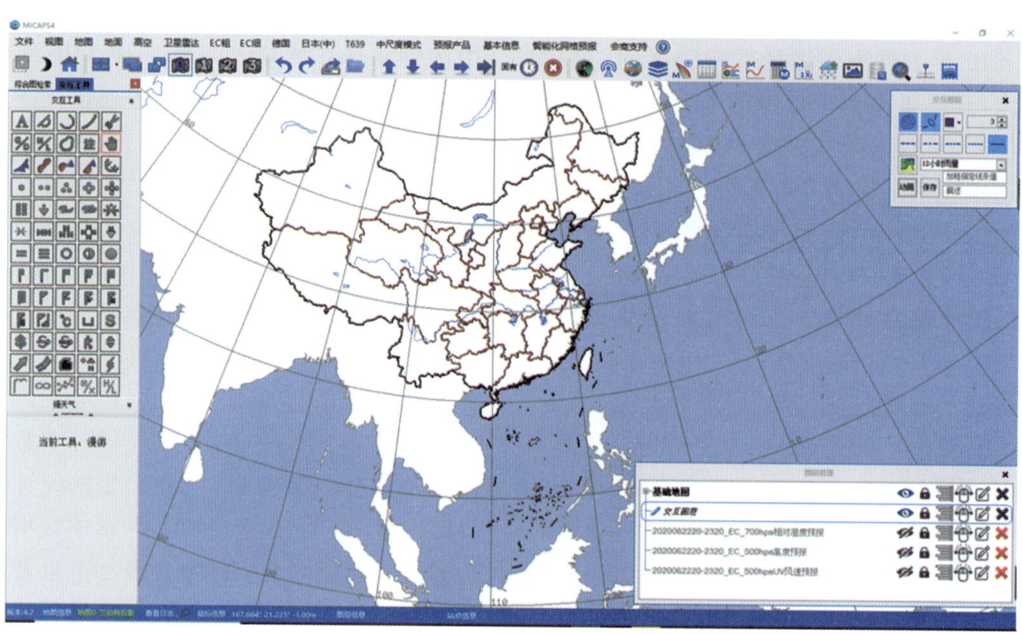

图 2.1 MICAPS4 客户端界面

2.2.1.1 标题栏

MICAPS4 界面的顶部为标题栏，标题栏内容可通过系统配置文件进行自定义。

2.2.1.2 菜单项

标题栏下面为菜单项，MICAPS4 中的菜单项包括系统设置、综合图、MICAPS 数据快捷调阅、会商支持及系统帮助。菜单的前三项，即文件、视图和地图是基本菜单项，用户无法修改，其他菜单项为综合图菜单，用户可以通过综合图配置文件(\config\menus. txt)进行自定义配置。

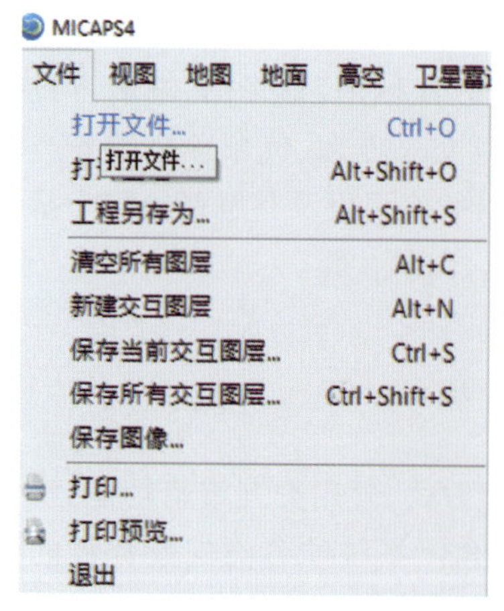

图 2.2 MICAPS4 系统中的文件菜单栏

基本菜单项包括菜单的前三项，分别包含以下子菜单项。

(1)文件(图 2.2)。

打开文件(Ctrl＋O)：单击该菜单项，出现如图 2.2 的“打开文件”对话框，用户可以选择指定文件名后系统将打开该文件(需要注意的是符合系统要求的文件格式才能打开)。在 MICAPS4 中，用户可以通过修改 config\set. ini 配置文件下

“default. openfilepath”项，指定默认“打开文件对话框”的初始位置。

新建交互图层(Alt＋N)：新建一个交互图层，并且使图层处于被“编辑”的状态，同时在左侧会弹出“交互工具”窗口。

清空所有图层(Alt＋C)：清除当前加载的所有图层(编辑状态的交互层除外)。

保存当前交互图层(Ctrl＋S)：保存当前处于编辑状态的交互层结果。

保存所有交互图层(Ctrl＋Shift＋S)：如果用户同时在同一幅地图中打开了多个交互图层，希望将多个交互图层的结果统一保存到同一个交互文件中，可以使用该功能。

保存图像：希望将当前屏幕显示区域保存成图片文件，文件格式可以是 PNG、GIF(静态)、JPG 或者 BMP，保存方式和位置可自己根据需要选择。

打印：将当前屏幕区域内的信息直接打印成图片。

打印预览：可以在屏幕上预览需要打印的图片。

退出：退出系统，退出系统时，不再提示确认。

(2)视图(图 2.3)：调整界面布局和显示“图层管理窗口”的工具窗口。

图层管理：如果图层管理窗口不显示了，需要再次调出图层管理窗口，点击一下“图层管理”窗口就显示了，再点击一次又关闭了，从而进行显隐切换。

综合图检索：点击该工具就出现如图 2.4 的菜单，方便调用所需资料。

显示或隐藏所有色标：对有填色的图形，进行色标有无的控制。

关闭左侧栏：关闭左侧上层的菜单栏，比如综合图检索和交互工具，点击就可以不显示(隐藏)了。

保存布局：对当前布局进行保存。

加载布局：加载已经保存的界面布局。

(3)地图(图 2.5)：用于改变当前地图投影参数以及加载地形数据。

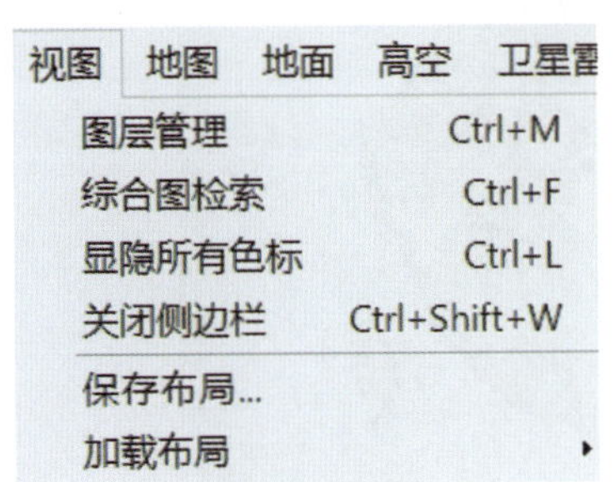

图 2.3 视图菜单

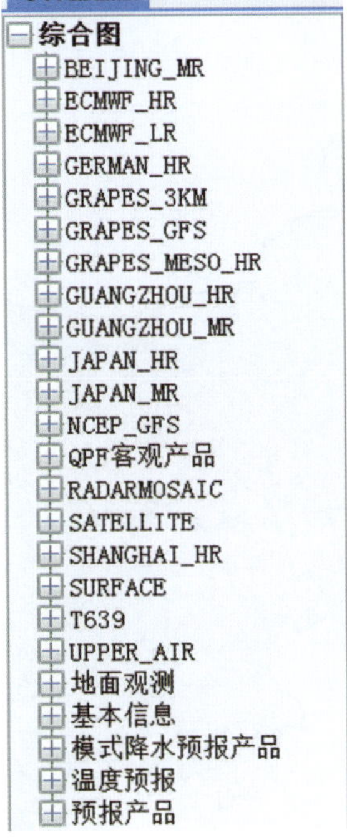

图 2.4 综合图检索

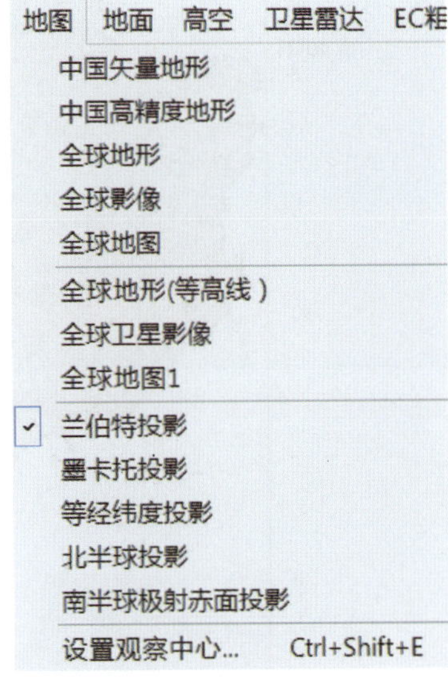

图 2.5 地图菜单

中国矢量地形：等值线填充方式显示中国区域范围内的地形，在图层管理里面单击中国矢量地形就可以修改图层颜色属性，如图 2.6 所示。

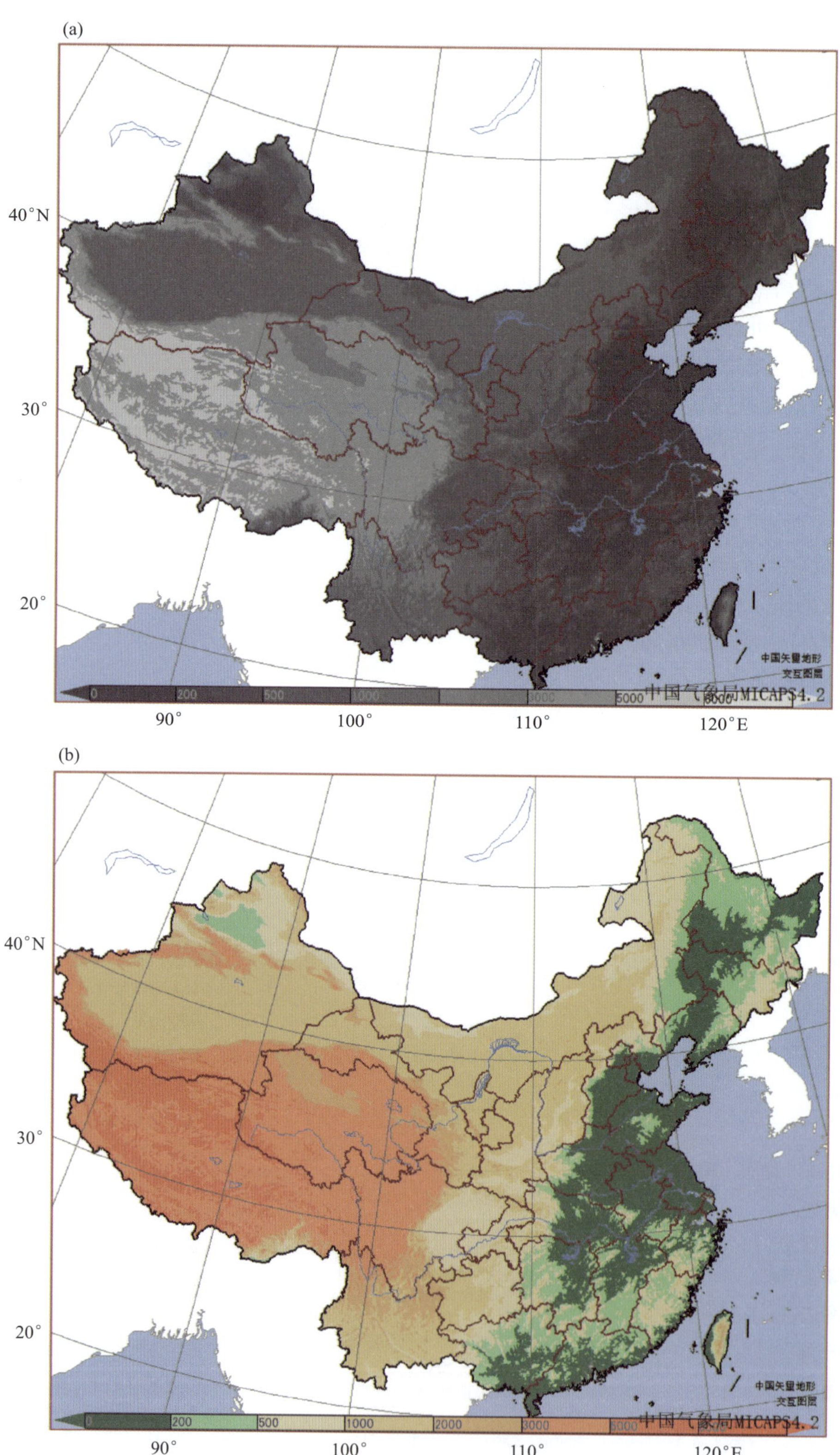

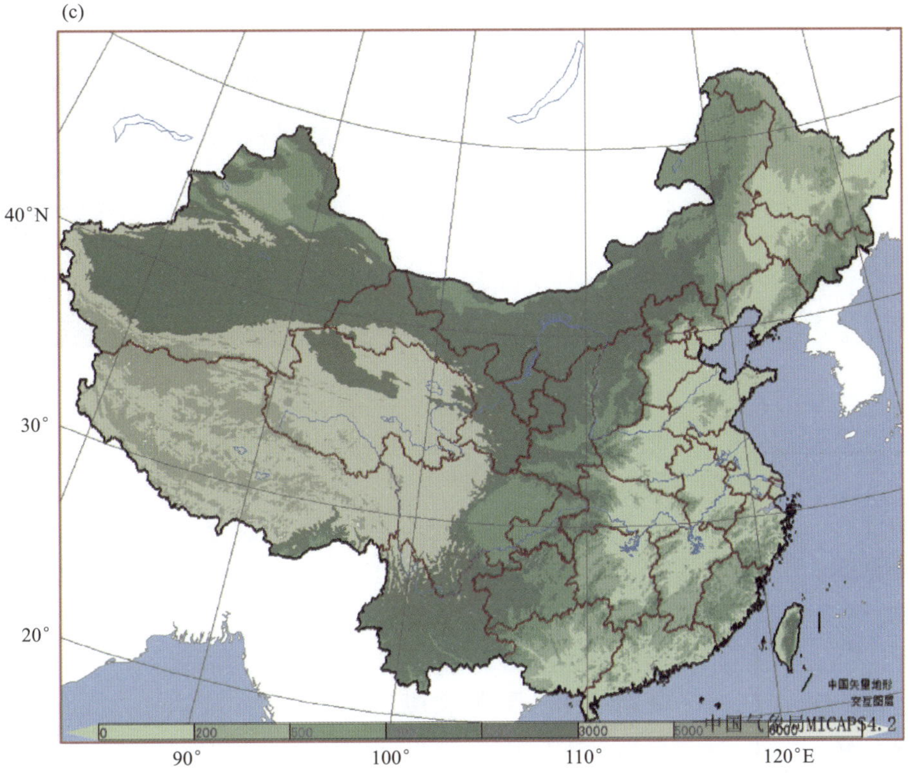

图 2.6　中国矢量地形图

中国高精度地形：只显示 70°—140°E、0°—70°N 范围内的高精度切片地图，注意该地图只有在墨卡托投影下才能显示，显示效果如图 2.7。

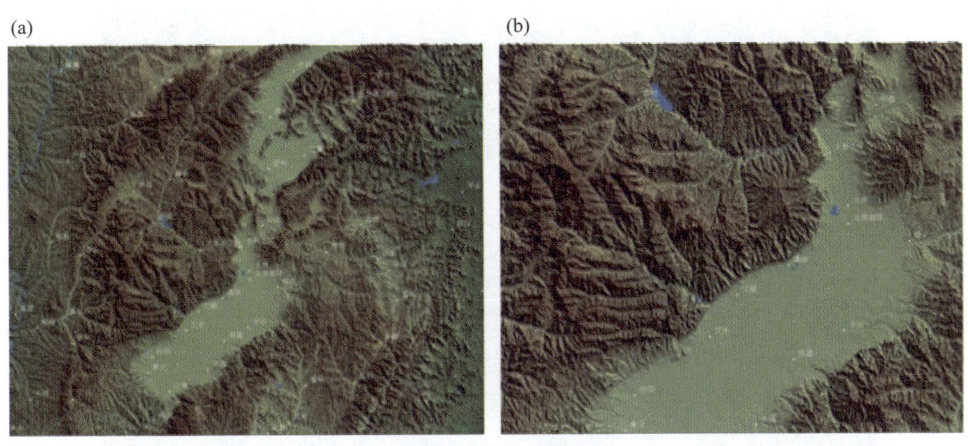

图 2.7　中国高精度地形

全球地形、全球影像：显示中国范围内的切片地图，只能在"等经纬度"投影下显示。建议"全球地形图"在"白背景"主题下使用，"全球卫星影像图"在"黑背景"下使用，如图 2.8 所示。

麦卡托投影：显示的投影方式改为麦卡托投影。

兰伯特投影：系统默认的显示投影方式，将当前的投影方式改为兰伯特投影。

等经纬度投影：将当前显示的投影方式改为等经纬度投影。

(a)

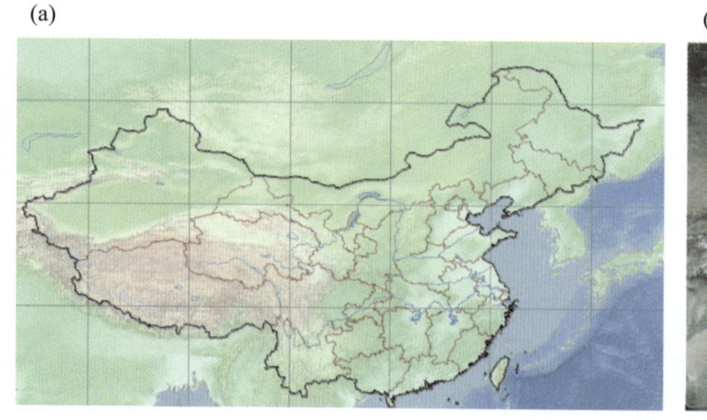

(b)

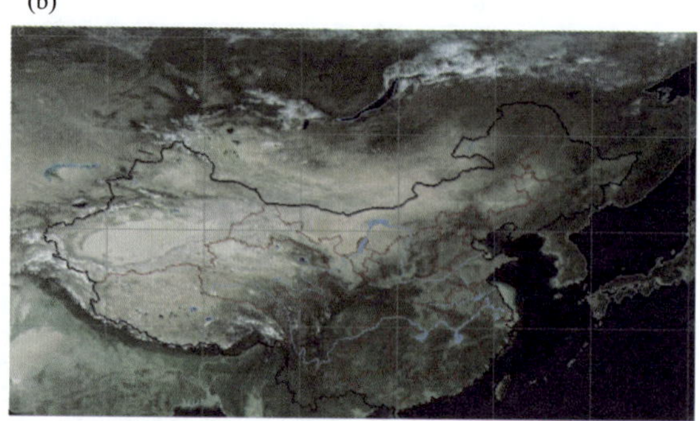

图 2.8　全球地形(影像)图

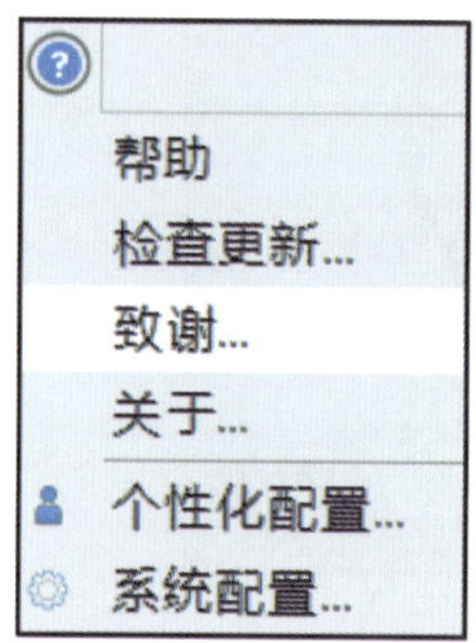

图 2.9　帮助菜单

北半球极射赤面投影:将当前显示的投影方式改为北半球极射赤面投影。

南半球极射赤面投影:将投影方式改为南半球极射赤面投影。

设置观察中心:点击该按钮,出现[对话框],设置整个图形的中心。

(4)帮助(图 2.9):系统的帮助相关信息。

帮助:弹出"帮助"文档。

检查更新和致谢:弹出"更新"窗口和致谢词。

关于:显示当前平台的版本信息,以及当前信息的更新记录,记录内容及相关内容。

个性化配置(图 2.10):可以设置黑白背景、选取资料等,还可进行个性化设置。

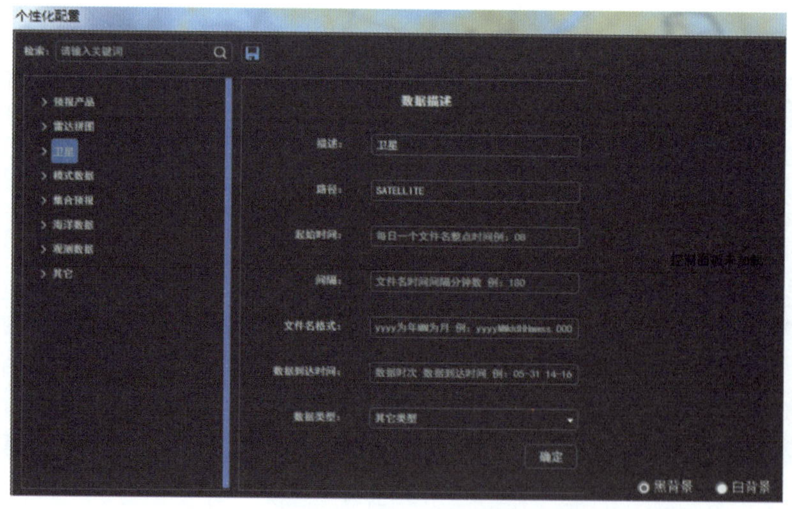

图 2.10　个性化配置窗口

系统配置(图 2.11):可以进行系统配置、综合图和菜单配置、数据文件配置和地理区域配置。

2.2.1.3　工具栏

MICAPS4 中,菜单项的下方就是工具栏,提供系统工具以及部分高级功能模块的调用,如图 2.12 所示。

MICAPS4数据配置

系统配置　综合图和菜单配置　数据文件配置　地理区域配置

保存

全局设置
截图设置
地图设置

颜色主…　○深色　◉浅色

☑ 显示地理高度

dem数据路…　../resources/dem.bin

☐ 隐藏图层管理窗口

☐ 退出时保存当前工具栏和菜单布局

☐ 打开综合图时清空其他图层

打开文件默认…　Y:\ECMWF_LR\height\500

默认地图配置…

默认站…　54511

图 2.11　系统配置窗口

图 2.12　MICAPS4 工具栏

工具栏中的每个工具由竖条分割线分隔，按住鼠标左键可以使用该分隔线，可将需要的工具从工具栏位置上“拖拽”出来，在主地图上或者窗口的左右两侧悬浮该组工具，如图 2.13 所示。

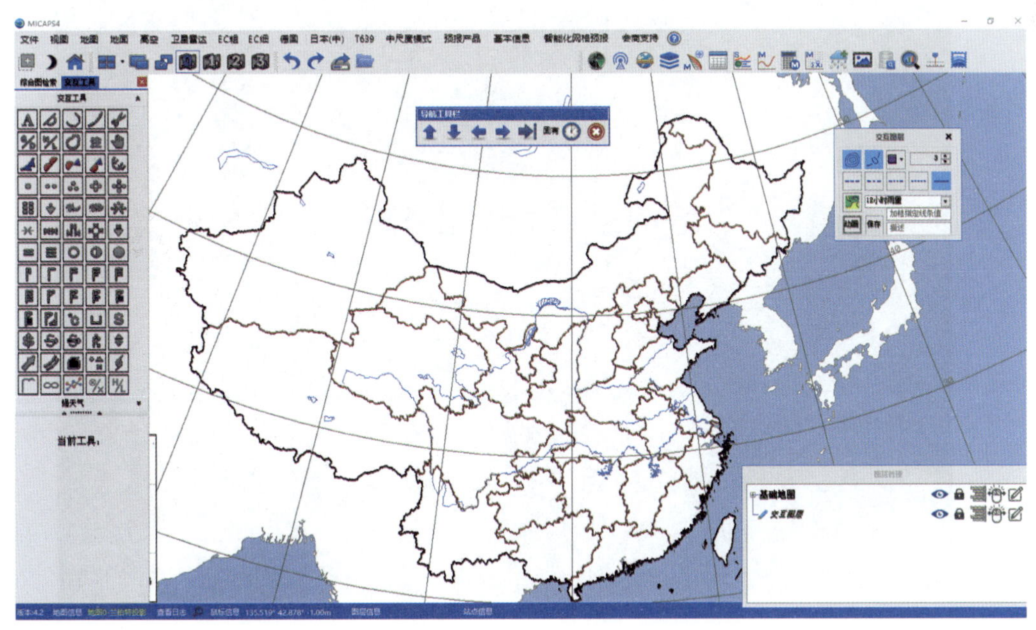

图 2.13　MICAPS4 自定义窗口布局

修改完界面布局之后，通过菜单栏中“视图”菜单下的“保存布局”进行保存。

系统工具类按钮介绍

（1）新建交互图层（Alt+N）：新建交互图层，并且该图层处于编辑状态。

（2）“黑白主题”切换：黑色和白色主题进行当前综合图的背景颜色切换。如果之前有打开的工具窗口，切换背景颜色的同时，工具窗口背景也会跟随主题切换颜色（图 2.14）。

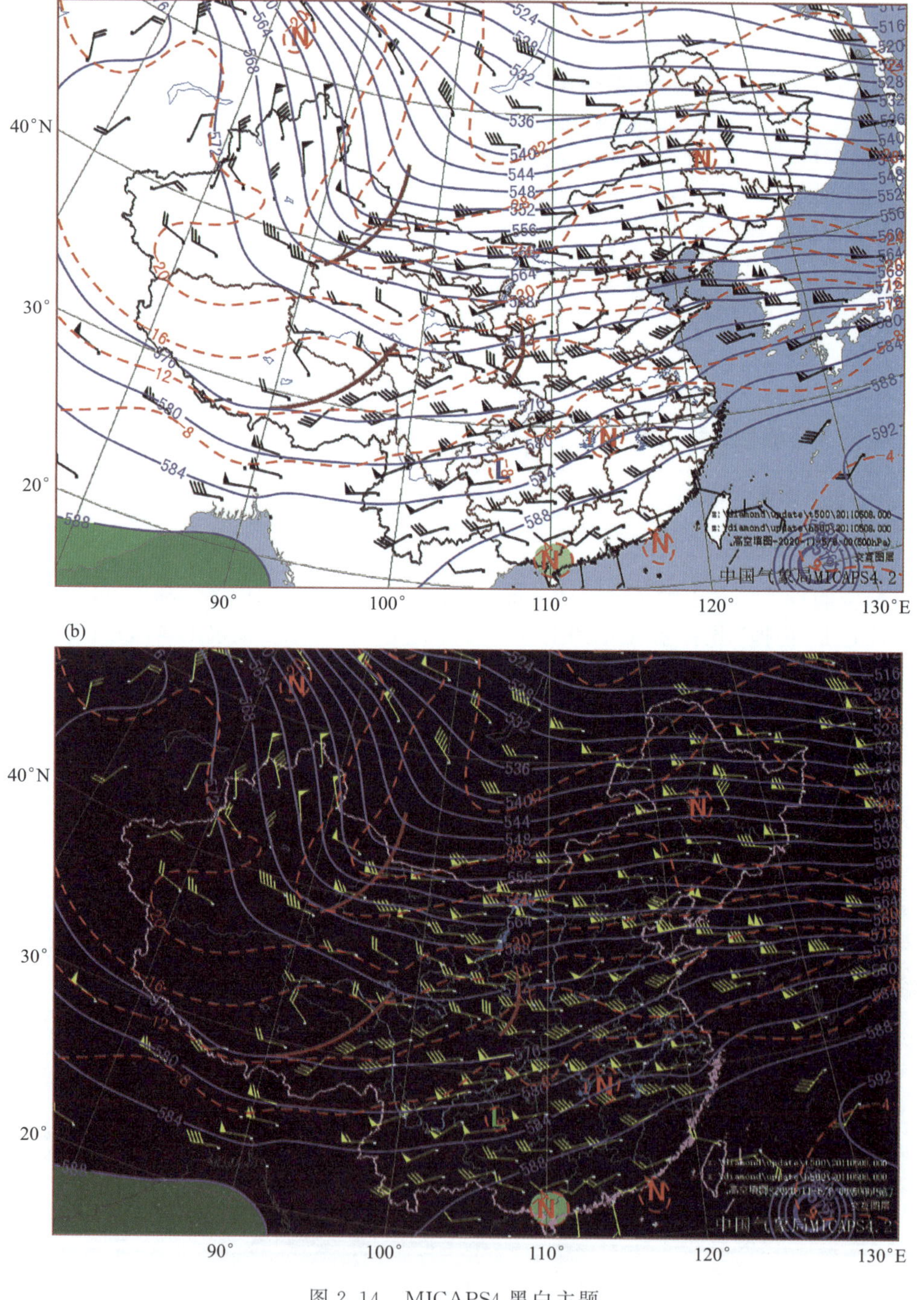

图 2.14 MICAPS4 黑白主题

(3)重置地图(Ctrl+H) :切换到最初的地图模式,相当于还原地图大小。

(4)设置分屏:目前的分屏有“2 * 2”和“3 * 1”两种分屏模式,如果想恢复到单屏显示,切换到单屏模式即可,如图 2.15 所示。

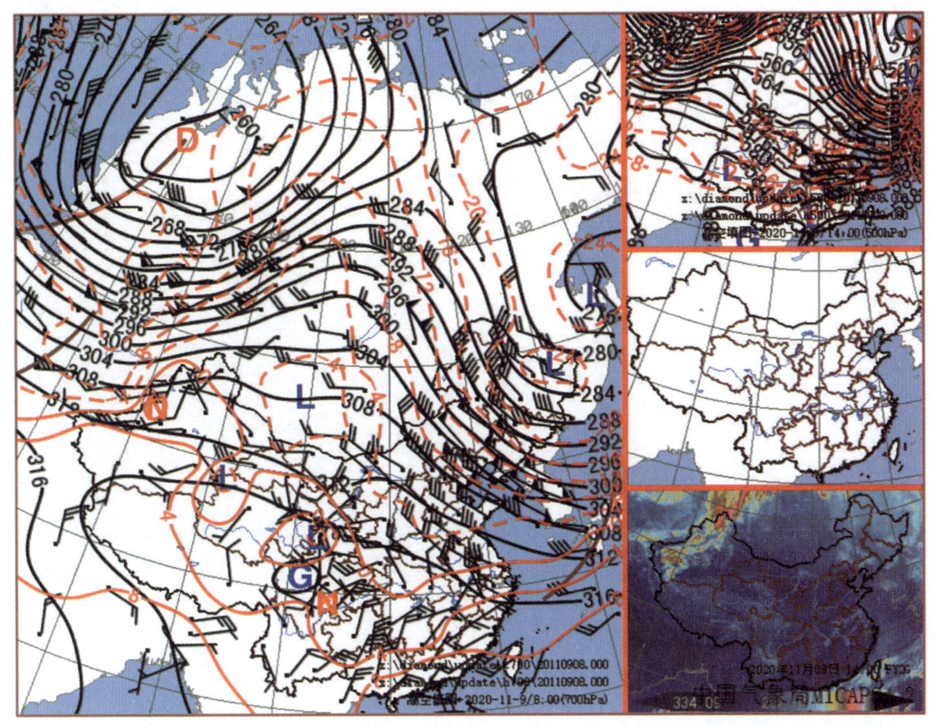

图 2.15　分屏 3 * 1

分屏 3 * 1:会分成如图 2.15 左侧的一个主图和右侧的三个副图,点击按钮选择对应屏幕编号,主地图显示选择的地图,剩余三个显示副图分屏。在状态栏中的地图信息部分会显示当前激活地图对应的编号信息。

分屏 2 * 2:将主视图平均分成左右上下四幅,如图 2.16 所示。

(5)多地图联动:使用多分屏时使用该按钮,方便对比分析多分屏显示图像,提高天气图的浏览速度。点击该按钮后,其他三个窗口将使用和当前激活窗口相同的显示范围和投影方式,同时显示鼠标当前所在位置,如果需要放大、缩小或者移动一个地图时,其他窗口中的地图也相应地放大、缩小或移动。

(6)浮动地图:激活窗口以活动窗口的方式弹出,如果想进行主窗口上的停靠或者其他屏幕上显示,可直接通过拖拽来实现,如图 2.17 所示。

(7)切换地图:在单屏下实现多个窗口间切换,或者在 3 * 1 分屏下进行主屏地图切换。

(8)撤销(Ctrl+Z) :交互操作中实现上一步操作撤销。

(9)恢复(Ctrl+R) :恢复最后一个撤销的操作。

(10)另存为:保存当前处于编辑状态的交互图层,也可以通过事先定义好的模板自动生成,如图 2.18 所示。

(11)打开(Ctrl+O) :弹出“打开文件”对话框。

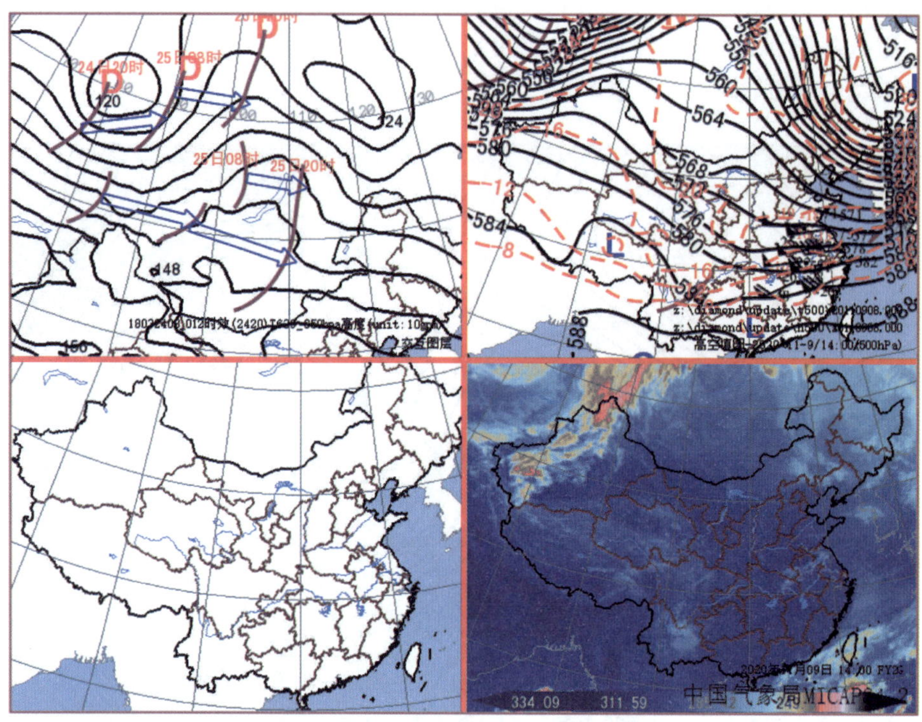

图 2.16　分屏 2＊2

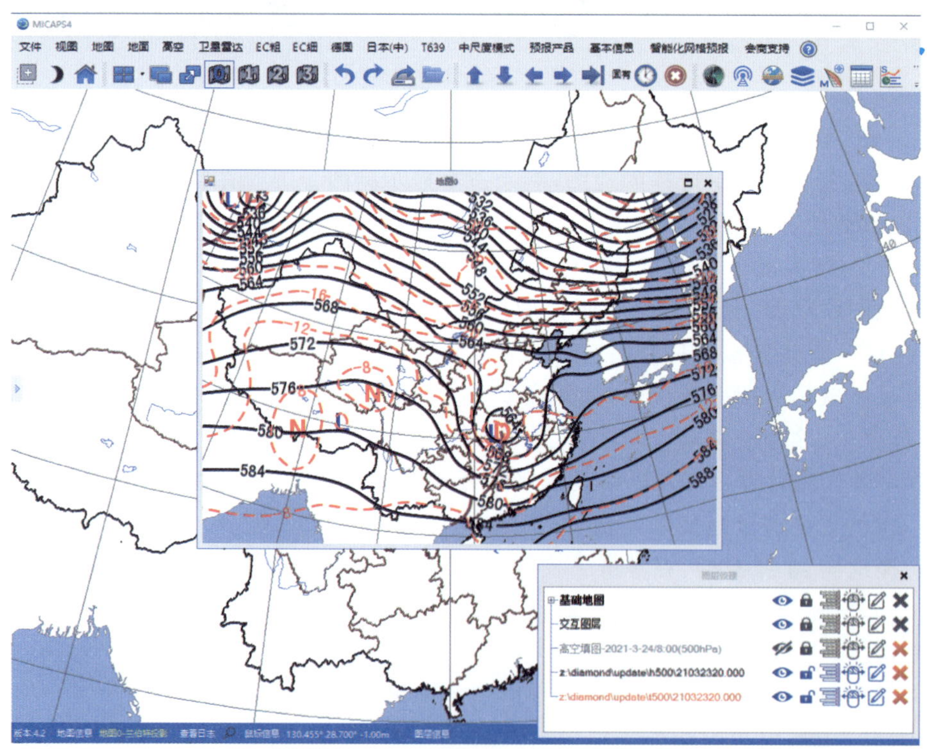

图 2.17　窗口弹出显示

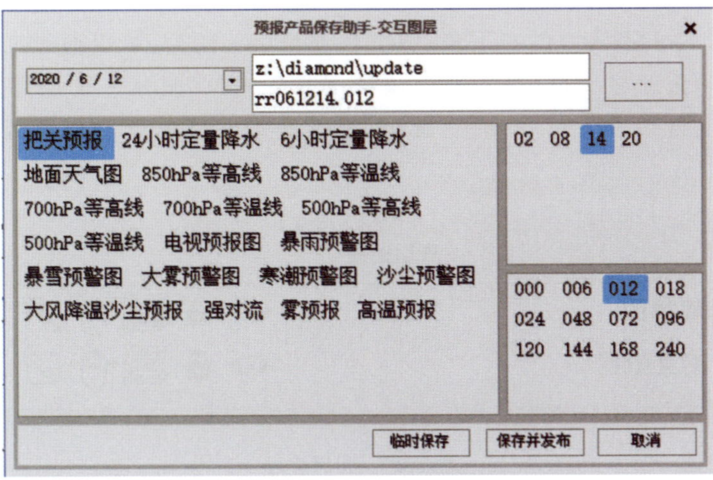

图 2.18　“另存为”窗口

2.2.1.4　交互工具箱

交互工具箱位于 MICAPS4 客户端的左侧，如图 2.19 所示。

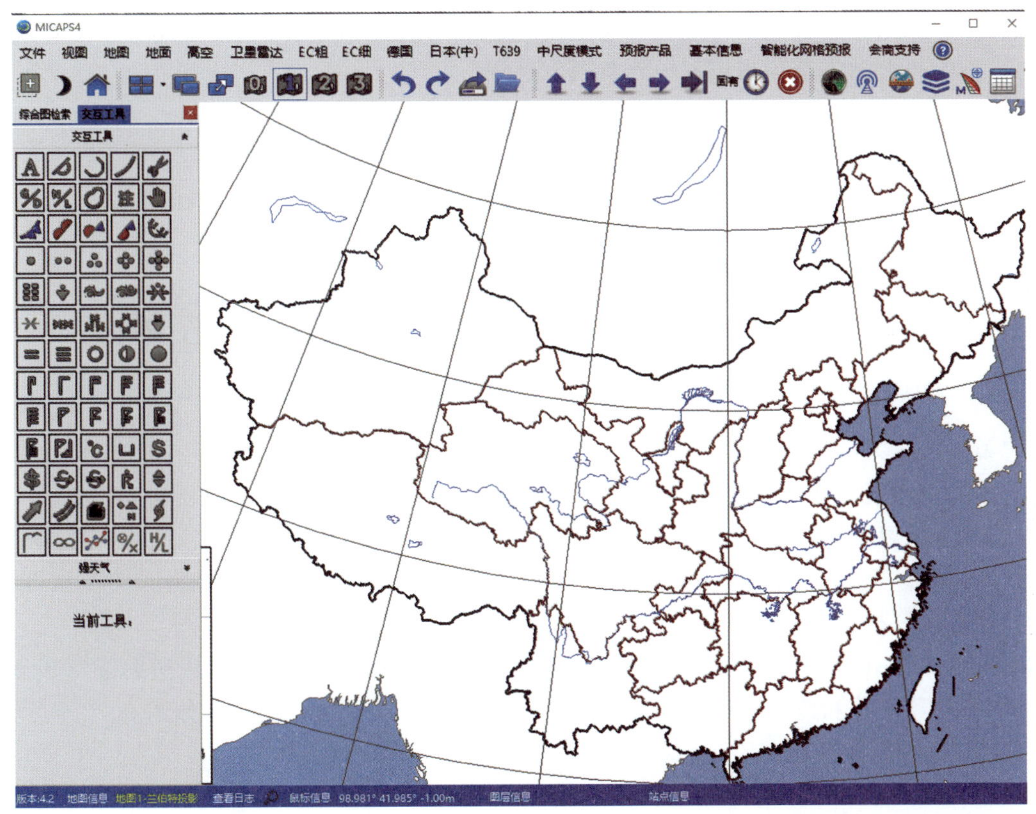

图 2.19　交互工具

如图 2.19 所示，交互工具箱包括了系统默认的交互工具和强天气交互工具 2 组，2 组的显示可以点击工具框右侧的上下键进行切换。

2.2.1.5 图层管理窗口

图层管理窗口位于主窗口的右下角，图层管理窗口关闭后，可以通过选择菜单“视图”→“图层管理”菜单项重新显示，也可以通过快捷键“Ctrl＋M”显示。图层管理包括图层显示或隐藏、翻页锁定、自动时间对齐、前后翻页、查看文本文件和删除图层等按钮，如图 2.20 所示。

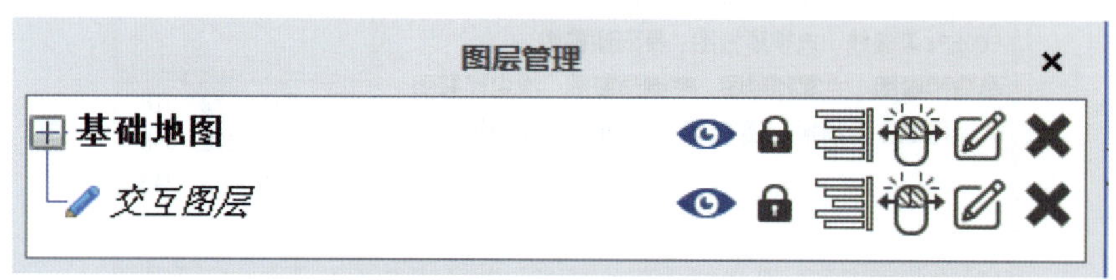

图 2.20 图层管理

图层显隐：单击鼠标左键控制图层隐藏或者显示。

翻页锁定：当进行时间变化和上下层次变化操作时，固定选择图层不变。

时间对齐按钮：当同时有多个不同时间的图存在时，选择其中一个图的对齐按钮后，所有其他图将与当前选择图的时间一致。

前后翻页按钮：点击鼠标左右键会有不同功能，单击左键打开前一个文件，或者前翻图层，点击右键打开后方图层或者后一个文件。

查看文件：显示对应文件内的数据内容。

删除图层：删除当前图层。

图层控制：单击数据图层名称打开该图层对应的属性窗口，此时被激活的图层名称在图层属性窗口中以斜体的方式显示，单击右键关闭属性窗口，如图 2.21 所示。

图 2.21 图层控制

想要图层进入编辑状态，双击交互图层，图层对应的属性窗口和交互工具箱也同时被激活。单击右键关闭图层属性窗口，同时取消编辑状态。双击右键清空交互层交互信息。

2.2.1.6 属性窗口

在图层管理中，选中要调试的图层，然后单击左键可以调出各个图层属性，关闭属性窗口的方式为单击鼠标右键。

所有在 MICAPS4 中加载的图层都带有自己的属性，通过属性窗口可以进行显示设置，也可以进行分析、统计和监视过滤等操作，右上角的浮动窗口就是属性窗口，如图 2.22 显示。

2.2.1.7 主视图窗口

主视图窗口就是 MICAPS4 平台主要显示区域，主要显示区域可以进行单屏和多分屏间切换，每个地图都带有自己独立的图层管理；可以进行地图漫游，也可以进行地图的放大和缩小等功能，在任意状态下，单击工具栏中的重置地图按钮可以恢复到地图初始状态（图 2.23）。

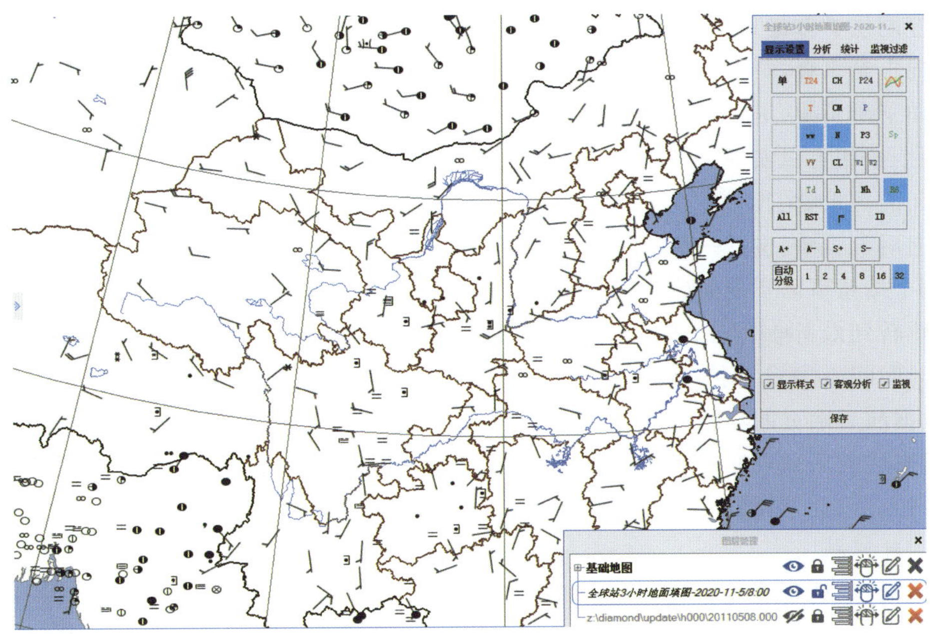

图 2.22　“地面填图”属性窗口

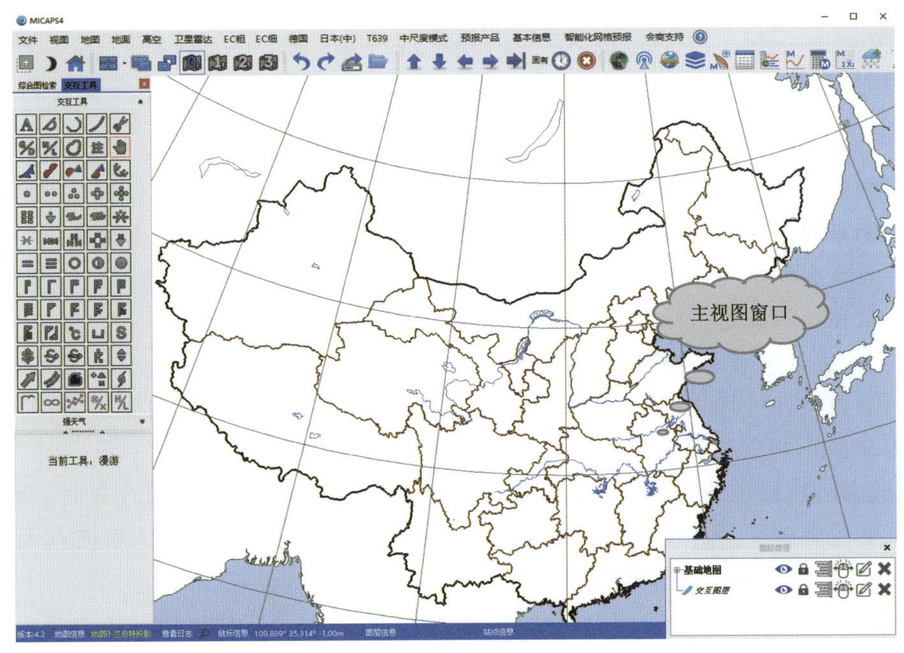

图 2.23　主视图窗口

2.2.2　客户端基本操作

2.2.2.1　数据翻页

MICAPS4 客户端中,“数据”操作中用户经常用到的功能就是根据数据或文件名的时间先后顺序进行前后翻页,也经常需要不同层次之间进行切换(图 2.24)。但在 MICAPS4 平台中,也有一些图层无法进行这样的操作,包括系统启动时加载的“交互图层”、目前处于“编辑状态”的交互图层、“基础地图”图层以及处于“隐藏”状态的图层。

图 2.24 数据翻页控件

（1）向上翻页：向上一层次图形翻页。

（2）向下翻页：向下一层次图形翻页。

这两个按钮可以实现上下图层之间的快速切换。

（3）向前翻页：向前一个时次图形翻页。

（4）向后翻页：向后一个时次图形翻页。

这两个按钮可以实现前后时间图层之间的快速切换。

（5）跳转到最新：点击该按钮，切换到最新时刻的数据图。

（6）时间间隔：调节数据显示时的时间切换的间隔。

在数据前后翻页的功能中，还新增了“按指定时间间距”进行翻页的功能，该翻页功能可以设置所有图层前后翻页的“时间间隔”，默认间隔为“固有”，单位为“h”。

（7）清空所有图层：清空主窗口中所有的图层显示。

2.2.2.2 时间轴

“时间轴”工具用来支持观测数据的随机跳转与动画制作。在工具栏上点击按钮调出时间轴工具（图 2.25），再次点击该按钮可隐藏该工具。时间轴分为两个部分：时间选择区域和设置区域。

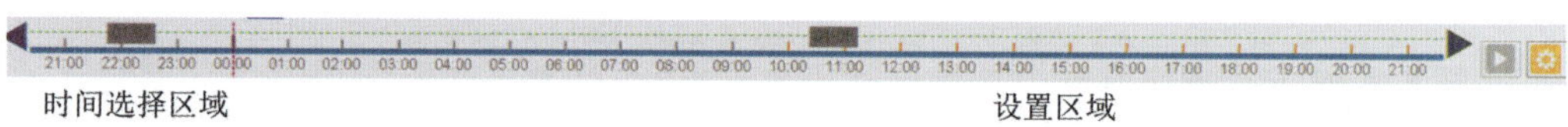

图 2.25 时间轴工具

时间选择区域界面默认显示状态如图 2.25 所示，时间间隔为 1 h，控件将轴上的时间分为历史时间与未来时间两部分，历史时间的短线为灰色，未来时间上的短线为橙色。

当鼠标放在时间轴的任意选择区域上时，鼠标所在位置就会增加一条红色的竖线，并且竖线上方的数据显示的就是鼠标所在位置对应的时间。在水平轴的上方会显示“年-月-日”和时间的信息，以红色竖虚线标识每日的 00 时。

时间间隔调整：时间间隔可通过鼠标滚轮进行调整，鼠标向上滚轮可缩短时间间隔，最短时间间隔为 5 min；鼠标向下滚轮可增加时间间隔，最大时间间隔为 1 h。

时间点选择：在指定的时间位置点击鼠标左键，当该时间点上有数据存在时，会在时间轴上出现一个黄色的游标，并且将所有已加载数据按照时间进行跳转。当该点无数据加载时，会出现一个蓝色的游标，数据不动。

拖动时间轴：按住 Ctrl 键的同时，鼠标左键左右拖拽（或者按住鼠标滚轮进行），可对时间轴进行拖动，此时时间轴颜色变为绿色（图 2.26）。

图 2.26 拖拉时间轴

动画功能：在时间轴上拖拽鼠标右键，可以选取一个时间段，然后点击右侧的播放按钮即可开始动画。如果需要循环动画，可点击设置按钮，在弹出的面板中进行“循环动画”设置。如果需要将动画结果进行输出，可在设置面板中设置间隔时间，然后点击“输出动画”按钮即可。

动画设置面板(图 2.27)：该面板可以进行动画和显示的设置。

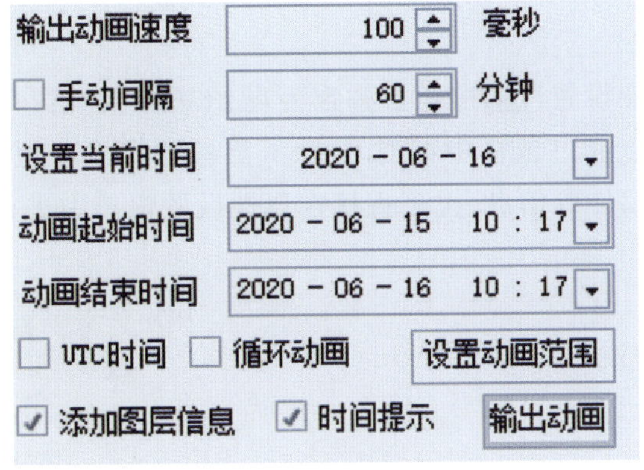

图 2.27　设置面板控制

2.2.2.3　图片生成与保存

MICAPS4 提供了更快捷的保存当前显示内容的方式，用户可以通过"可见即所得"的方式制作专题图。

(1)当前工作区截图

使用快捷键 Ctrl+C 保存当前地图的截屏信息，该信息直接保存在剪切板中，可通过快捷键 Ctrl+V 粘贴出来使用，如图 2.28 所示。默认的保存信息包括图片边框颜色、边框上的经纬度标注信息、输出图片的尺寸大小、版权所有者信息及文字属性和图层描述信息等。

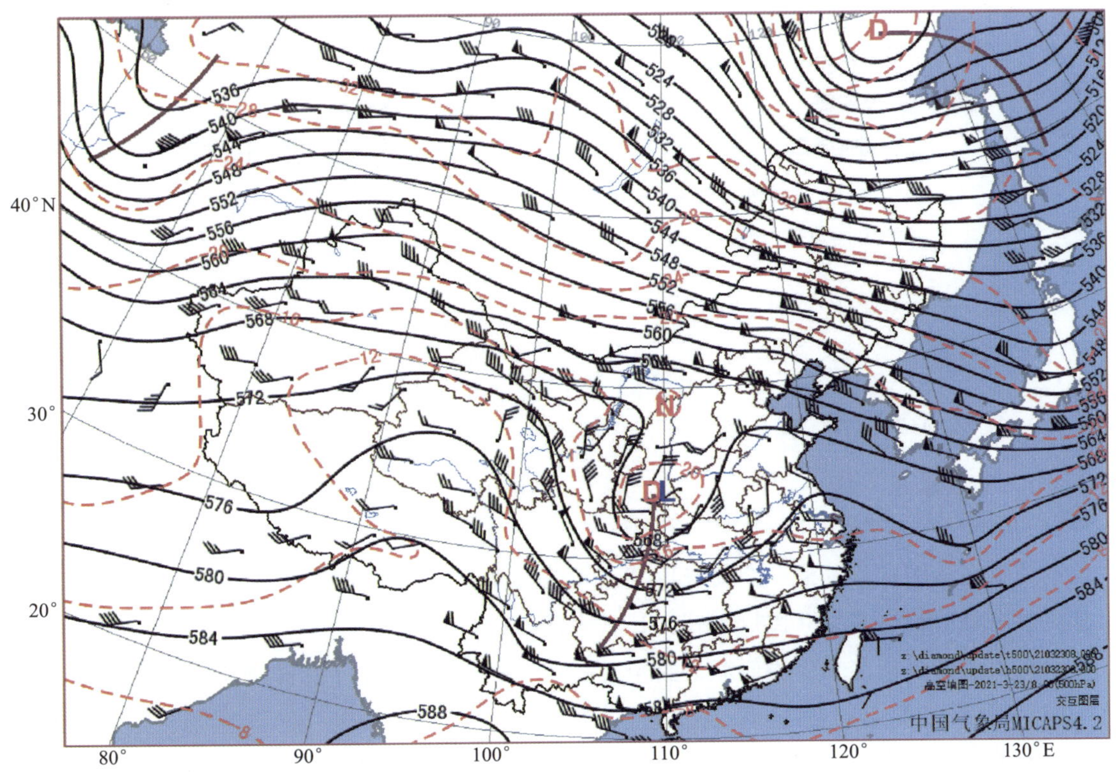

图 2.28　当前工作区截屏图

另外，可以单击鼠标右键，出现如图 2.29 所示的对话框，进行“复制截图”（和上面的效果完全一样）。此外，还可“保存图片”或者进行“站点搜索”等。

（2）出图设置

点击工具栏中的“出图设置”按钮会弹出专题图属性设置窗口，如图 2.30 所示。进入“专题图制作”模式后，可以通过鼠标中键或 Shift＋鼠标左键漫游地图。此外，可以直接移动地图上的主副标题和 LOGO 等信息；也可直接在属性设置窗口中进行设置，修改标题、副标题内容及颜色等信息。

图 2.29　主窗口区单击右键弹出的对话框图

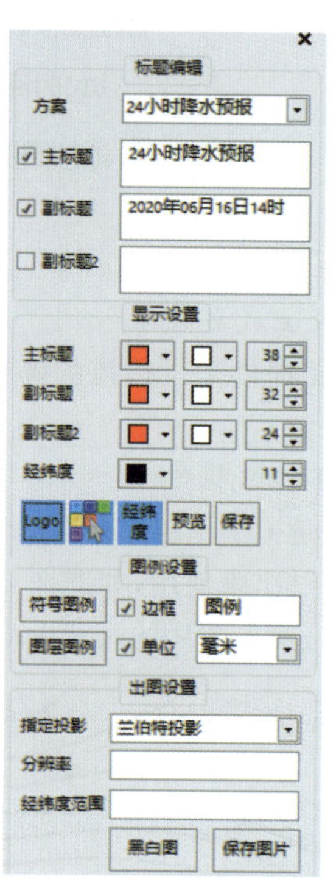

图 2.30　专题图属性设置窗口

设置好之后点击保存图片，如图 2.31 所示，系统默认的输出图片包括经纬网格及经纬度信息。

2.2.3　交互与数据操作

2.2.3.1　交互操作

（1）新建交互图层

系统第一地图默认加载一个交互图层。点击菜单栏“文件”中的“新建交互图层”或者点击工具栏最左侧的新建交互图层按钮，可以新建交互符号（图 2.32）。

只有双击图层使之处于编辑状态，才能在该图层上进行绘制、添加或修改等操作。

（2）交互符号操作

所有的交互操作都可通过工具栏上的按钮进行单步撤销和重复操作，也可以使用 Ctrl＋Z、Ctrl＋R 快捷键实现。

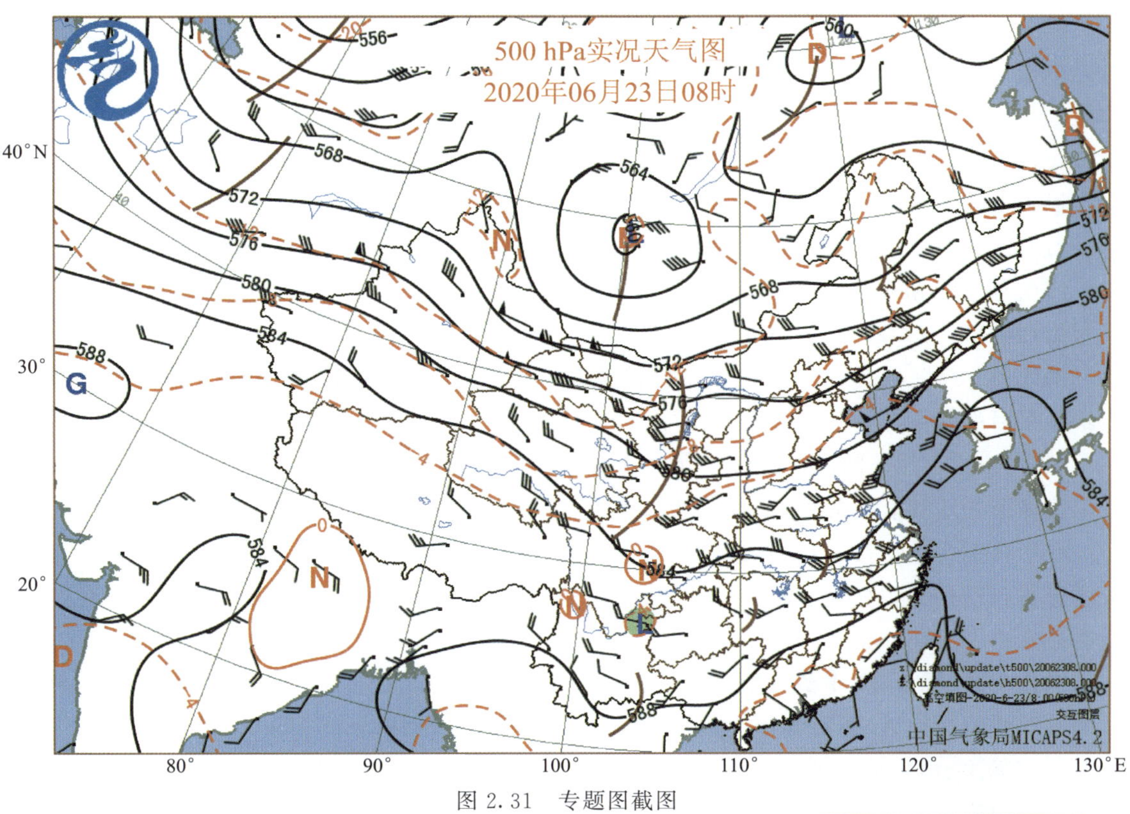

图 2.31　专题图截图

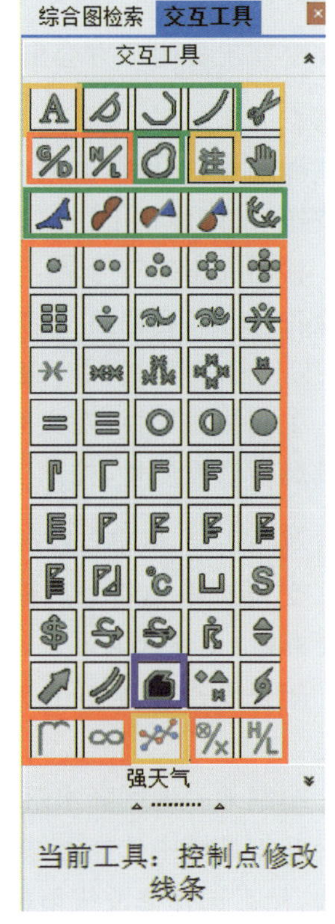

图 2.32　交互工具

基本交互工具

点符号(图 2.32 中红色框图里面)：点击符号工具，主窗口上单击鼠标左键或右键，新建一个点符号，点符号一般都带有符号颜色和大小属性等设置，选择符号以后，通过交互工具框下方的属性修改符号颜色和大小。

高低压中心的标识：单击左键 G 标识高压，单击右键 D 标识低压；

冷暖中心标识：单击左键 N 标识暖区，单击右键 L 标识冷区；

天气现象点符号：单击左键或者右键都可以出现相应的天气现象符号；

风向杆符号：绘制风向杆符号时，单击鼠标左键确定绘制基点，然后沿风矢量方向拉动鼠标(如要绘制西风，应沿基点向东拉动鼠标)，鼠标指针右侧会显示绘制的角度和风向。

台风定位符号：选定该符号以后，单击左键可直接在地图上标注台风符号，如果想精确定位，单击右键在弹出框中输入经纬度以精确定位。

线条符号(图 2.32 中绿色框中的所选)

单击鼠标左键选择点,点与点之间通过线连接,点击鼠标右键确定线条绘制完成,有角度的线会自动进行平滑处理。

在绘制线条过程中,如果想进行地图漫游,可以使用鼠标中键,也可以按住 Shift 键,同时使用鼠标左键进行地图漫游。

所有线条符号都带有线条颜色、线宽和线型属性设置。

修改等值线和线条符号:对线条形状进行调整。

添加等值线:添加需要的等值线。

槽线、切变线:通过该按钮可以绘制槽线或切变线,至少需要单击左键三个点及以上,才能绘制平滑的线条。

闭合线:在线条的起点和终点位置增加一个圆点,绘制平滑的闭合线,线条不闭合也可以。

图像填充及气象填充区(图 2.32 中紫色框中的)

在工具框中选该按钮后,在地图上单击鼠标左键绘制所需填充范围,最后点击右键结束。折线会被自动平滑,尽量使起始点和结束点接近,但结束点与起始点之间还是会被直线连接,能明显看出一个角。

操作工具(图 2.32 中黄色所选)

修改线值标注:可以对闭合线和等值线增加或修改标注。

文字标注:点击左键到需要标注的位置,弹出输入框之后输入填写内容进行标注,如果突出标注内容,需要背景色,按住 Ctrl 键不放的情况下,单击鼠标左键到需要标注的位置,此时在交互工具的下方会出现这样的选项,通过滑动条调整点符号大小和角度进行调试,到满意为止。

漫游:在地图区域内按住鼠标左键拖动地图,每次执行完其他交互按钮之后,都要点击该按钮,用以停止上一步的操作。

移动或删除符号:当符号处于编辑状态时,按住鼠标左键可以移动符号,按住右键可以删除符号。需要修改文字标注时,可以通过按下 Ctrl 键的同时滚动滑轮,对字符大小进行调整;按下 Shift 键的同时滚动滑轮,可对字符的旋转角度进行调整。

工具按钮属性:在交互工具中选择需要的工具的时候,工具栏下方会显示工具属性,通过工具属性修改属性,控制工具绘制状态等。

交互工具-线条符号属性:可以修改颜色、线条的宽度和样式。

交互工具-点符号属性:可以修改颜色和符号的大小。

2.2.3.2 交互工具与预报图形制作

闭合线主要用于显示降水落区时需要,给闭合线进行标值,填色按钮给等值线填色。

绘制某一地区降水落区预报图步骤:在新建的交互图层上双击左键,使之处于编辑状态,在交互工具栏中选择按钮,根据预报结论在地图上绘制降水落区边界闭合线和降水量级闭合线,然后选择修改线值标注工具,给所绘制的闭合线赋值,最后在交互图层属性设置窗口中选择“等值线填色”按钮,再选择需要的填色方案就可以绘制需要的降水落区预报图。

2.2.3.3　站点资料

(1)地面填图

在图层管理窗口中单击地面填图数据文件,打开地面填图数据的显示窗口,如图 2.33 所示,地面填图的属性窗口在图的右侧,它包括显示设置、分析、统计和监视过滤四个部分。点击三线图,可以绘制单站地面三线图。

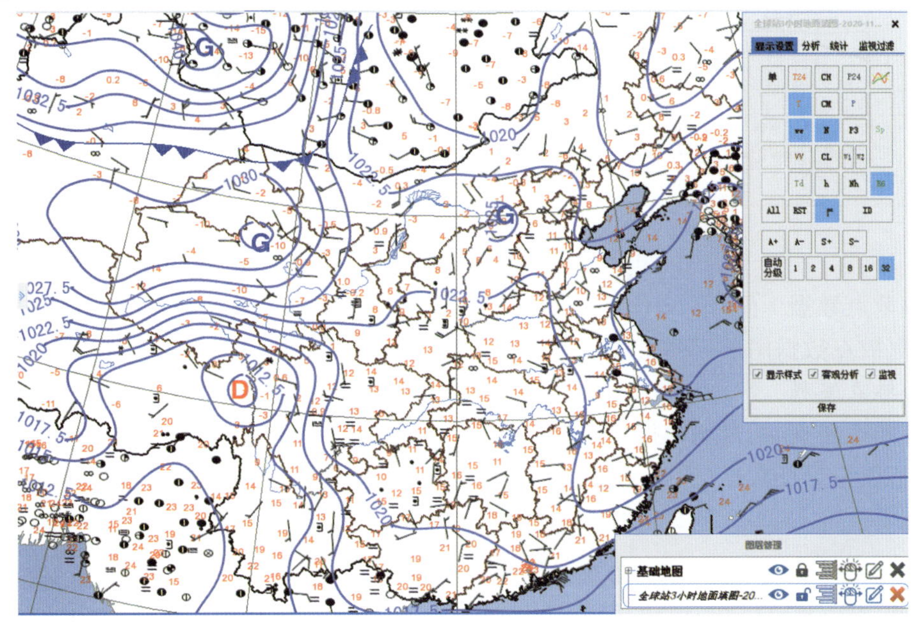

图 2.33　地面填图例图

(2)高空观测填图

单击高空填图数据图层以弹出高空数据属性的显示窗口,如图 2.34 所示,包含“显示设置”和“分析”两部分。

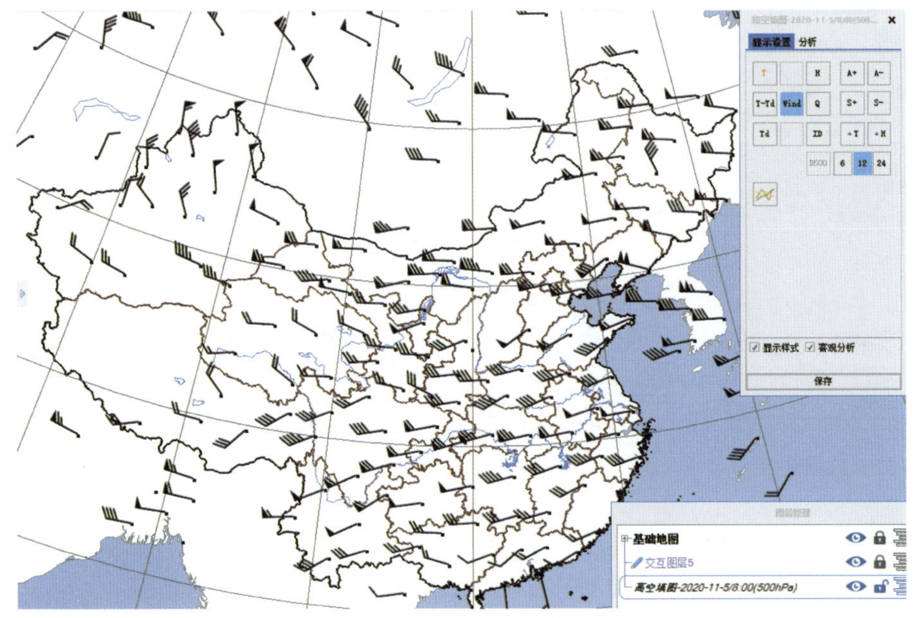

图 2.34　高空填图例图

点击时间序列图按钮，可以出现如图 2.35 所示的单站要素的时间序列图。

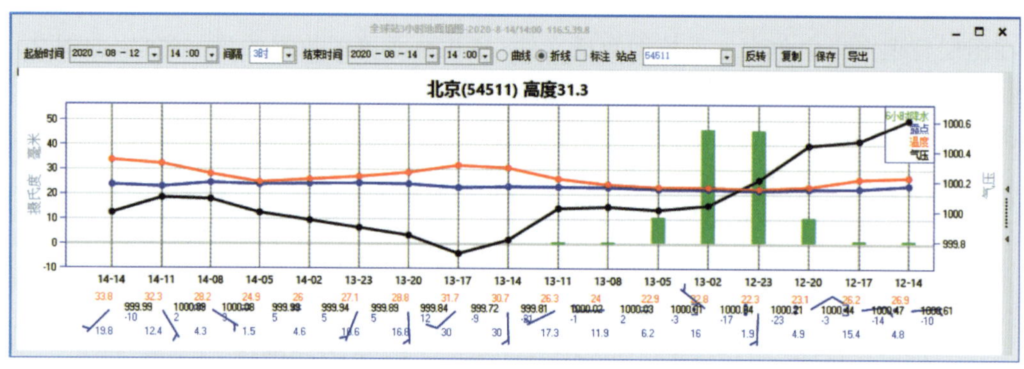

图 2.35　时序图

(3)离散点数据

单击离散点数据图层以弹出离散点数据属性对话框，如图 2.36 所示。

2.2.3.4　格点资料

(1)第四类格点(标量场数据)

提供格点标量场数据(主要是数值预报产品数据)的显示设置以及分析统计两组方法，如图 2.37 所示。

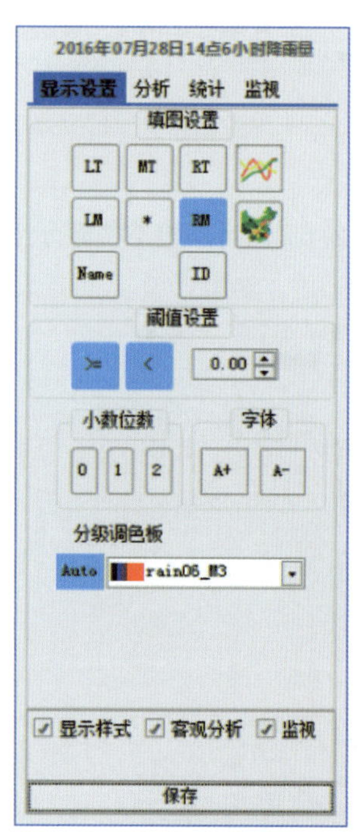

图 2.36　离散点数据属性窗口

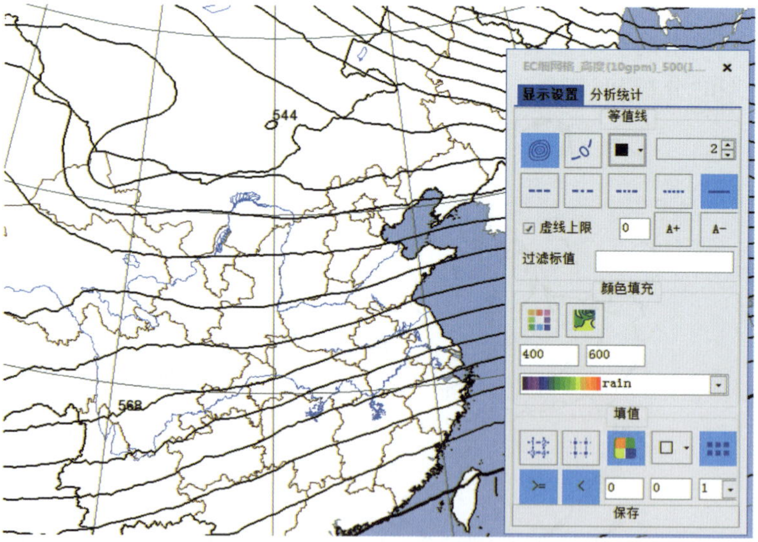

图 2.37　格点场等值线

(2)流线数据(矢量格点)

提供格点标量场数据的显示控制。如图 2.38 所示，右侧弹出的对话框。

单击显示动态流线按钮，就出现图 2.39 所示的动态图。

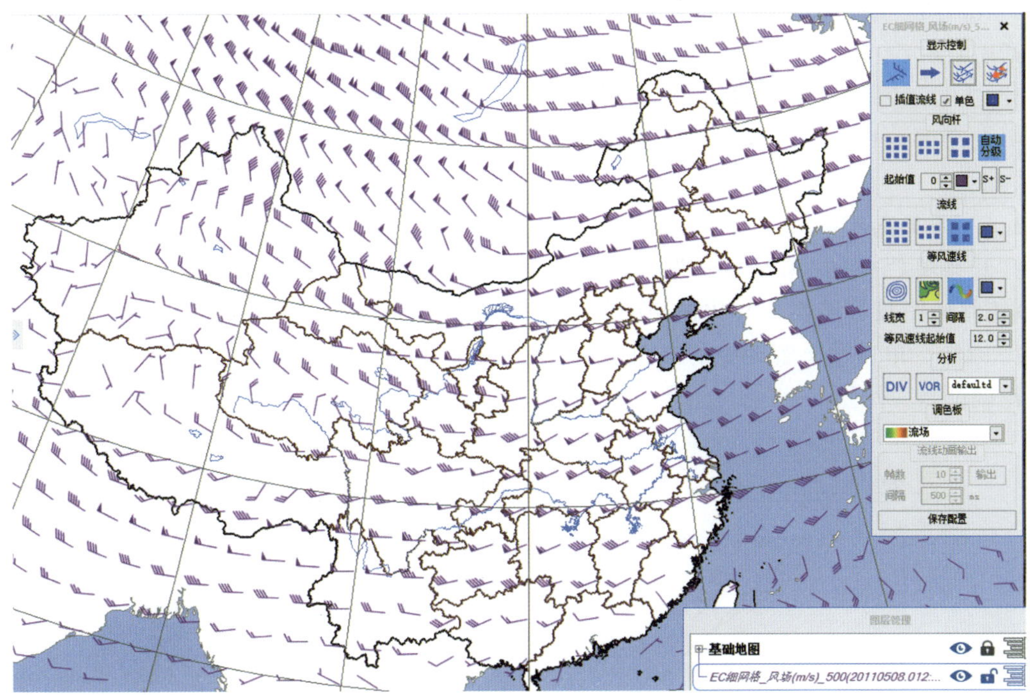

图 2.38　格点数据显示控制

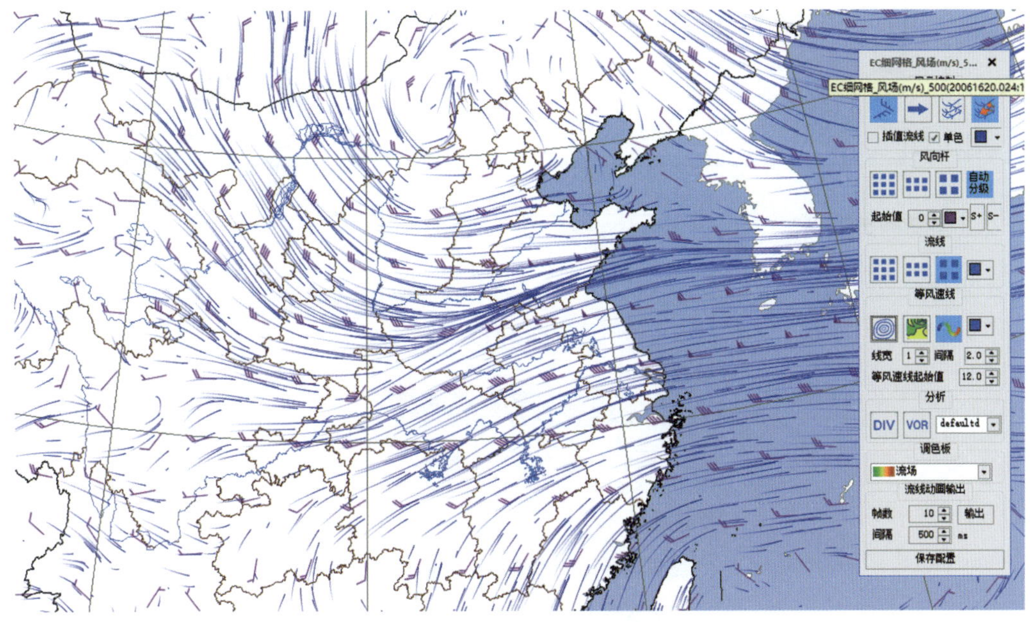

图 2.39　动态流线截图

2.2.3.5　*T*-ln*p* 图

温度对数压力图又称 T-ln$p$ 图，除了可以直观显示温度对数压力图解，还能运用“交互探空”功能订正技术，开展其他时次(如:午后)层结稳定度、不稳定能量等的计算和物理量导出等操作。

T-ln$p$ 图一般在菜单栏的高空菜单中，如图 2.40 所示，它包括工具栏、主显示区、风矢端图和大气热力参数查询四个部分，主显示区可显示对数压力图、层结资料和垂直物理量分析三个部分（图 2.41），也可以进行 T-ln$p$ 属性的设置（图 2.42）。

2.2.3.6 卫星资料

打开菜单栏中的“卫星雷达”菜单，选择需要的卫星云图，系统将地图投影转换到与数据相同的投影并显示云图图像（图 2.43）。单击图层管理中的该图层后，可以通过显示设置进行调试。

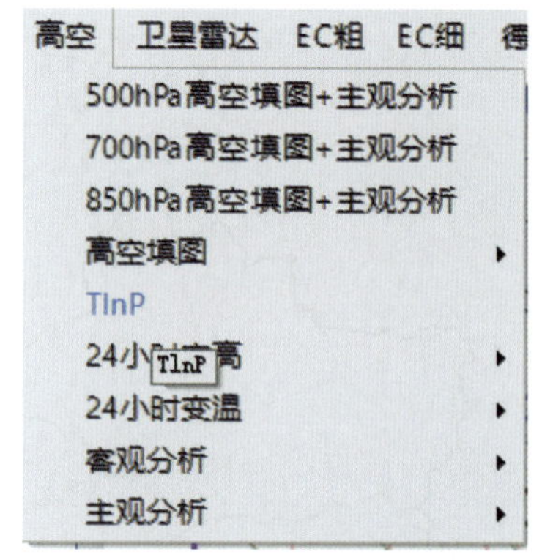

图 2.40 T-ln$p$ 图调出位置图

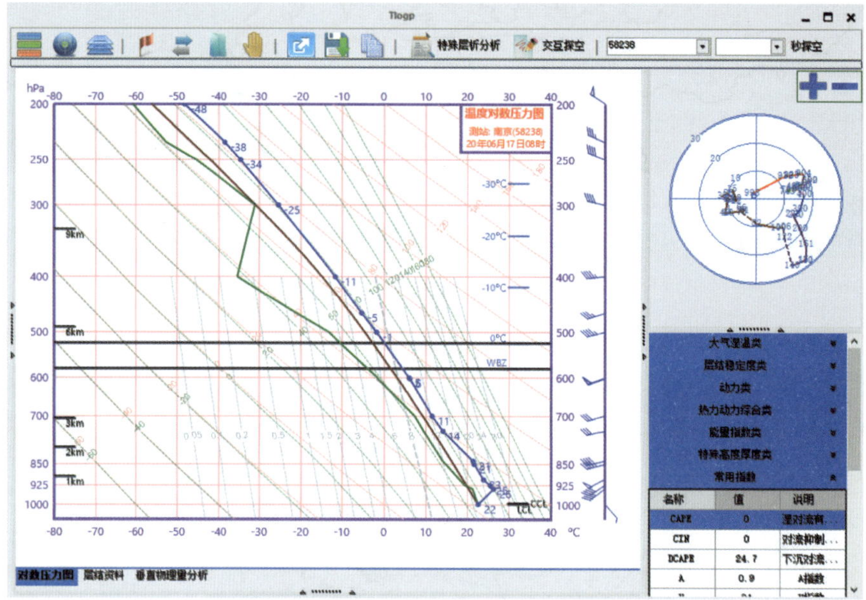

图 2.41 T-ln$p$ 窗口

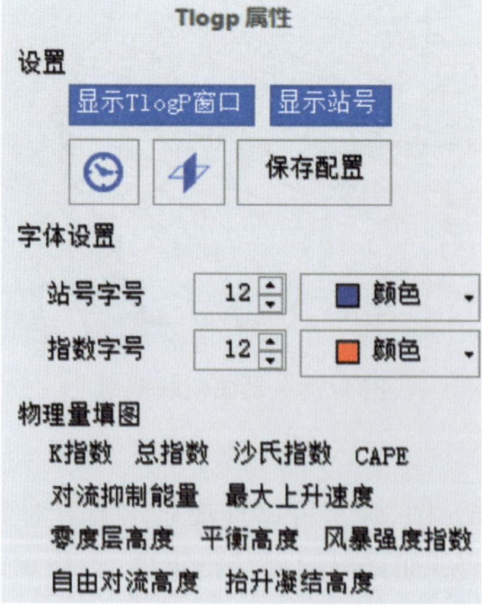

图 2.42 T-ln$p$ 工具属性窗口

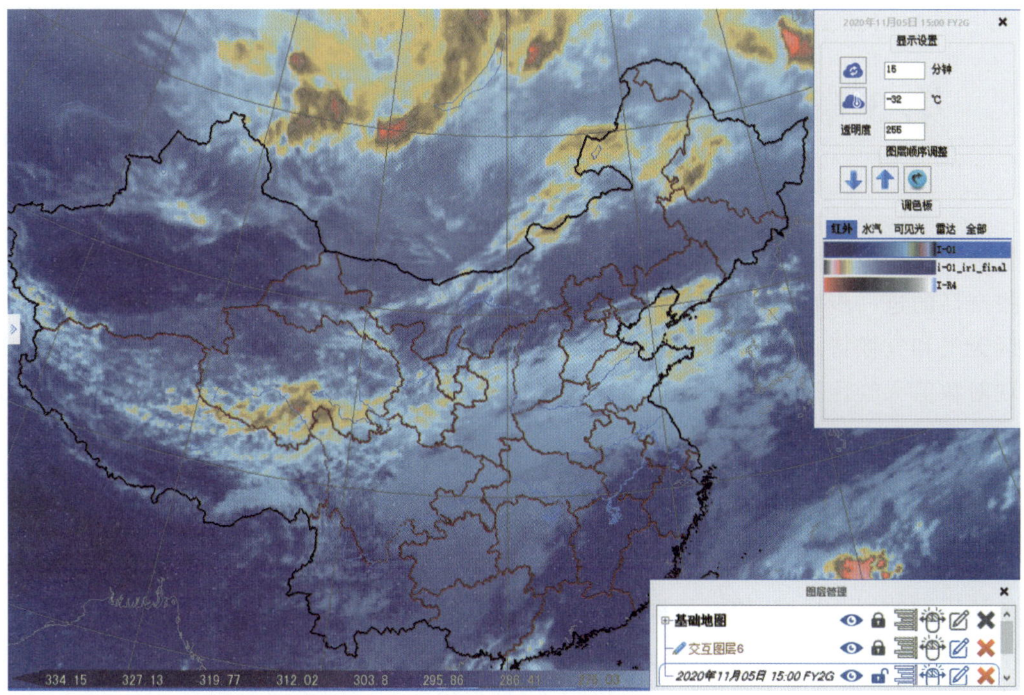

图 2.43　卫星云图数据

2.3　实习

1. 目的和要求

在 M1CAPS4 平台上，调用各种气象信息和图表并了解图形编辑方法。通过实习基本掌握天气图的绘制和修改，熟练调用图表，并会读取数据信息。

2. 实习内容

(1)调出当天 08 时地面填图，读出南京站(站号 58238)及自己家乡所在省会城市站点此刻的气压、气温、风、现在天气、三小时变压和露点。

(2)调出当日 08 时 500 hPa、700 hPa、850 hPa 和地面天气图，并分别分析欧亚天气图上的高低压中心、槽线、切变线、冷暖中心和锋面。

(3)分析当天 08 时 500 hPa 欧亚天气图上的主要天气系统(顺序为由北向南，自西向东)。

3. 实习报告

以文字加图片结合的形式完成以上内容。

第3章　常用数值预报产品简介及其释用

数值天气预报已成为现代天气预报业务基础和核心支撑。数值天气预报产品释用是对数值预报产品的进一步解释和应用，即在数值预报输出产品的基础上，结合预报员的经验，考虑本地区天气和气候特点，综合应用各种动力学、统计学和天气学等方法进一步建立预报模型，以实现对数值天气预报产品的分析和订正，最终给出比数值预报更为精确的预报结果或者得到基于数值预报产品的特殊预报服务产品。

3.1　天气预报业务中常用的数值预报模式产品介绍及运用

依照不同的划分标准，数值预报模式可分成不同的类别。按照尺度划分有全球模式、有限区域中尺度模式、风暴尺度模式等；按照主要关注的预报时效可分为气候模式、中长期数值预报模式、短期天气预报模式和短临预报模式等；根据模式的空间离散化方法分为谱模式和格点模式。就世界各国主要的数值预报系统而言，全球中短期预报模式大多采用的是谱模式，如欧洲中期天气预报中心的 IFS、美国的 GFS、日本的全球谱模式等；格点模式如中国的 GRAPES 模式。有限区域中尺度模式一般采用格点算法，包括有限差分、有限体积、半拉格朗日等算法，如 WRF 模式等。

天气预报业务中常用的模式有：欧洲中期天气预报中心(ECMWF)的全球谱模式(粗、细网格)、德国和日本的全球谱模式、NCEP(美国国家环境预报中心)全球谱模式、我国的 GRAPES-MESO 有限区域中尺度模式等，下面将逐一介绍。

3.1.1　实习目的

掌握各家数值预报产品的保存路径、命名方式、预报时次及预报时效等，了解如何利用数值预报资料制作气象要素剖面图、单站要素曲线图等产品；了解数值预报产品物理量的种类并理解其反映出的不同大气特征。

3.1.2　欧洲中期天气预报中心(ECMWF)全球谱模式

3.1.2.1　欧洲中期天气预报中心(ECMWF)全球谱模式产品介绍

ECMWF 高分辨率数值预报产品要素清单如表 3.1，地面层分析场、预报场的分辨率为 0.125°×0.125°，区域为全球(0°E —359.875°E，90°N — 90°S)，等压面分析场和预报场的分辨率为 0.25°×0.25°，区域：60°—150°E，60°N — 10°S。

3.1.2.2　实例分析

了解 ECMWF 高分辨率数值预报产品要素之后，上机调用服务器上存放的文件名为 EC-MWF_HR 的 ECMWF 0.25°×0.25°分辨率的细网格资料，学会绘制要素天气图。该章图中

表 3.1　ECMWF 全球中期天气数值预报系统模式产品要素说明

要素名称	要素中文名	要素单位	预报时次(h)	层次(hPa)
100U	地面上 100 m 东西风分量	$m \cdot s^{-1}$	000,003,006,009,012,015,018,021,024,027,030,033,036,039,042,045,048,051,054,057,060,063,066,069 072,075,078,081,084,088,092,096,…,240	0
100V	地面上 100 m 南北风分量			
100 U V	地面上 100 m 风场			
10U	地面上 10 m 东西风分量			
10V	地面上 10 m 南北风分量			
10 U V	地面上 10 m 风场			
10FG6	过去 6 h 10 m 阵风			
2D	地面上 2 m 高度的露点温度	℃		
2T	地面上 2 m 高度的温度	℃		
CAPE	对流有效位能	$J \cdot kg^{-1}$		
CAPES	对流有效位能——切变参数	$m^2 \cdot s^{-2}$		
CP	对流性降水	mm		
DEG0L	零摄氏度层高度			
DPRE24	24 h 变压	Pa		
FAL	反射率	dBZ		
LCC	低云量	(0～1)		
LSP	大尺度降水	mm		
MSL	平均海平面气压	Pa		
MN2T6	过去 6 h 2 m 最低温度	℃		
MX2T3	过去 3 h 2 m 最高温度	℃		
MX2T6	过去 6 h 2 m 最高温度	℃		
NCPCP06	6 h 大尺度降水	mm		
NCPCP12	12 h 大尺度降水			
NCPCP24	24 h 大尺度降水			
RSN	雪密度	$kg \cdot m^{-3}$		
RAIN03	3 h 降水	mm		
RAIN06	6 h 降水			
RAIN12	12 h 降水			
RAIN24	24 h 降水			
RAINC03	3 h 对流降水	mm		
RAINC06	6 h 对流降水			
RAINC12	12 h 对流降水			
RAINC24	24 h 对流降水			
SD	雪深	m		
SF	降雪量	mm		
SKT	地表温度	℃		
SP	地面气压	Pa		
SST	海面温度	℃		
TCC	总云量	(0～1)		
TCW	大气柱总含水量	$kg \cdot m^{-2}$		
TCWV	大气柱水汽总量	$kg \cdot m^{-2}$		

续表

要素名称	要素中文名	要素单位	预报时次(h)	层次(hPa)
10FG3	过去 3 h 10 m 阵风	m · s^{-1}	003,006,009,012,015,027,…,144	
MN2T3	过去 3 h 2 m 最低温度	℃		
NCPCP03	3 h 大尺度降水	mm	003,006,009,012,…,072	
D	散度	s^{-1}	000,003,006,009,012,015,018,021,024,…,240	10,20,50,60,100,150,200,250,300,400,500,600,700,800,850,900,925,950,1000
DHGT24	24 h 变高	gpm		
DTMP24	24 h 变温	℃		
GH	位势高度	gpm		
PV	位势涡度	m^{2} · s^{-1} · K · kg^{-1}		
Q	比湿	g · kg^{-1}		
R	相对湿度	%		
T	温度	℃		
U	东西风	m · s^{-1}		
V	南北风	m · s^{-1}		
W	垂直速度	Pa · s^{-1}		

标有站点记号均为南京站。例如，调用 2020 年 6 月 22 日 20 时 ECMWF 预报的未来 24 h 700 hPa 和 850 hPa 上的相对湿度资料，查看南京地区各层次、各时次的相对湿度。如图 3.1 所示，ECMWF 预报的南京地区在 23 日 20 时，700 hPa 和 850 hPa 上的相对湿度分别是 70% 左右和接近 100%。

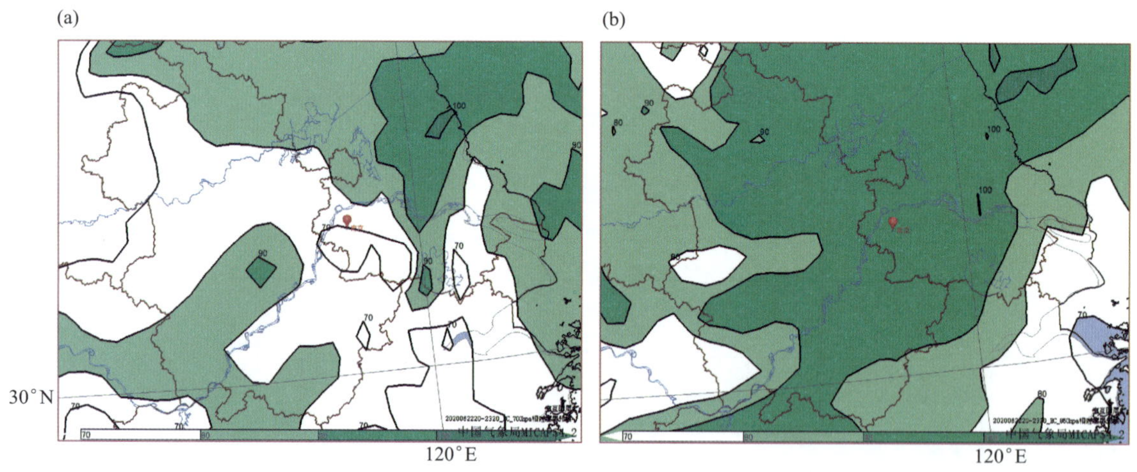

图 3.1　2020 年 6 月 22 日 20 时 ECMWF 预报的未来 24 h 700 hPa(a)和 850 hPa(b)相对湿度图(%)

调用 2020 年 6 月 22 日 20 时 ECMWF 预报的未来 24 h 700 hPa 和 850 hPa 上的垂直速度资料，查看南京地区是在上升运动区还是在下沉运动区。如图 3.2 所示，ECMWF 预报的南京站在 23 日 20 时，700 hPa 和 850 hPa 都处于下沉运动区。

调用 2020 年 6 月 22 日 20 时 ECMWF 预报的未来 24 h 850 hPa 风场和温度场资料，查看南京地区在 850 hPa 上的温度值，判断此时 850 hPa 上南京是暖平流还是冷平流？如图 3.3

所示，ECMWF 预报的南京站到 23 日 20 时，850 hPa 上的温度在 18～20 ℃之间，由风场和等温线的配置可知南京上空为冷平流。

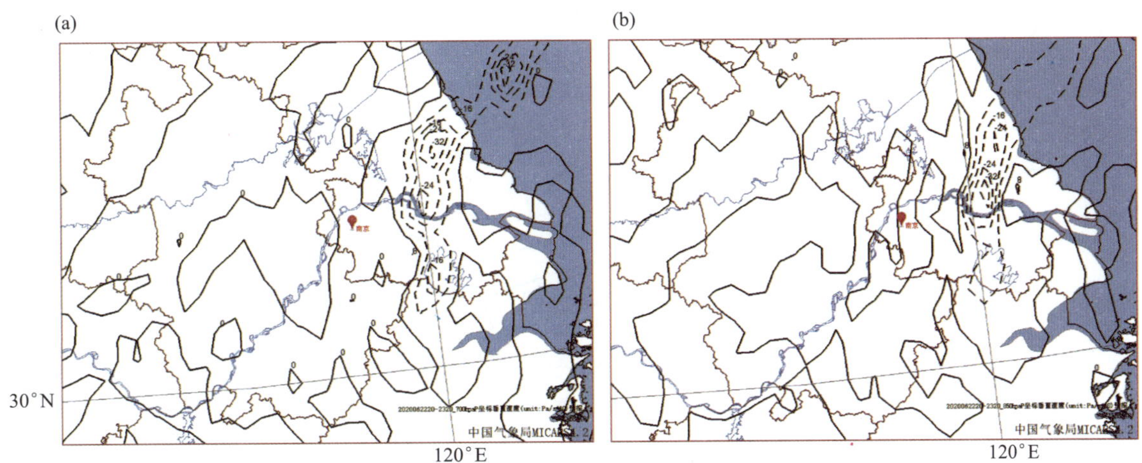

图 3.2　2020 年 6 月 22 日 20 时 ECMWF 预报的未来 24 h 700 hPa(a)和 850 hPa(b)垂直速度图(单位：Pa・s^{-1})

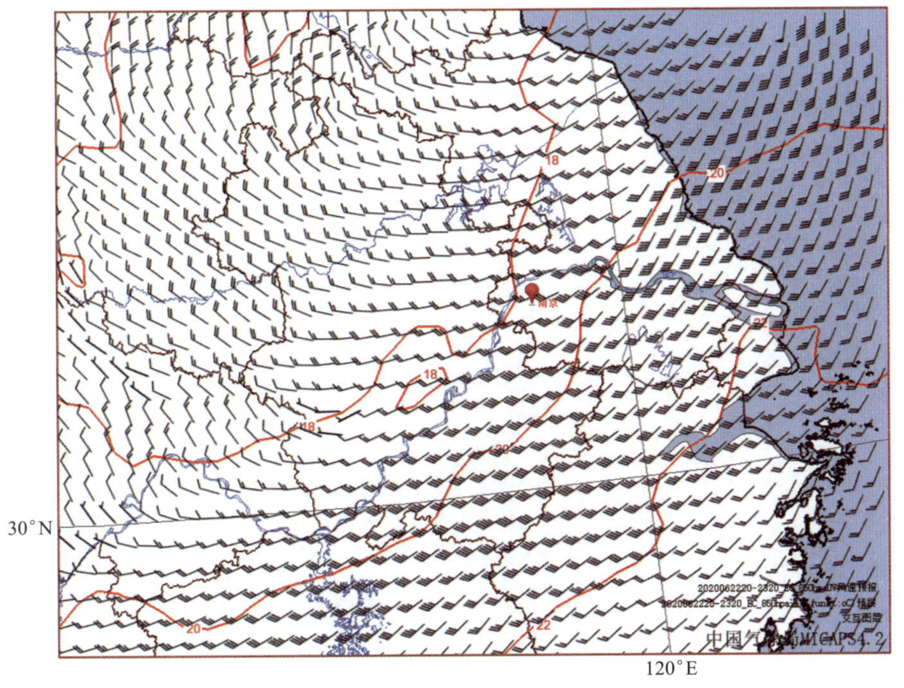

图 3.3　2020 年 6 月 22 日 20 时 ECMWF 预报的未来 24 h 850 hPa 温度场(单位：℃)和风场图(单位：m・s^{-1})

调用 2020 年 6 月 23 日 08 时 500 hPa 实况天气图、0～24 h 之内每隔 3 h 一次的 500 hPa 高度场和风场资料，进行不同时次检索，分析河套地区槽的演变。由实况天气图(图 3.4)可知，23 日 08 时河套地区有一槽线。由图 3.5 可知，ECMWF 预报的河套地区的槽缓慢东移，到 24 日 20 时移到华东的东部地区。

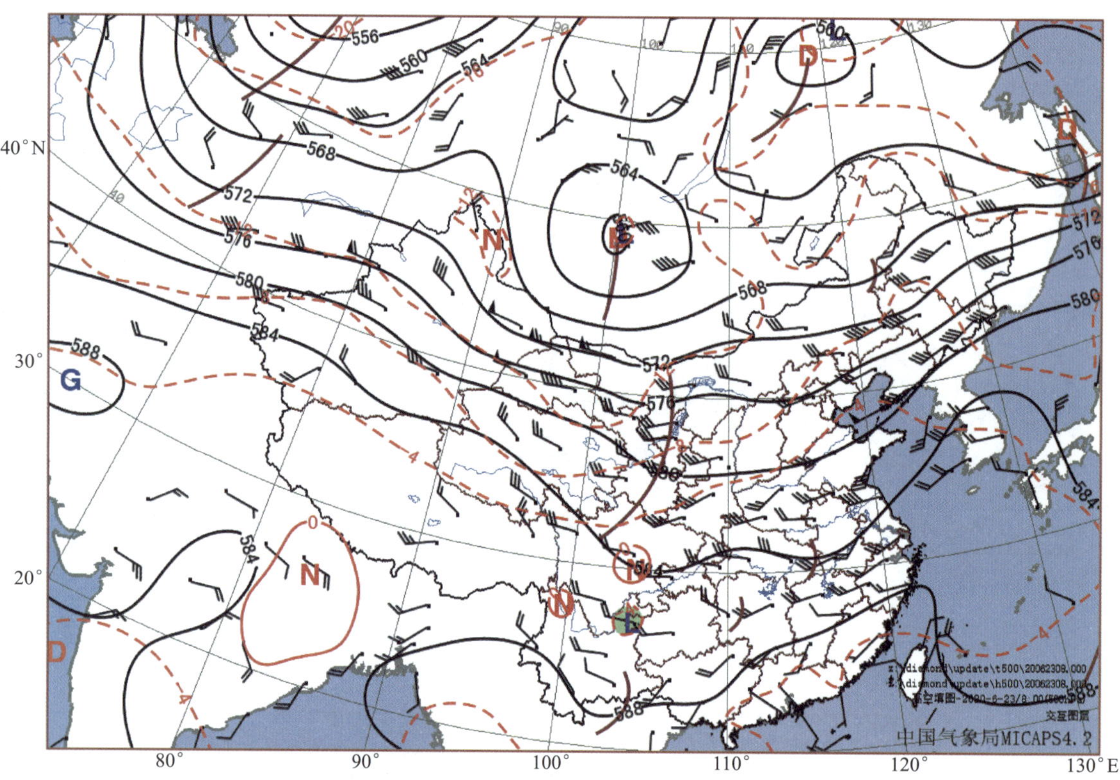

图 3.4　2020 年 6 月 23 日 08 时 500 hPa 实况天气图

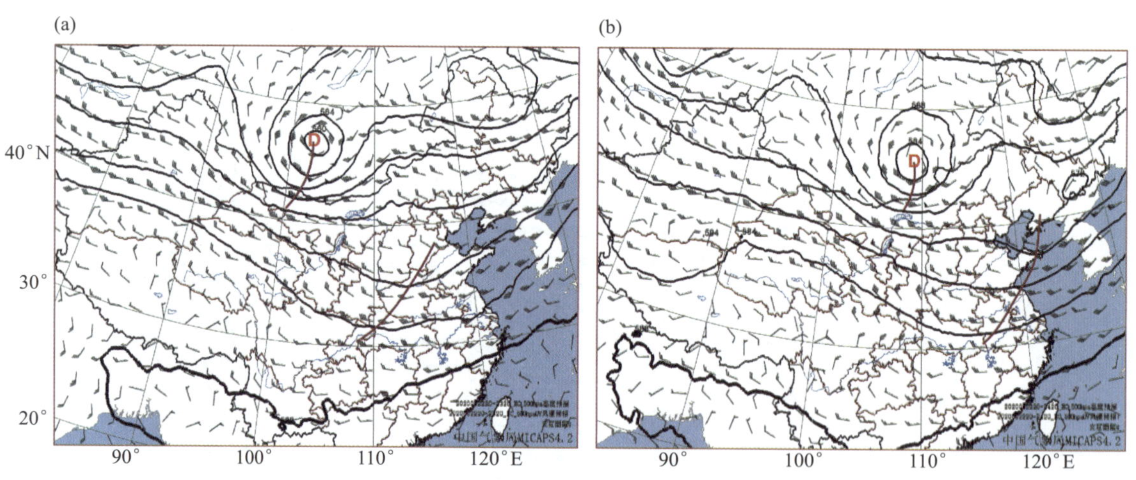

图 3.5　2020 年 6 月 22 日 20 时 ECMWF 24 h(a)和 48 h(b)预报的 500 hPa 风场和高度场图

3.1.3　T639 全球中期数值预报模式

3.1.3.1　T639 全球中期天气数值预报系统模式产品介绍

T639 全球中期天气数值预报系统模式水平分辨率为 30 km，垂直分辨率为 60 层，模式顶到达 0.1 hPa，可用预报时效在北半球达到 6.5 d，东亚达到 6 d，具体见表 3.2。

表 3.2　T639 全球中期天气数值预报系统模式产品要素说明

<table>
<tr><th>要素名称</th><th>要素单位</th><th>预报时次(h)</th><th>层次(hPa)</th></tr>
<tr><td>位势高度(H_4)</td><td>gpm</td><td rowspan="14">000,003,006,009,012,015,018,021,024,027,030,033,036,039,042,045,048,051,054,057,060,063,066,072,078,084,…,240</td><td rowspan="8">10, 20, 30, 50, 60, 100, 150, 200, 250, 300, 350, 400, 450, 500, 550, 600, 650, 700, 750, 800, 850, 900, 925, 950, 975, 1000</td></tr>
<tr><td>温度(T_4)</td><td>℃</td></tr>
<tr><td>风场(WIND_2)</td><td>$m \cdot s^{-1}$</td></tr>
<tr><td>垂直速度(OMEGA_4)</td><td>$Pa \cdot s^{-1}$</td></tr>
<tr><td>比湿(Q_4)</td><td>$kg \cdot kg^{-1}$</td></tr>
<tr><td>相对湿度(RH_4)</td><td>%</td></tr>
<tr><td>相对涡度(VOR_4)</td><td>$10^{-5}\ s^{-1}$</td></tr>
<tr><td>相对散度(DIV_4)</td><td>$10^{-6}\ s^{-1}$</td></tr>
<tr><td>温度平流(T_ADV_4)</td><td>$10^{-6} K \cdot s^{-1}$</td><td rowspan="2">200, 500, 700, 850, 925,1000</td></tr>
<tr><td>涡度平流(VOR_ADV_4)</td><td>$10^{-11} s^{-2}$</td></tr>
<tr><td>水汽通量(Q_FLUX_4)</td><td>$10^{-1} g \cdot hPa^{-1} \cdot cm^{-1} \cdot s^{-1}$</td><td rowspan="4">500,700,850,925</td></tr>
<tr><td>水汽通量散度(Q_DIV)</td><td>$10^{-7} g \cdot hPa^{-1} \cdot cm^{-2} \cdot s^{-1}$</td></tr>
<tr><td>温度露点差(TD_4)</td><td>℃</td></tr>
<tr><td>假相当位温(THETASE_4)</td><td>K</td></tr>
<tr><td>10 m 场(WIND10M_2)</td><td>$m \cdot s^{-1}$</td><td rowspan="10"></td><td>10 m</td></tr>
<tr><td>2 m 温度(T2M_4)</td><td>℃</td><td rowspan="2">2 m</td></tr>
<tr><td>2 m 相对湿度(RH2M_4)</td><td>%</td></tr>
<tr><td>海平面气压(PSL_4)</td><td>Pa</td><td rowspan="7">0</td></tr>
<tr><td>地面气压(PS_4)</td><td>Pa</td></tr>
<tr><td>K 指数(K_INDEX_4)</td><td>℃</td></tr>
<tr><td>总降水量(RAIN_4 和 RAIN_3)</td><td rowspan="5">mm</td></tr>
<tr><td>3 h 水(RAIN03_4 和 RAIN03_3)</td></tr>
<tr><td>6 h 降水(RAIN06_4 和 RAIN06_3)</td></tr>
<tr><td>12 h 降水(RAIN12_4 和 RAIN12_3)</td></tr>
<tr><td>24 h 降水(RAIN24_4 和 RAIN24_3)</td></tr>
</table>

3.1.3.2　实例分析

T639 数值预报产品要素资料存放在 T639 的文件夹里面，下面练习使用文件名检索熟练调用所需资料，并会分析读取图片上的信息。

调用 2018 年 12 月 3 日 08 时 T639 预报的未来 12 h 700 hPa 和 850 hPa 的水汽通量和水汽通量散度资料，查看南京地区上空的水汽情况。由图 3.6 和图 3.7 可知，南京地区上空的 700 hPa 和 850 hPa 上有明显的水汽通量高值区，表明有水汽输送，并且低层 850 hPa 上水汽辐合，而 700 hPa 层次上处于水汽辐散区。

调用 2018 年 12 月 3 日 08 时 T639 预报的未来 12 h 500 hPa 和 850 hPa 的散度资料，判断南京地区上空的垂直运动情况。由图 3.8 可知，南京地区在 3 日 20 时低层 850 hPa 上处于辐合区，500 hPa 上处于辐散区，低层辐合、中层辐散，表明南京地面至 500 hPa 上空的大气此时处于上升运动区。

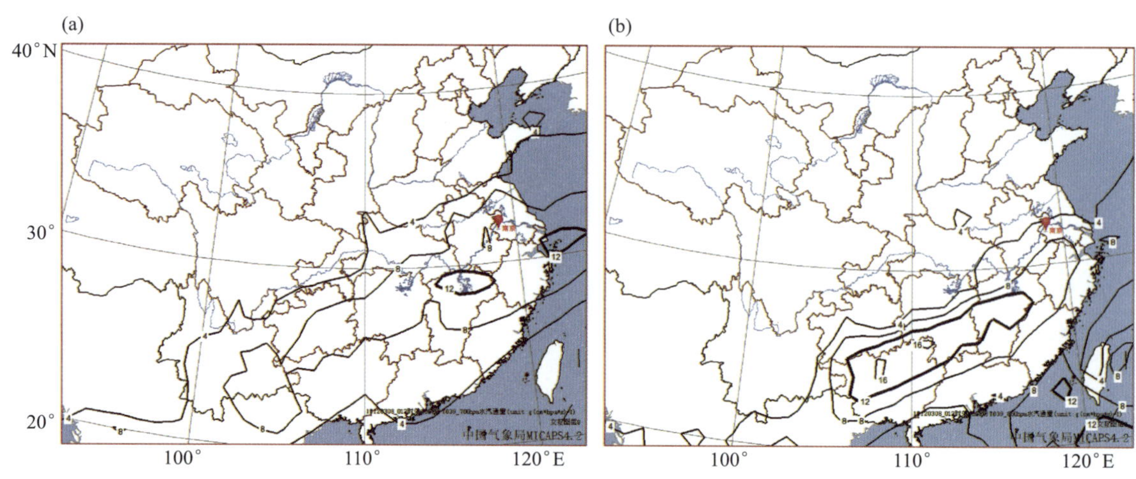

图 3.6　2018 年 12 月 3 日 08 时 T639 模式 12 h 预报的 700 hPa(a)和 850 hPa(b)水汽通量图(单位:10^{-1}g· hPa^{-1}·cm^{-1}·s^{-1})

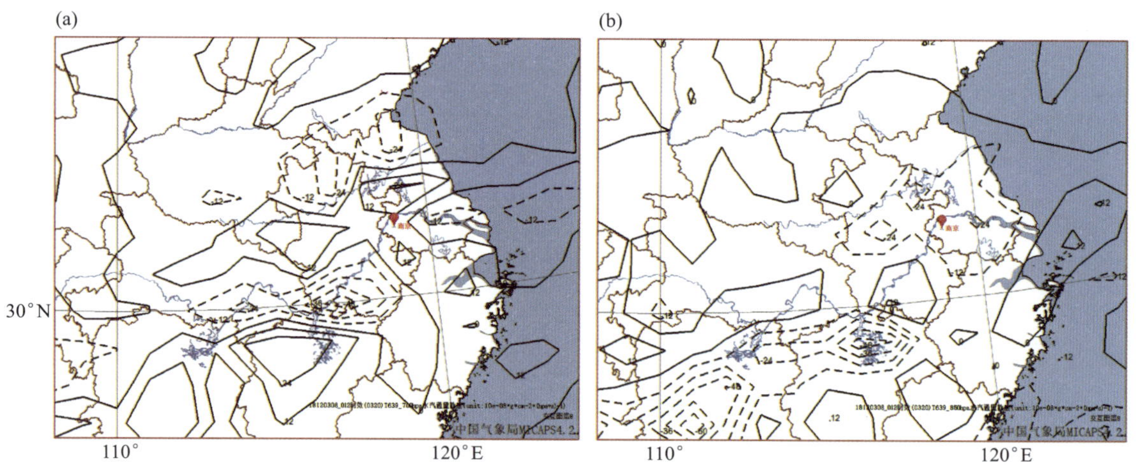

图 3.7　2018 年 12 月 3 日 08 时 T639 模式 12 h 预报的 700 hPa(a)和 850 hPa(b)水汽通量散度图(单位:10^{-7}g· hPa^{-1}·cm^{-2}·s^{-1})

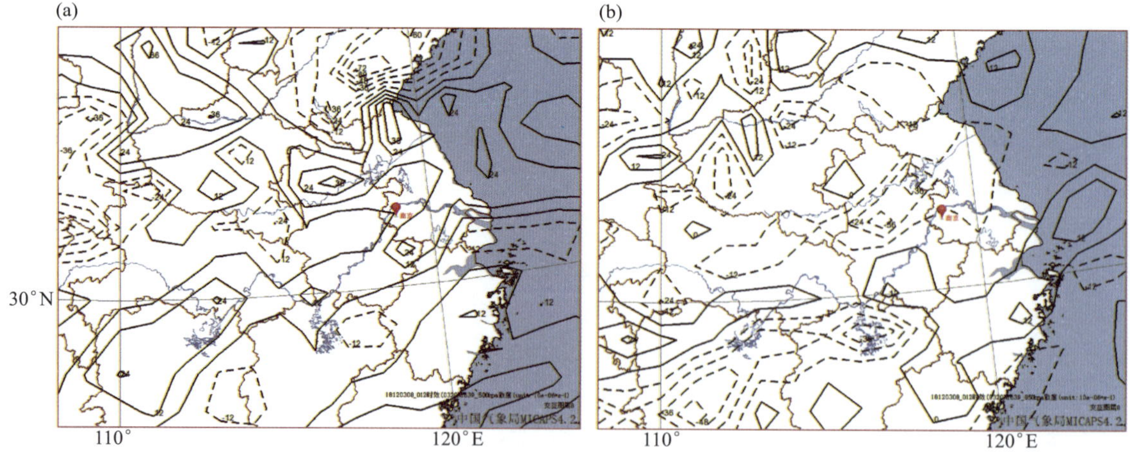

图 3.8　2018 年 12 月 3 日 08 时 T639 模式 12 h 预报的 500 hPa(a)和 850 hPa(b)散度图(单位:s^{-1})

调用 2018 年 12 月 3 日 08 时 T639 预报的未来 12 h 的 2 m 温度场资料，查看南京地区当时温度值。如图 3.9 所示，T639 预报的南京地区在 20 时的温度为 14 ℃左右。

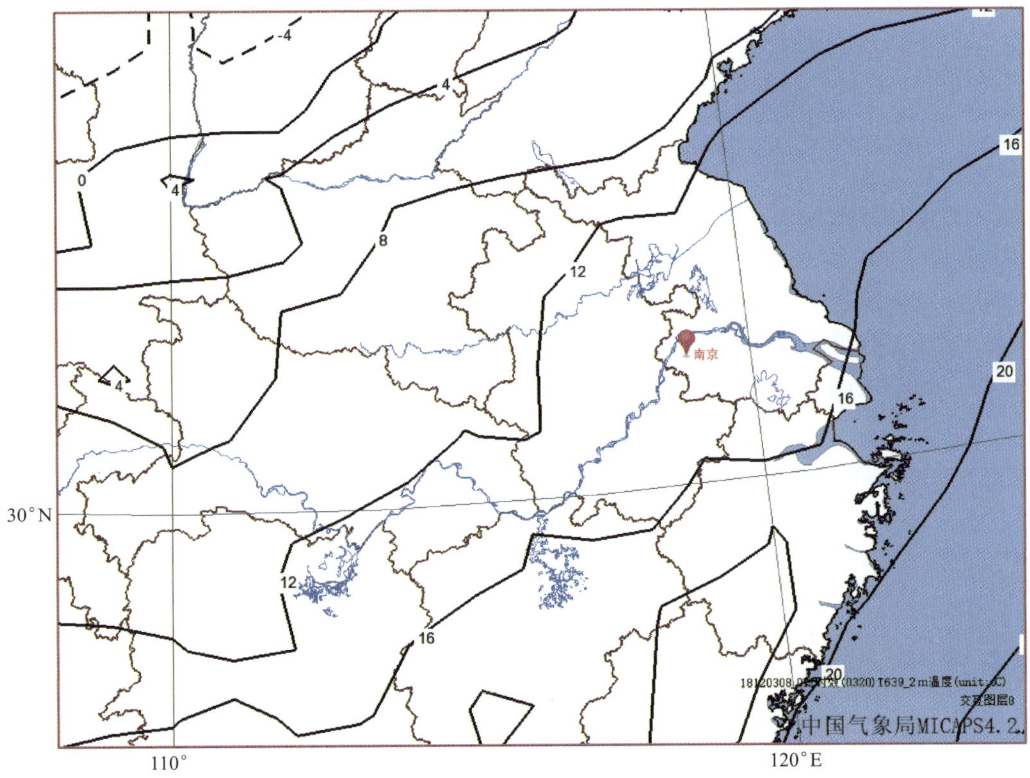

图 3.9　2018 年 12 月 3 日 08 时 T639 模式 12 h 预报的 2 m 温度场(单位：℃)

调用 2018 年 12 月 3 日 08 时 T639 预报的未来 12 h 和 24 h 的海平面气压场资料，查看南京地区未来 12～24 h 时间段内，受什么天气系统影响？南京处于该天气系统的什么部位？如图 3.10 所示，T639 预报的河套西北侧的冷高压在逐渐东移，南京地区将转为受该冷高压影响，并且处于冷高压的底前部，等压线密集，风速将增大。

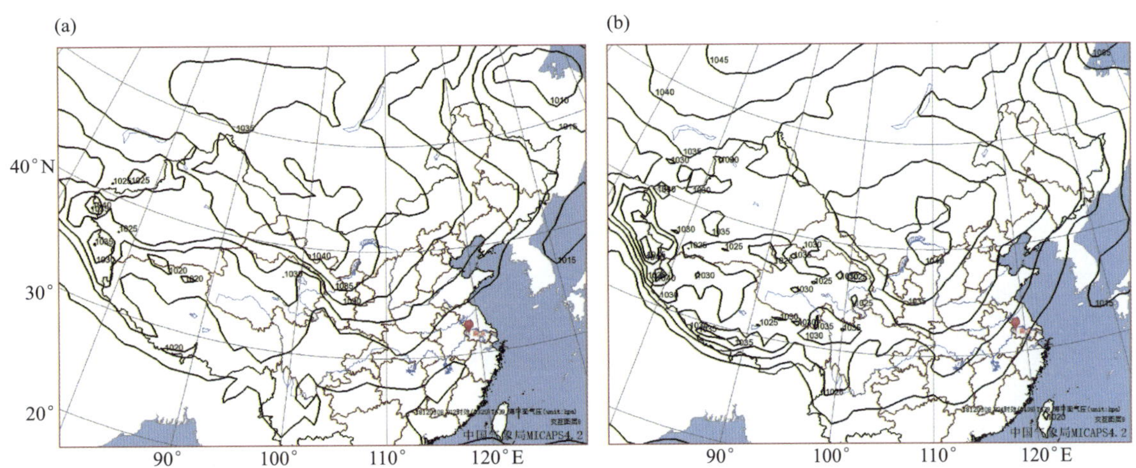

图 3.10　2018 年 12 月 3 日 08 时 T639 模式 12 h(a)和 24 h(b)预报的海平面气压场图(单位:Pa)

3.1.4 GRAPES 全球数值模式

3.1.4.1 GRAPES 全球数值预报系统模式产品介绍

中国气象局自主研发的 GRAPES 全球预报系统(GRAPES_GFS V1.0)于 2009 年 3 月实现准业务运行(中国气象局数值预报中心,2013)。2016 年 6 月,升级后的系统(GRAPES_GFS V2.0)正式业务化运行并面向全国下发产品,各省(区、市)气象局通过 CMACast 系统可以接收到国家气象信息中心下发的 GRAPES_GFS V2.0 产品,并通过 CIMISS 接口提供给用户使用。经评估,GRAPES 全球预报系统总体性能指标超过现行全球业务模式系统 T639,所以 2018 年底 T639 模式停止运行,被 GRAPES 模式替代。目前,中国气象局下发的 GRAPES 全球预报系统产品覆盖东北半球,空间水平分辨率为 0.25°×0.25°,地理范围:60°—150°E、10°—60°N,时间分辨率为 3 h(5 d 之内)、6 h(5～7 d)、12 h(7 d 以上),下发数据一天更新两次,在北京时间 08 时和 20 时更新(表 3.3)。

表 3.3 GRAPES-GFS 全球中期天气数值预报系统模式产品要素说明

序号	要素中文名	要素名称	格式	层数	层次(hPa)
1	位势高度	H	4	24	125,150,175,200,225,250,275,300,350,400,450,500,550,600,650,700,750,800,850,900,925,950,975,1000
2	温度	T	4	24	
3	风	WIND	2	24	
4	垂直速度	W	4	24	
5	涡度	VOR	4	24	
6	散度	DIV	4	24	
7	比湿	Q	4	24	
8	相对湿度	RH	4	30	
9	云水混合比	QC	4	6	200,500,700,850,925,1000
10	雨水混合比	QR	4	6	
11	冰水混合比	QI	4	6	
12	雪水混合比	QS	4	6	
13	霰	QG	4	6	
14	云量	CC	4	6	
15	10 mU 风速	U10M	4	1	10 m
16	10 mV 风速	V10M	4	1	10 m
17	2 m 温度	T2M	4	1	2 m
18	地表温度	TS	4	1	0
19	海平面气压	PSL	4	1	0
20	地面气压	PS	4	1	0
21	2 m 比湿	Q2M	4	1	2 m
22	2 m 相对湿度	RH2M	4	1	2 m
23	总降水	RAIN	4	1	
24	低云量	LCC	4	1	

续表

序号	要素中文名	要素名称	格式	层数	层次(hPa)
25	中云量	MCC	4	1	
26	高云量	HCC	4	1	
27	总云量	TCC	4	1	
28	地表感热通量	HFX	4	1	0
29	地表水汽通量	QFX	4	1	0
30	地表太阳辐射	GSW	4	1	0
31	地表热辐射	GLW	4	1	0
32	地形高度	HGT	4	1	0
33	露点温度	TD	4	6	200,500,700,850,925,1000
34	温度平流	T_ADV	4	6	
35	涡度平流	T_VOR	4	6	
36	温度露点差	TTD	4	6	
37	水汽通量	Q_FLUX	4	6	
38	水汽通量散度	Q_DIV	4	6	
39	假相当位温	THETA_SE	4	6	
40	雷达反射率	DBZ	4	30	
41	强天气胁迫指数	SWEATIDX	4	1	
42	对流有效位能	CAPE	4	1	
43	对流抑制能量	CIN	4	1	
44	抬升指数	PLI	4	1	
45	抬升凝结高度处气压	LCL	4	1	
46	K 指数	K_INDEX	2	1	0
47	前 3 h 累积降水量	RAIN03	4		
48	前 6 h 累积降水量	RAIN06	4		
49	前 12 h 累积降水量	RAIN12	4		
50	前 24 h 累积降水量	RAIN24	4		
51	前 3 h 累积降水量	RAIN03	3		
52	前 6 h 累积降水量	RAIN06	3		
53	前 12 h 累积降水量	RAIN12	3		
54	前 24 h 累积降水量	RAIN24	3		

3.1.4.2 实例分析

GRAPES_GFS 全球数值预报产品要素资料存放在 GRAPESGFS 的文件夹里面。调用 2020 年 5 月 7 日 08 时 GRAPES 数值模式预报的未来 12 h 的 2 m 温度、10 m 风场预报资料，查看南京地区 2 m 气温和 10 m 风场情况。由图 3.11 和图 3.12 可知，7 日 20 时南京地区的 2 m 温度在 22 ℃附近，10 m 风场图上显示南京站为东南风 6 m・s^{-1}。

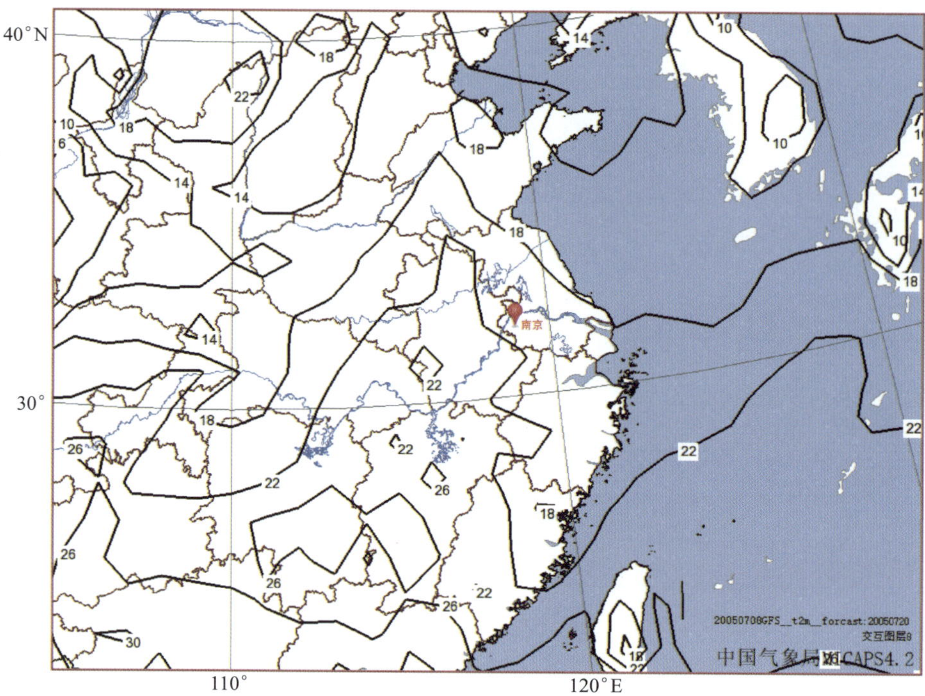

图 3.11　2020 年 5 月 7 日 08 时 GRAPES_GFS 数值模式预报未来 12 h 的 2 m 温度场图(单位：℃)

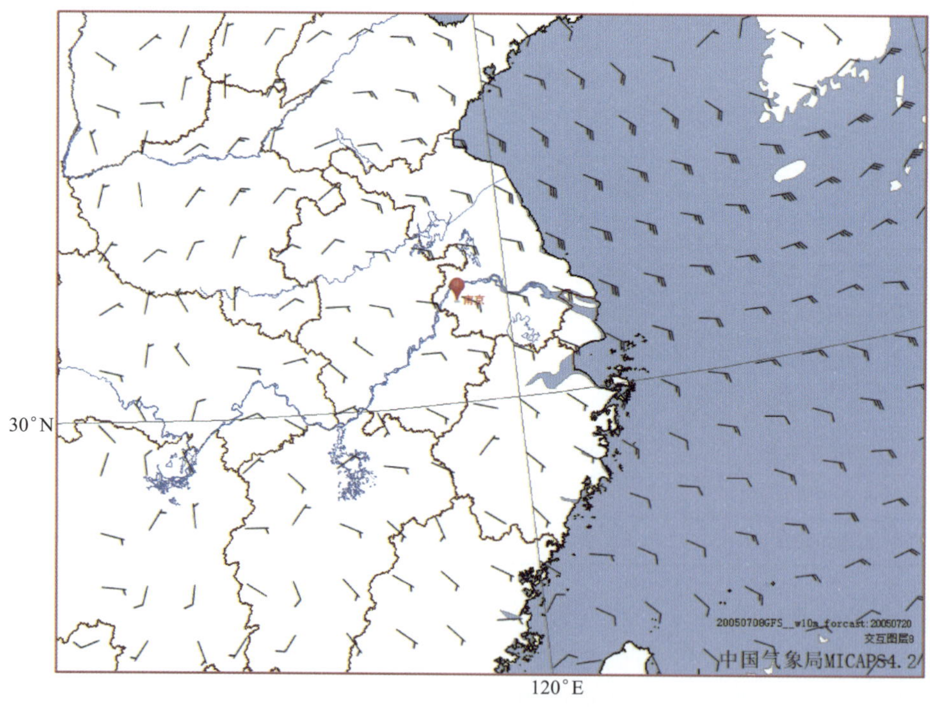

图 3.12　2020 年 5 月 7 日 08 时 GRAPES_GFS 数值模式预报未来 12 h 的 10 m 风场图(单位：℃)

3.1.5　日本全球数值模式

3.1.5.1　日本全球数值预报产品介绍

日本高分辨率数值预报产品要素清单如表 3.4 所示，分辨率为 1°×1°，区域为 0°—180°E，90°—0°N）。

表 3.4　日本数值预报系统模式产品要素说明

<table>
<tr><th>要素名称</th><th>要素单位</th><th>预报时次(h)</th><th>层次(hPa)</th></tr>
<tr><td>24 h 变高(DHGT24)</td><td>gpm</td><td rowspan="19">000,003,006,009,012,015,018,021,024,027,030,033,036,039,042,045,048,051,054,057,060,063,066,072,078,084,…,240</td><td rowspan="6">100,200,300,400,500,600,700,850,925,1000</td></tr>
<tr><td>24 h 变温(DTMP24)</td><td>℃</td></tr>
<tr><td>位势高度(HGT)</td><td>gpm</td></tr>
<tr><td>相对湿度(RH)</td><td>%</td></tr>
<tr><td>温度(TMP)</td><td>℃</td></tr>
<tr><td>垂直速度(VVEL)</td><td>Pa·s^{-1}</td></tr>
<tr><td>风场(UV)</td><td>m·s^{-1}</td><td rowspan="3">10,100,200,300,400,500,600,700,850,925,1000</td></tr>
<tr><td>U 风速(U)</td><td>m·s^{-1}</td></tr>
<tr><td>V 风速(V)</td><td>m·s^{-1}</td></tr>
<tr><td>3 h 降水(RAIN03)</td><td rowspan="5">mm</td><td rowspan="10">0</td></tr>
<tr><td>6 h 降水(RAIN06)</td></tr>
<tr><td>12 h 降水(RAIN12)</td></tr>
<tr><td>24 h 降水(RAIN24)</td></tr>
<tr><td>累积降水(APCP)</td></tr>
<tr><td>高云量(HCDC)</td><td rowspan="4">(0～1)</td></tr>
<tr><td>低云量(LCDC)</td></tr>
<tr><td>中云量(MCDC)</td></tr>
<tr><td>总云量(TCDC)</td></tr>
<tr><td>地面气压(PRES)</td><td>Pa</td></tr>
<tr><td>海平面气压(PRESL)</td><td>Pa</td></tr>
</table>

3.1.5.2　实例分析

日本全球数值预报产品要素资料存放在 JAPAN_HR 的文件夹里面。调用 2018 年 12 月 3 日 08 时日本数值模式的不同预报时次的降水资料，查看模式预报的南京地区未来 3 h 和 24 h 内有无降水。由图 3.13 可知，3 日 08 时预报的未来 3 h 和 24 h 内南京地区都在降水区域内。

3.1.6　德国数值预报模式

3.1.6.1　德国数值预报产品介绍

德国高分辨率数值预报产品要素清单如表 3.5 所示，分辨率为 0.25°×0.25°，区域为 0°—180°E，70°N—10°S）。

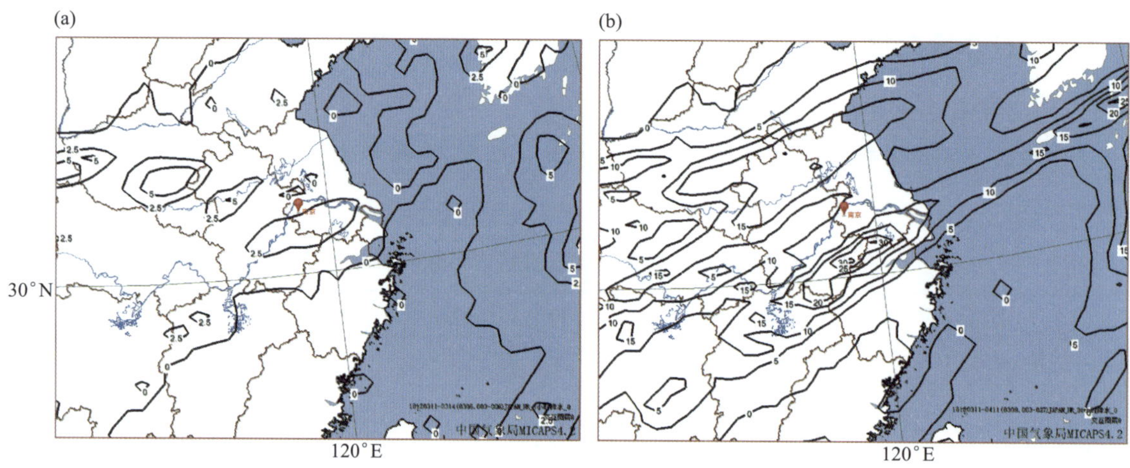

图 3.13　2018 年 12 月 3 日 08 时日本数值模式预报的未来 3 h 和 24 h 降水量图(单位:mm)
(a)3 h 预报 3 日 08—11 时;(b)24 h 预报 3 日 08 时—4 日 08 时

表 3.5　德国数值预报系统模式产品要素说明

<table>
<tr><th>要素名称</th><th>要素单位</th><th>预报时次(h)</th><th>层次(hPa)</th></tr>
<tr><td>24 h 变高(DHGT24)</td><td>gpm</td><td rowspan="17">000,006,012,018,024,030,036,042,048,060,072,084,…,168</td><td rowspan="6">100,200,300,400,500,600,700,850,925,1000</td></tr>
<tr><td>24 h 变温(DTMP24)</td><td>℃</td></tr>
<tr><td>位势高度(HGT)</td><td>gpm</td></tr>
<tr><td>温度(TMP)</td><td>℃</td></tr>
<tr><td>U 风场(UGRD)</td><td>$m \cdot s^{-1}$</td></tr>
<tr><td>V 风量(VGRD)</td><td>$m \cdot s^{-1}$</td></tr>
<tr><td>相对湿度(RH)</td><td>%</td><td>300,500,600,700,850</td></tr>
<tr><td>假相当位温(EPOT)</td><td>℃</td><td>850</td></tr>
<tr><td>垂直速度(VVEL)</td><td>$Pa \cdot s^{-1}$</td><td>500,700</td></tr>
<tr><td>6 h 降水(RAIN06)</td><td rowspan="4">mm</td><td rowspan="8">0</td></tr>
<tr><td>12 h 降水(RAIN12)</td></tr>
<tr><td>24 h 降水(RAIN24)</td></tr>
<tr><td>累积降水(APCP)</td></tr>
<tr><td>总云覆盖(TCDC)</td><td></td></tr>
<tr><td>海平面气压(PRMSL)</td><td>Pa</td></tr>
<tr><td>2 m 气温(TMP_2M)</td><td>℃</td></tr>
</table>

3.1.6.2　实例分析

德国数值预报产品要素资料存放在 GERMAN_HR 的文件夹里面。调用 2018 年 12 月 3 日 08 时德国数值模式预报的 850 hPa 上 12 h 的假相当位温资料,查看南京地区 3 日 20 时的假相当位温值,并分析数值的意义。假相当位温相当于湿空气块通过假绝热过程将其水汽全部凝结并脱离该气块后所具有的位温,它的高值区(一般大于 70 ℃)称为高能舌,也就是高温高湿的区域。由图 3.14 可知,3 日 20 时南京地区在 850 hPa 上的假相当位温值为 46 ℃,不处于高温高湿的区域内,也就是不在高能舌里面。

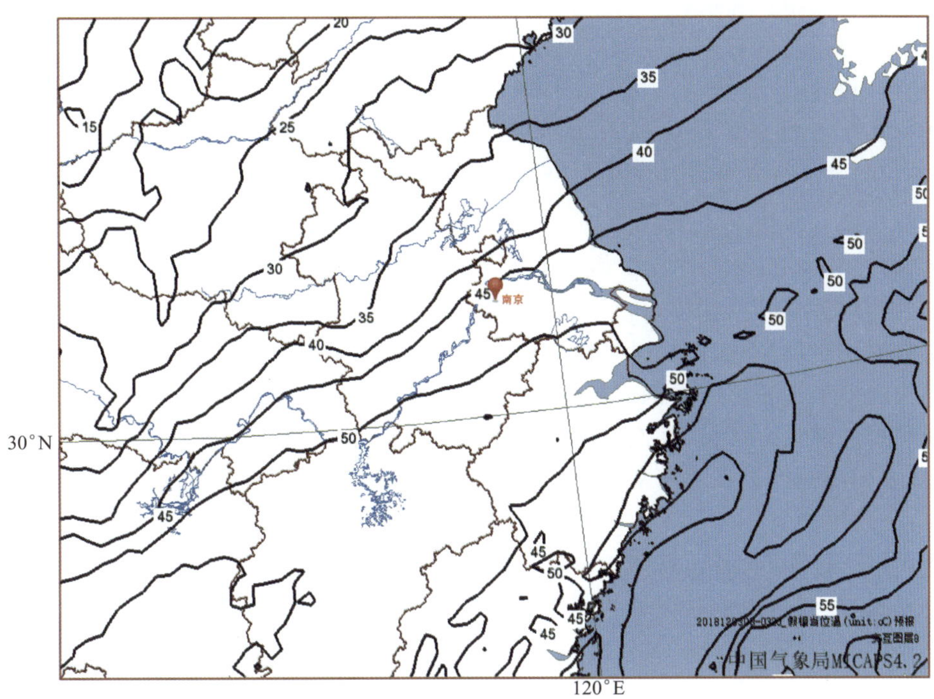

图 3.14　2018 年 12 月 3 日 08 时德国数值模式预报未来 12 h 的 850 hPa 假相当位温图(单位：℃)

3.2　数值天气预报产品释用

3.2.1　实习目的

了解目前我国天气预报业务中常用的数值模式的特点及性能，掌握数值预报产品的主要释用方法，初步掌握和理解主要数值预报业务产品的应用。

3.2.2　数值预报产品释用方法

目前数值预报产品释用的方法从技术方法上归纳，主要有天气学释用、统计学释用和动力释用三大类。其中，天气学释用主要是预报员根据天气学原理结合预报经验和专家系统等开展，其依据的基本假设是相同的天气形势将产生相同的天气。通过对历史个例总结，建立一系列的概念模型或指标体系等，这在大雾、大风、暴雨、冰雹、高温等灾害性天气的定性预报中用得较多，或作为 MOS(解释)方法的附加判据；统计学释用方法主要包括多元回归、逐步订正、判别分析、卡尔曼滤波(黄嘉佑 等，1993)、人工神经网络、判别分析和相似分析(黄嘉佑，1990)等；动力释用主要包括区域模式和局地物理量的动力学计算或反演等(潘晓滨 等，2017)。

3.2.2.1　天气学释用方法

天气学释用方法就是利用天气学理论、技术和预报员的经验，分析数值预报提供的各种尺度环流场、温湿场、物理量场等产品，建立一系列天气预报的概念模型或天气指标，利用这些模型或指标分析判断对本地区天气可能产生的影响，订正修改其误差，最后做出主客观相结合的区域或本地天气预报。在形势分析、预报的基础上，与天气学方法相应的一些具体预报方法也可用于数值预报产品的释用。下面就天气学释用方法进行简要介绍。

（1）相似形势法

相似形势法也叫天气-气候模型法，它是天气图预报方法的一种。它的理论依据是相似法，即认为相似的天气形势反映了相似的物理过程，所以认为会出现相似的天气现象。用传统的相似形势法做气象要素预报，要事先用历史资料把各种天气出现时的地面或空中形势归纳成若干天气-气候模型，并统计各型的相似天气过程与预报区天气的关系。做预报时，只要根据当时的天气形势及其演变特点，找到历史相似天气型，即可作出相应的天气预报。

有了数值预报产品，我们可以将传统的相似形势法加以改造和利用，方法是到历史资料中找出与预报的形势场相似的个例或相似的模型，则该相似个例或相似模型对应出现的天气，就是我们要预报的结论。可见，我们应用数值预报产品可以把判断天气形势和天气过程相似的方法，从过去和当前推进到了未来，无疑这对提高预报效率和准确率是有利的。

（2）落区预报法

落区预报法也称叠套法，具体做法就是将表征某种天气现象的一些物理量的特征线（值）或中尺度系统，按照数学上取交集的办法描绘在一张图上，然后综合这些条件，认为各种物理量或系统构成的交集对应的区域就是这种天气现象最可能发生的区域，这种方法称为落区预报法。

实践表明，某些天气（特别是对流性天气）形成的物理条件常常在天气产生前不久才开始明显。因此，在有数值预报产品以前，落区预报法所能预报的时效是非常有限的，一般只能做12 h以内的预报。因为用当时的观测实况资料组成的各特征量（线）来确定某天气现象的落区，从本质上讲只是一种实时诊断而非预报。

有了数值预报产品，就有了未来的天气形势预报，也有了能反映某种天气产生的各物理量（线）的预报值，根据这些特征量（线）确定的天气落区，得以实现未来12 h以上的落区预报。

（3）纵横分析法

纵横分析法是天气图外推预报方法的移植和扩展。横向分析是对各类数值预报产品图作时间连续的演变分析，着重分析影响系统的移动及移动中各时段的强度变化（包括生消），分析中应对各物理量场的演变情况结合起来进行。纵向分析是对同一时间的各类数值预报产品图作垂直向对比分析，从中了解主要影响系统的空间结构和有关物理量的配置关系及其演变情况。

3.2.2.2 数值预报产品的统计释用

国内外数值预报产品统计释用方法主要是以模式输出统计（MOS方法）和完全预报法（PP方法）为主。MOS方法和PP方法的数学基础就是通常的统计预报方法，包括回归方法、判别方法、聚类方法等，但习惯上把回归分析方法的模式输出统计预报方法叫作MOS方法或PP方法。MOS方法和PP方法的数学基础虽然是一致的，但它们的预报思路却不完全相同（详细阐述和应用参考《数值天气预报产品释用实习教程》（谭桂容 等，2017）一书第3章和第4章）。

（1）完全预报法（PP法）

在数值预报还没有业务化以前，统计方法是建立在气象要素时间滞后的相关关系上的，即预报因子和预报量不是同时刻的，而是根据起始时刻 t_0 的观测值 X_0，预报 t 时刻的 Y_t。由于它不考虑动力模式预报场的任何产品，所以是纯统计性质的，通常称之为经典统计预报方法。随着数值模式的天气形势预报水平的提高，专家们开始利用形势预报的结果来改进天气要素的预报。其基本思路是：利用历史实测资料建立预报量和预报因子之间的同时刻关系的预报方程；假设数值预报结果是完全正确的。在预报时，将数值预报输出的（或诊断的）预报因子代入预报方程，就可得到相应时刻的预报量，这就称为完全预报法（PP 法）。

（2）模式输出统计（MOS）

MOS 法的基本原理与 PP 法的基本原理不同，MOS 方法是直接用数值模式产品作为预报因子，并与预报时效对应时刻的天气实况（预报对象）建立统计关系。

MOS 法的基本思路是：直接从数值预报产品的历史资料库中选取预报因子，与预报时效对应时刻的预报对象建立统计预报方程。在作预报时，把最新的数值预报产品和其他物理量产品代入，预报出局地天气或气象要素。

3.2.2.3　数值预报产品动力释用

动力释用方法是根据预报量和某些变量或要素间已知的明确关系对预报变量作出预报。例如假设当前降水量 R 和垂直速度 ω 之间存在如下关系：

$$R = f(\omega) \tag{3.1}$$

那么，根据数值预报产品提供的 ω 值代入上式即可进行降水的预报。

动力释用的核心要求是预报量与某些数值预报产品（变量或要素）之间的关系是明确的、定量的，其优点是将预报变量与数值预报因子变量之间的诊断关系转化成了预报产品，这在一些灾害性天气的预报中可以发挥重要作用。

（1）动力诊断方法

诊断分析一直是天气分析的重要手段，在目前数值预报对高空形势、高度、温度、速度预报较准的情况下，直接利用数值预报产品进行诊断分析是数值预报产品释用中不可忽略的方法。

对某个地区而言，要考虑当地的地理位置，综合各种天气系统对当地的影响。在使用数值预报产品的过程中，要紧紧抓住当地的影响系统的演变特征。对天气尺度的宏观背景而言，副高的进退、强弱变化，西风带的槽和脊移动和强度变化，地面锋面的位置和移动特征，相关物理量的配置等就是需要密切关注的事项。目前短、中期数值预报对形势的预报已远远超过人工预报的水平，所以在形势分析中要强调以数值预报结果为基础的思路。

在掌握了大的天气形势后，近期大概会是什么样的天气，有没有大的转折性天气过程影响预报区域，预报员此时基本能心中有谱。但要想知道天气过程发生的强度，什么时间影响预报区域以及强天气发生的落区，要素分布会怎样，则还需进一步做细致分析。随着数值模式分辨率的进一步提高和产品要素的日益丰富，切变线（辐合线）、低涡、急流等天气系统都可以提取识别，一般常用物理量如涡度、散度、垂直速度、假相当位温、位涡、相对湿度（露点）、K 指数、沙氏指数、CAPE 值（对流有效位能）等也都可以获取。此时，就需在宏观天气背景下进一步分析这些天气系统的生消演变情况以及与之相应的物理量的空间配置，从而作出合理的预报结果。

（2）落区预报法

此处的落区预报法的思路和方法与天气学释用方法当中的落区预报法类似，这里要结合数值模式输出的动力条件制作落区预报。在物理量的选取时，需要注意的就是这些物理量种类和量级对预报对象的针对性，比如暴雨和强对流天气的共性和差异，暴雨可能更需要的是丰富的水汽条件、合适的动力抬升条件和一定的持续时间，而强对流则注重暖湿与干冷空气的配置形成的热力不稳定条件、能量状况、垂直风切变状况、地面风场的变化等。在天气系统方面与暴雨紧密联系的有锋面、高低空急流、切变线、辐合线、低涡、气旋、西风槽、东风波、台风倒槽等,与强对流天气相联系的有逆温层结、干线、中尺度的锋面、辐合线、切变线、冷暖舌的配置等。

(3)配料法

配料法是一种基于数值预报产品的动力释用预报方法,Doswell等(1997)在引发洪水的暴雨潜势预报中,分析了不同强降水类型发生的物理机制,首次给出了配料法(ingredients based methodology)的基本思路。它多用于暴雨和强对流天气的预报,其核心首先是要对产生强降水天气的物理机制有所认识,抓住造成强降水天气的主要因子和物理量,将之作为"配料",然后通过统计分析建立预报模型。

配料法与落区预报法相比,对强降水天气的指示意义似乎进了一步,对物理量或影响因子有一定的筛选和统计基础,增加了一些定量成分,但总体来说,配料法通常提供的是强降水天气发生的潜势预报,属于定性预报的范畴。

(4)动力建模方法

动力建模的方法是利用数值预报产品计算具有动力学意义的物理量、稳定度、能量等因子,采用统计学方法进行建模,以克服大尺度模式对局地天气预报不敏感的缺陷,即利用动力热力因子、采用统计学原理建立预报方程或概念模型进行预报。

(5)动力推算方法

动力推算方法根据最新的监测资料(卫星、雷达、GPS(全球定位系统)、雨量等)结合数值预报产品,利用动力学方法对降水等进行修正的预报方法。目前利用 GPS 可降水资料预测降水也有了新进展,将 GPS 监测到的大气含水量和模式输出的可降水量相结合也可修正得到更准确的降水量预报。

3.2.3 实例预报过程分析

2016 年 11 月 21—24 日,中国中东部地区暴发了入秋以来影响我国最强烈的一次寒潮天气过程。我国中东部大部地区自北向南先后出现大范围大风、降温和降水等天气现象,平均气温普遍下降 6～10 ℃,部分地区气温下降 12 ℃以上。上述地区并伴有 4～7 级偏北风,东部和南部海区风力 7～9 级。24 日凌晨,华北平原北部最低气温达到－10 ℃左右,最低温度 0 ℃线位于江南北部,江南南部和华南北部最低气温达到 4～8 ℃。同时,中国中东部地区自北向南也出现了不同量级的降水。受此寒潮的影响,华北大部分地区由雨转雪,南部部分地区出现了暴雨,整个东部地区都出现了不同程度的降水。中央气象台 11 月 21 日 06 时发布寒潮橙色预警。下面利用天气学释用方法和动力释用方法,结合 EC、T639 和 GRAPES_GFS 三家数值预报产品对这次过程进行分析。

3.2.3.1 天气形势预报与分析

2016 年 11 月 20 日 08 时(图 3.15)在 500 hPa 实况天气图上,乌拉尔山以西的高压脊往东北方向伸展,脊线的走向是东北—西南向,脊前的偏北气流强盛。东西伯利亚到东北地区有一槽,对应有－44 ℃的冷中心,说明在那里有较强的冷空气堆积,东北地区受该冷空气影响。巴尔喀什湖西侧有一槽,贝加尔湖以西的 50°N 附近有一横槽,配合－40 ℃的冷温度槽,说明在这里也有冷空气聚集。中纬度地区气流较为平直,高原北侧有一个弱脊,高原东侧有一地形槽，副高在南部洋面上。我国大部分地区处于偏西气流控制之下，此时预报需要注意贝加尔湖西南侧的横槽是否有转竖的可能，将预示着北边冷空气是否南下；还需注意巴尔喀什湖西侧的冷空气是否会移入我国等。

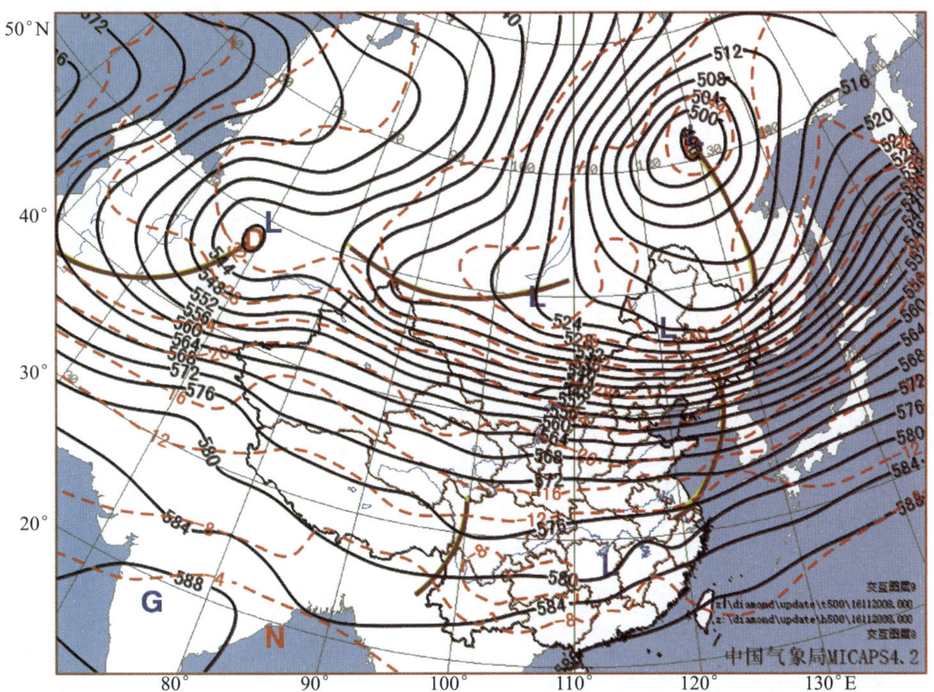

图 3.15　2016 年 11 月 20 日 08 时 500 hPa 实况天气图（实线：等高线；虚线：等温线）

由 ECMWF 模式 20 日 08 时预报的 21—24 日，每天 08 时的 500 hPa 风场和高度场图（图 3.16）可知，20 日 08 时位于东西伯利亚到东北地区的槽缓慢向东南方向移动。21 日 08 时，东西伯利亚槽仍影响我国东北和华北地区，巴尔喀什湖以西的槽几乎原地不动，而高原北侧的脊有所发展，贝加尔湖以西的横槽转变成乌拉尔山以西的脊和高原北侧脊之间的切变线，并未出现横槽转竖的现象，该切变线一直到 22 日 08 时的天气图上仍然存在；河套西侧出现了短波槽，从高原东移过来的低压槽移至江苏到广西北部一带，有冷空气影响东部地区。到 22 日 08 时，东西伯利亚槽已经移到我国东北的东部到山东半岛地区，东北地区和山东半岛地区受该系统影响。高原东侧的槽明显加深，它开始自西向东影响我国的中东部地区。高原上的脊进一步发展，与北边脊前的西北气流叠加，西北气流进一步加强，引导冷空气沿着西北路径东移南下。到 23 日 08 时，东北地区的槽已移出我国，对东北地区的影响结束；而高原东侧的槽缓慢东移，冷空气影响着整个中东部地区。到 24 日 08 时，我国大部分地区处于脊前西北气流控制之下，冷空气已经移到东部洋面，这次冷空气对我国的影响结束。

由 T639 模式 20 日 08 时预报未来 24 h、48 h、72 h 和 96 h 的 500 hPa 风场和高度场图（图 3.17）并结合图 3.16 可知，T639 预报的东西伯利亚的槽和 ECMWF 模式预报的槽快慢和强度都差不多，两家模式预报的贝加尔湖西侧的横槽位置和变化也较为一致，但 T639 模式预报的 21 日华东到西南的槽位置偏北，22 日高原东侧的槽预报的不明显，23 日影响我国整个中东部地区的槽也偏浅，但预报到 24 日冷空气对我们的影响结束与 ECMWF 模式预报结论是一致的。

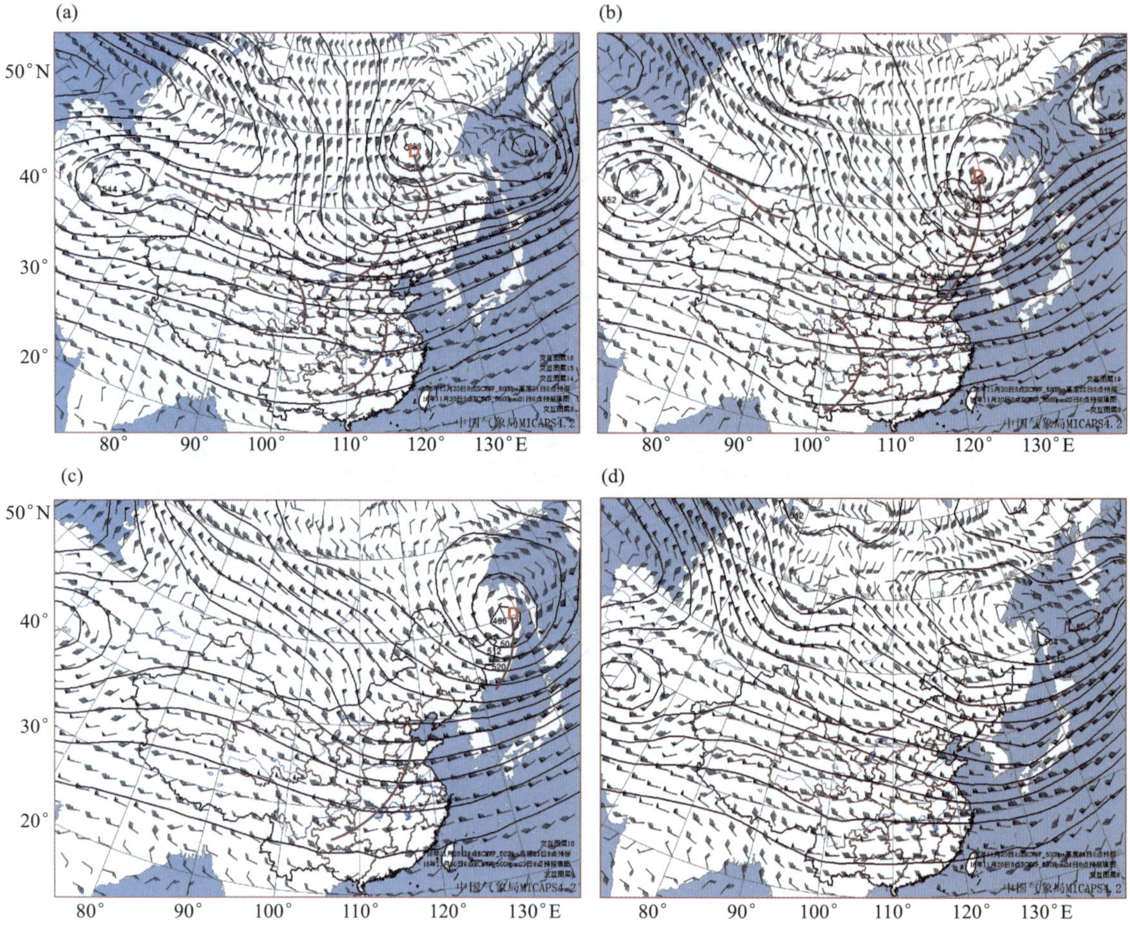

图 3.16　2016 年 11 月 20 日 08 时 ECMWF 制作的未来 24 h(a)、48 h(b)、72 h(c)和 96 h(d)的 500 hPa 高度场和风场预报图

由 GRAPES_GFS 模式 19 日 20 时预报未来 12 h、36 h、60 h 和 84 h 的 500 hPa 高度场图(图 3.18)可知，20 日 08 时的预报图和实况图较一致，高原东侧的槽位置稍微偏西了一些。GRAPES 预报的 21 日位于华中地区的槽和实况图上的槽位置也较一致，强度也差不多，相对来说，EC 预报的该槽位置偏东，强度偏弱一些，GRAPES_GFS 模式把河套西边的短波槽也预

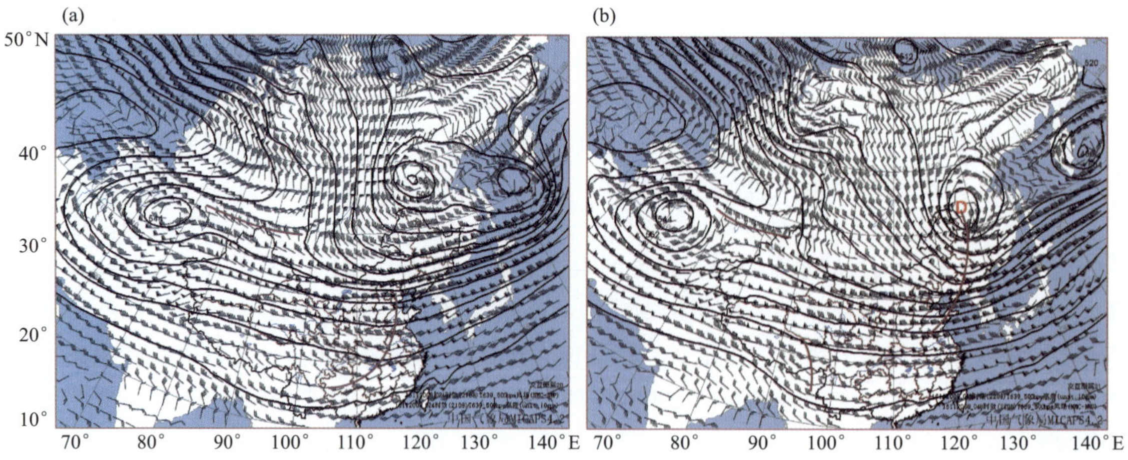

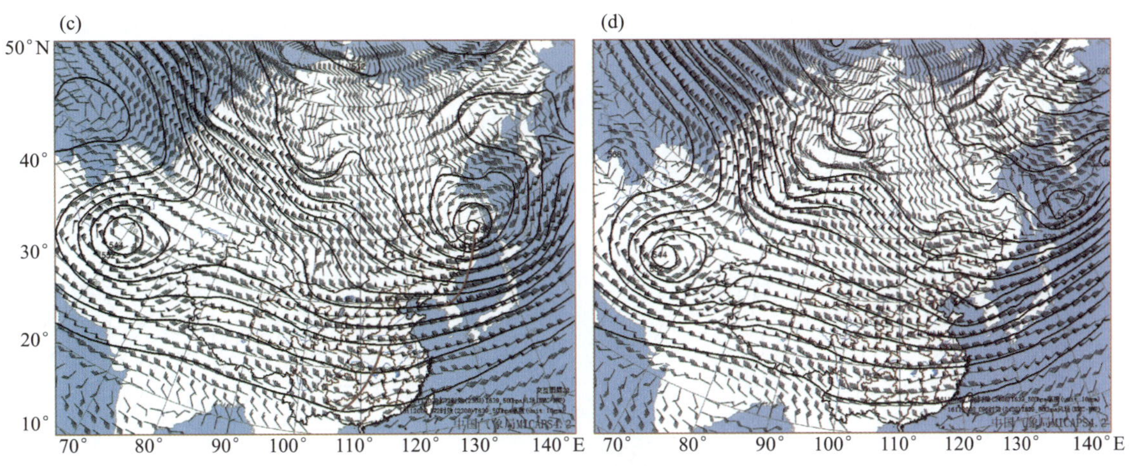

图 3.17　2016 年 11 月 20 日 08 时 T639 模式预报未来 24 h(a)、48 h(b)、72 h(c)和 96 h(d)的 500 hPa 风场和高度场预报图

报出来了，与实况位置较一致，整个形势预报与实况也较接近。22 日 GRAPES_GFS 模式和 ECMWF 模式预报结果与实况都接近，明显优于 T639 模式的预报结果。GRAPES_GFS 模式预报的 23 日影响我国整个中东部地区的槽与其他两家模式产品和实况相比位置都偏东了一些。

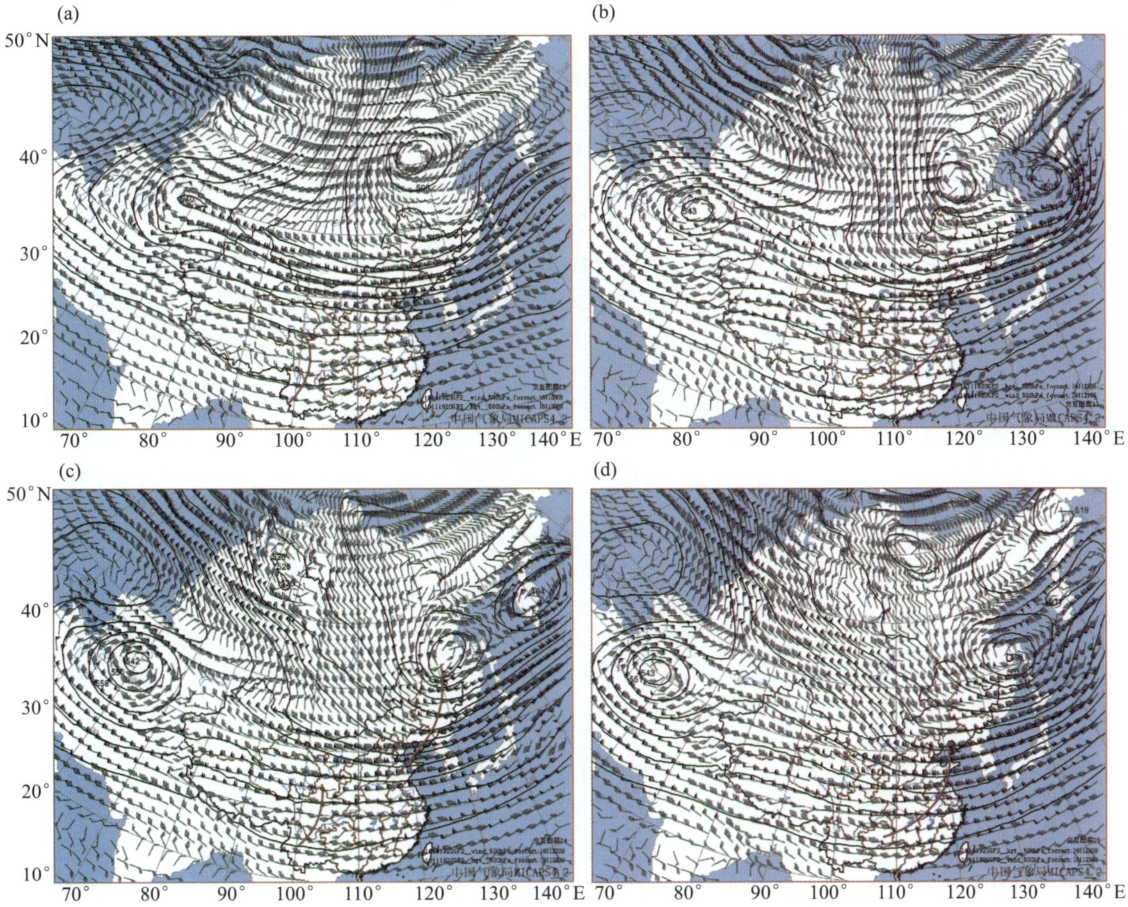

图 3.18　2016 年 11 月 19 日 20 时 GRAPES_GFS 数值模式预报未来 12 h(a)、36 h(b)、60 h(c)和 84 h(d)的 500 hPa 高度场图

对比实况天气图(图 3.19)发现,在这次寒潮天气过程中,在 3 d 之内 ECMWF 模式和 GRAPES_GFS 模式预报的 500 hPa 形势与实际都较接近,3 d 之后 ECMWF 模式预报的冷空气动态情况效果更好一些。对于整体形势预报来说,GRAPES_GFS 模式预报效果明显优于 T639 模式预报的效果。

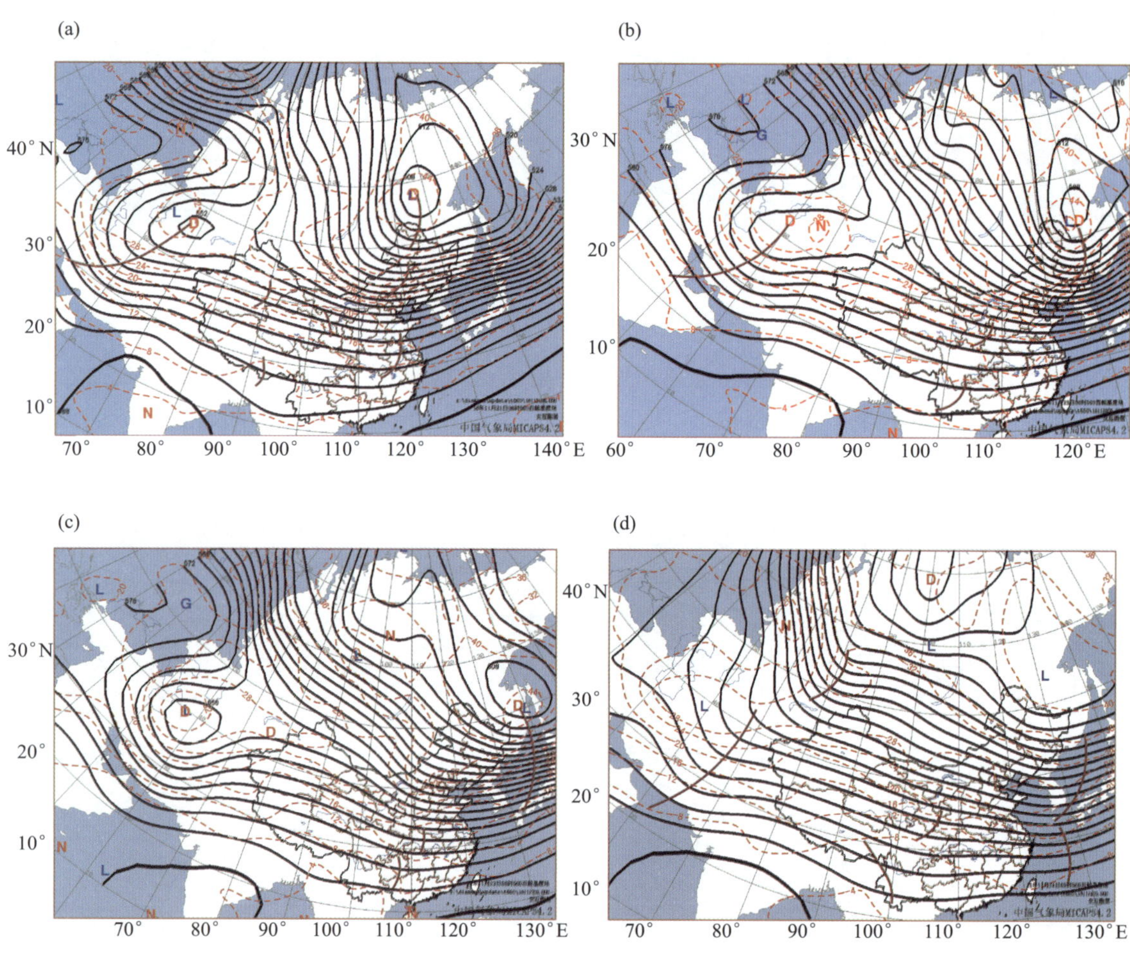

图 3.19　2016 年 11 月 21—24 日 08 时 500 hPa 实况天气图

(a)11 月 21 日 08 时;(b)11 月 22 日 08 时;(c)11 月 23 日 08 时;(d)11 月 24 日 08 时

由地面天气图(图 3.20)来看,11 月 20 日 08 时贝加尔湖西南边有一个高达 1060 hPa 的冷高压,这个高压就是蒙古高压,在冷高压的前底部(河套北边)有一冷锋,冷空气已经逼近华北地区。此外,在长江下游流域附近也有一条冷锋,此冷锋与 500 hPa 上高原东侧的槽相互配合。

由 GRAPES_GFS 模式和 T639 模式制作的未来 3～4 d 的地面冷锋和冷高压中心动态图(图 3.20)可知,21 日冷空气到达山东半岛经华北到河套地区(几乎东西走向),对山东半岛附近的冷锋锋面预报的偏南了一些,T639 预报的该部分与实况更接近一些,两家模式预报的冷锋中西段与实况也基本吻合,冷高压的强度有所减弱,然后向东南方向移动。22 日冷锋锋面到达长江中下游流域以南地区,T639 模式预报的冷峰移动偏慢了一些,与实况相比位置偏北。23 日 08

时冷锋基本移出我国，只有华南部分地区受其影响，之后继续向东南方向移动，移出我国，预示着影响我国的寒潮天气告一段落。

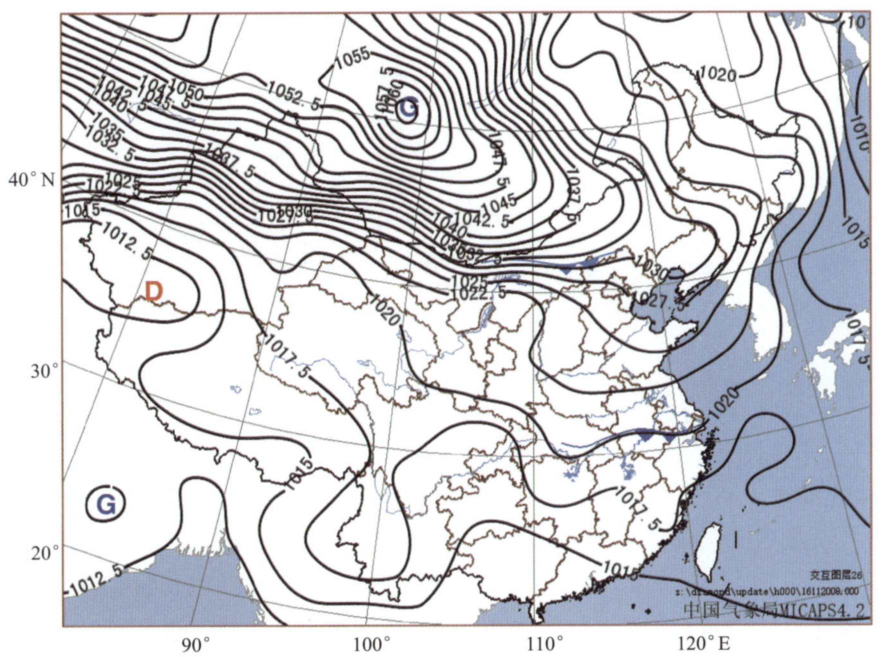

图 3.20　2016 年 11 月 20 日 08 时地面实况天气图

由两家数值产品预报的地面冷锋和冷高压中心位置及强度与实况对比（图 3.21）分析发现，除了 21 日冷锋的东段预报偏南之外，GRAPES_GFS 模式预报的冷锋位置基本与实况较一致，T639 模式预报的冷空气（冷锋和冷高压）移动速度偏慢一些，GRAPES 模式预报的冷高压的位置明显比 T639 模式预报的准确一些。

综上所述，在这次寒潮短期天气预报过程中，ECMWF 模式和 GRAPES_GFS 模式预报的 500 hPa 形势与实况都较接近，GRAPES_GFS 模式预报的地面冷锋锋面、冷高压位置基本也接近实况。GRAPES_GFS 模式预报效果明显优于 T639 模式预报的效果。

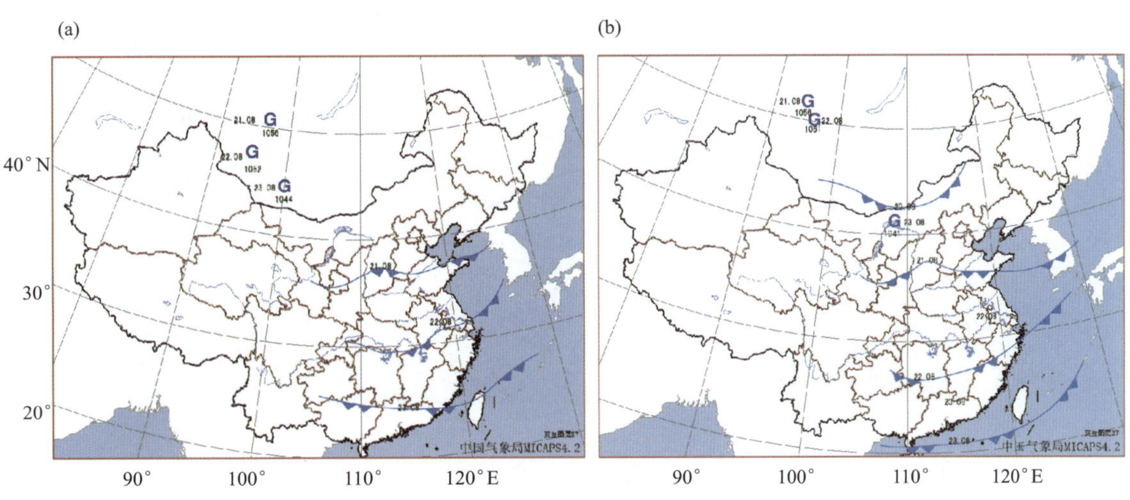

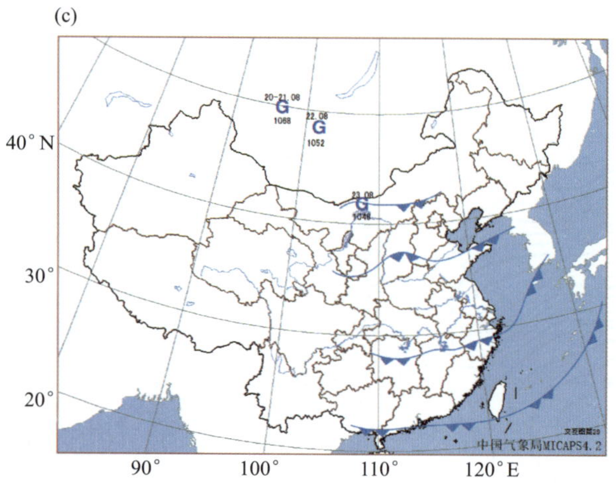

图 3.21　2016 年 11 月 20 日 08 时 T639 制作的未来 3 d(a)、19 日 20 时 GRAPES_GFS 制作的未来 4 d(b)和 20—23 日地面实况(c)冷锋和冷高压中心动态图

3.2.3.2　温度预报与分析

寒潮天气明显的天气现象之一就是降温，所以接下来分析模式的温度预报。

在 2016 年 11 月 20 日 08 时 850 hPa 天气图(图 3.22)上，可以看到有很强的锋区存在，锋面已经到了华北地区附近，锋区呈东西走向，河套附近有一切变线，说明低层有气流的辐合。由 ECMWF 模式和 GRAPES_GFS 模式制作的未来几天 850 hPa 上 0 ℃线的动态图(图 3.23 和图 3.24)可知，冷空气在逐步扩散南下，21 日开始影响华北，22 日到达长江以北地区，23 日开始影响长江以南地区，预计在 24 日冷空气对我国的影响宣告结束，两家模式预报的未来 3～4 d 850 hPa 上 0 ℃线的位置与实况(图 3.25)较为一致。

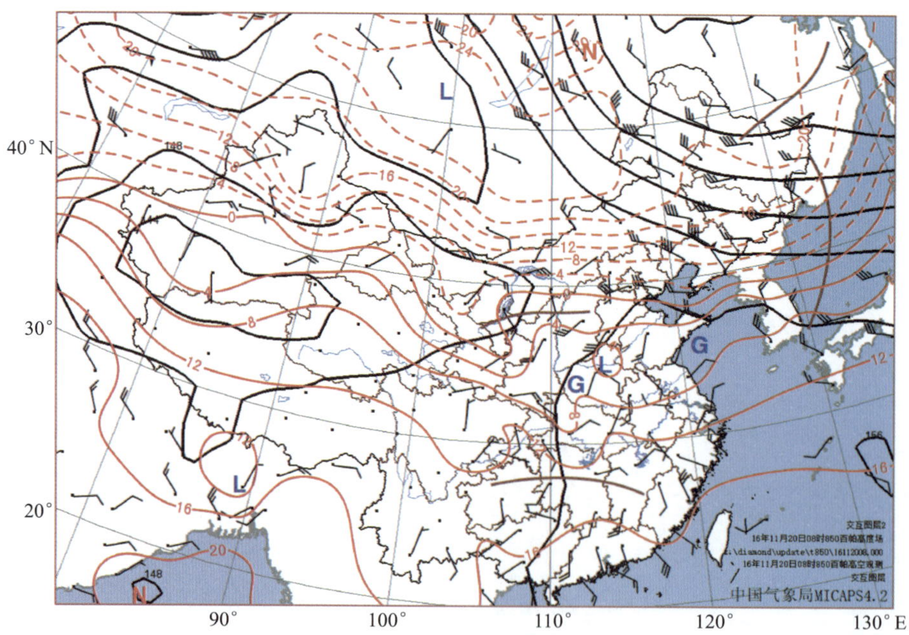

图 3.22　2016 年 11 月 20 日 08 时 850 hPa 实况天气图(实线：等高线；虚线：等温线)

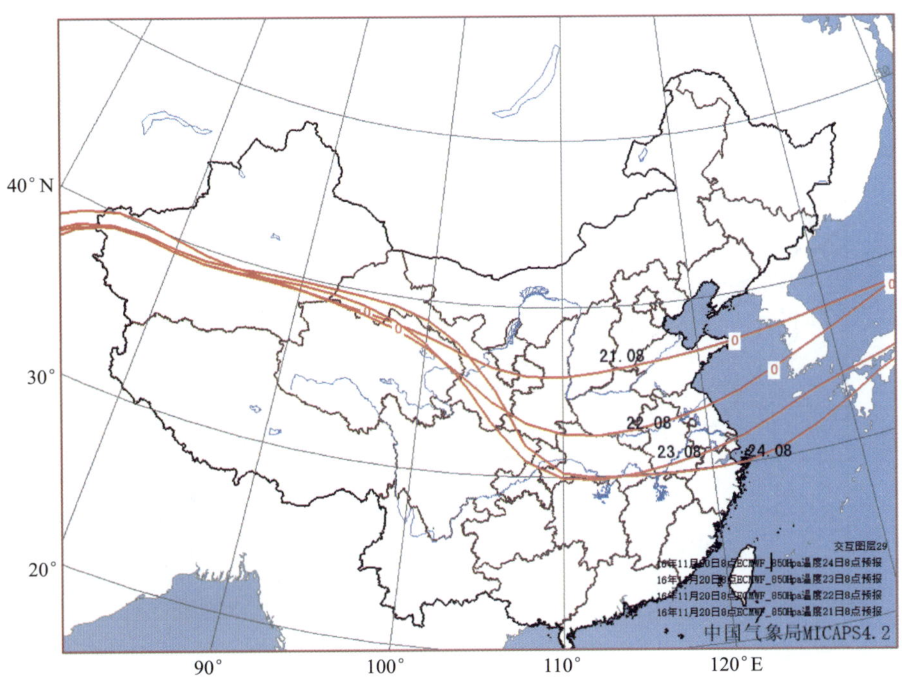

图 3.23 2016 年 11 月 20 日 08 时 EC 制作未来 4 d 的 850 hPa 上 0 ℃线的逐日演变动态图

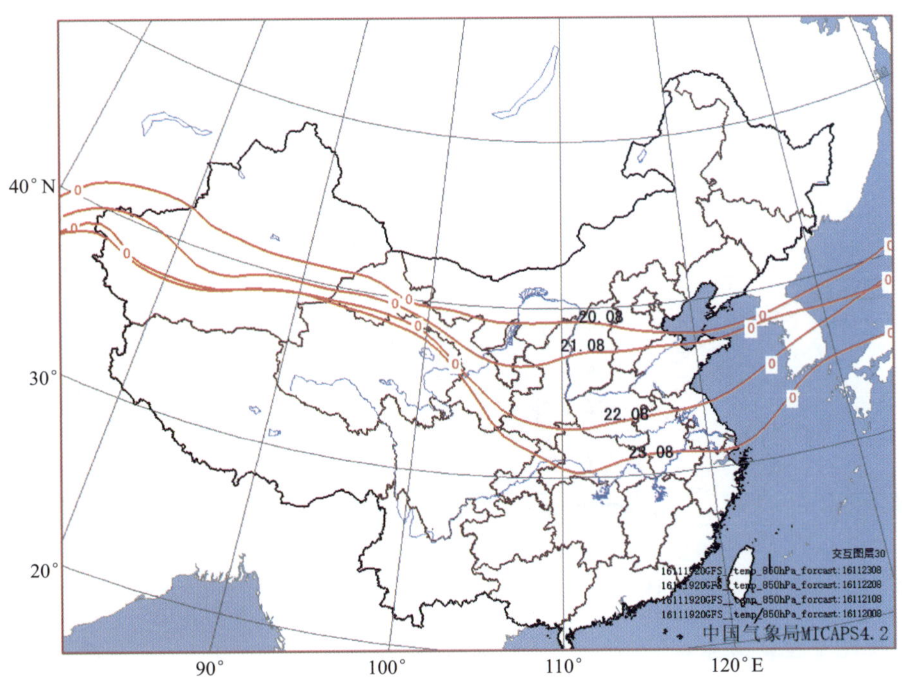

图 3.24 2016 年 11 月 19 日 20 时 GRAPES_GFS 制作的未来 4 d 850 hPa 上 0 ℃线的逐日演变动态图

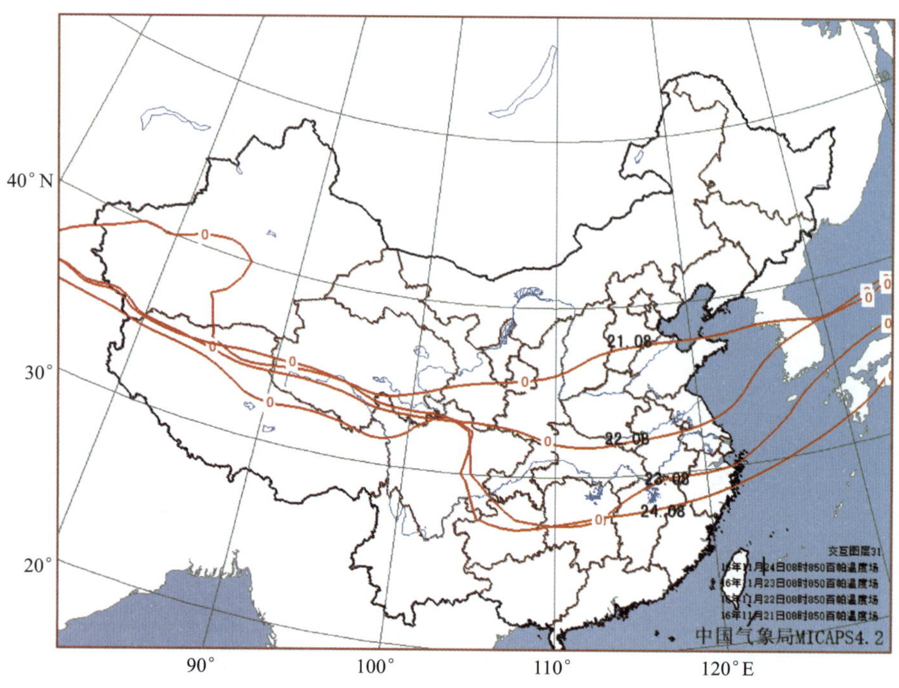

图 3.25 2016 年 11 月 21—24 日 08 时 850 hPa 上实况 0 ℃线的逐日演变动态图

T639 模式预报的 850 hPa 上 0 ℃线的移动比 ECMWF 模式和 GRAPES_GFS 模式预报的稍慢一些(图 3.26)。T639 模式预报的地面 0 ℃线的位置较同时刻 850 hPa 0℃线偏北，说明对流层中低层冷空气移动快。

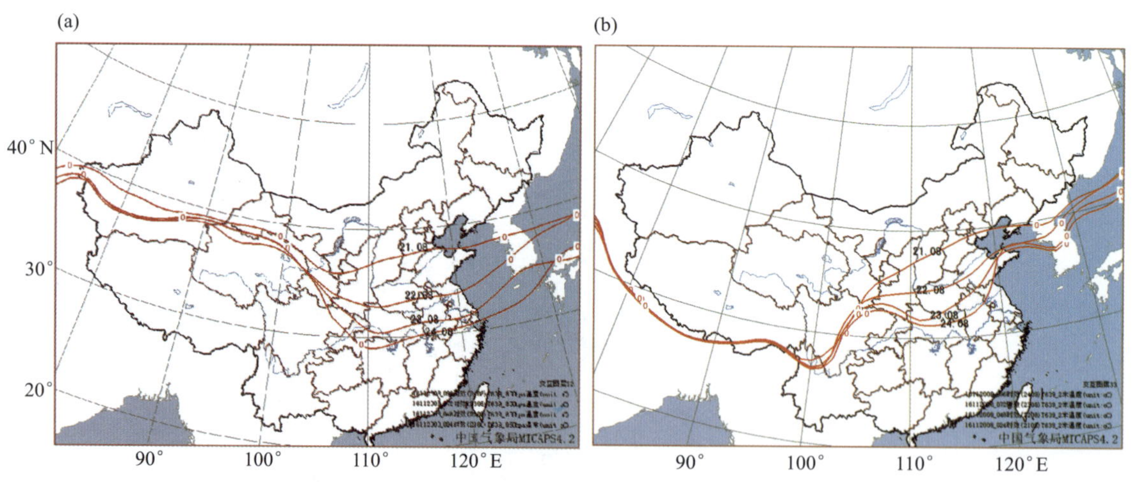

图 3.26 2016 年 11 月 20 日 08 时 T639 制作 850 hPa(a)和地面(b)0 ℃线的逐日演变动态图

3.2.3.3 物理量预报与分析

由 ECMWF 模式 20 日 08 时制作的未来 4 d 700 hPa 上相对湿度的逐日分布图(图 3.27)可知，21 日在华北和南京附近有大的湿区(相对湿度＞80％的区域)，然后范围在逐步增大；22 日湿区范围从江苏北部到河套以南地区，相对湿度＞90％的区域明显增大并且开始南移；23

日相对湿度>90%的区域呈东西带状分布在长江流域一带;24 日湿区范围已经很小,我国中东部大部分地区变干。

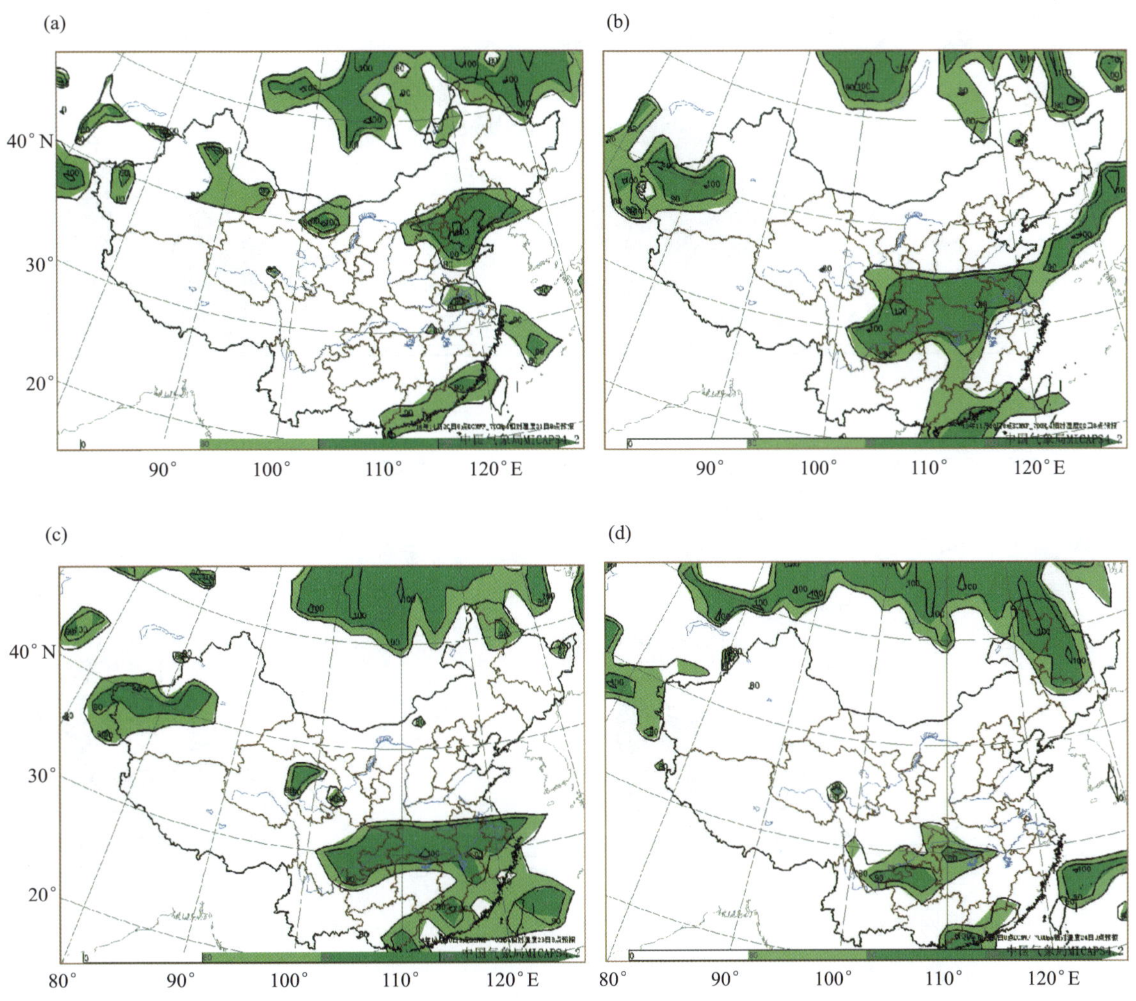

图 3.27　2016 年 11 月 20 日 08 时 EC 制作的 21—24 日 700 hPa 上相对湿度的分布图(%)
(a)11 月 21 日 08 时;(b)11 月 22 日 08 时;(c)11 月 23 日 08 时;(d)11 月 24 日 08 时

由 ECMWF 模式 20 日 08 时制作的未来 4 d 850 hPa 上相对湿度的逐日分布图(图 3.28)可知,湿区范围(相对湿度>80%的区域)明显比 700 hPa 上范围大,也就是低层水汽更好。湿区在逐步南移,主要是受北方干冷空气南下影响而导致。24 日 850 hPa 上相对湿度大值区范围还是比较大,覆盖了长江以南的大部分地区,但是 700 hPa 上相对湿度大值区范围已经很小,说明湿层的厚度已经很薄,预示着降水快要结束了。

由图 3.29 可知,21 日强上升运动在山东地区,低层有很强的上升运动,高层有明显的下沉运动。22 日强的上升运动区向南移动到长江下游流域附近,23 日强的上升运动区移动到长江以南地区。由此可以看出,上升运动区随着冷空气的东移南压也在逐渐南移。

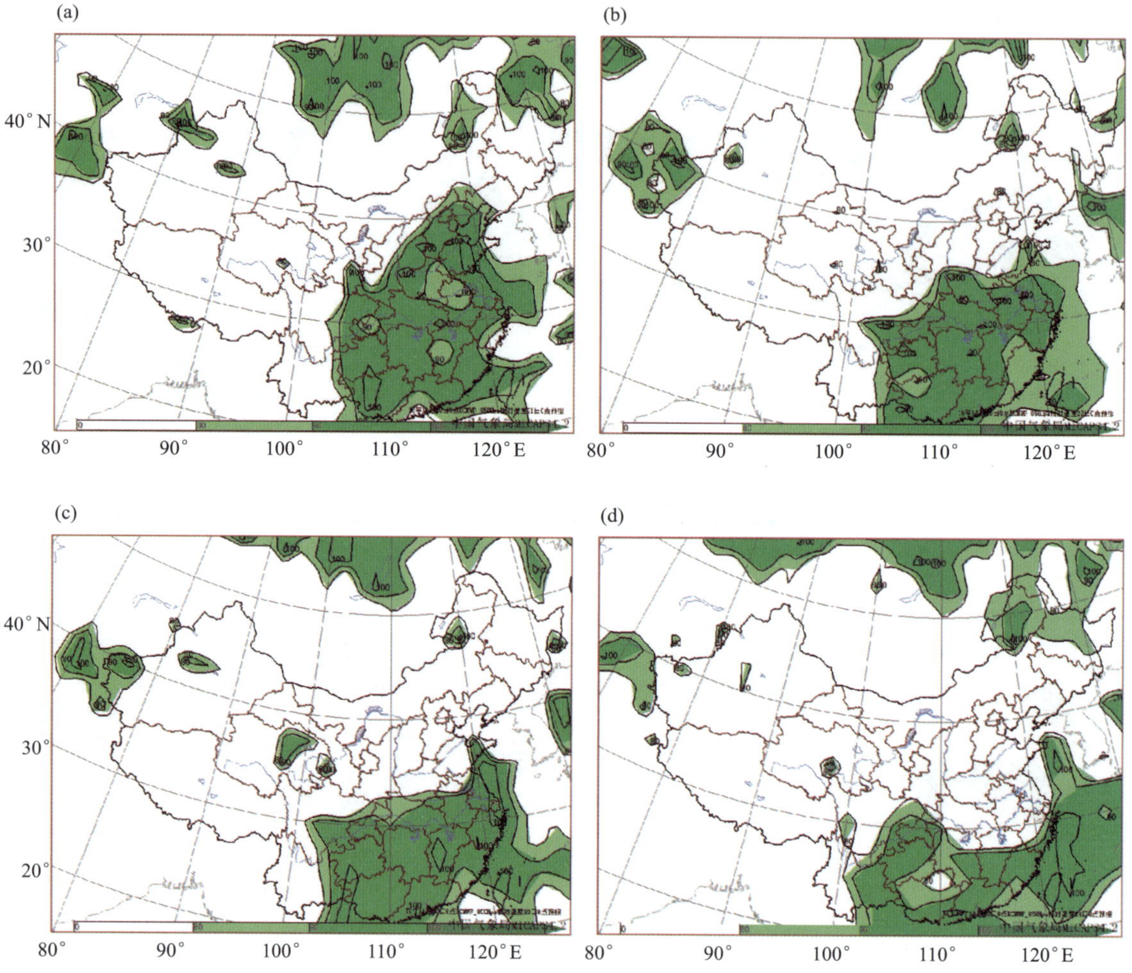

图 3.28　2016 年 11 月 20 日 08 时 EC 制作的 21—24 日 850 hPa 上相对湿度的分布图(%)

(a)11 月 21 日 08 时;(b)11 月 22 日 08 时;(c)11 月 23 日 08 时;(d)11 月 24 日 08 时

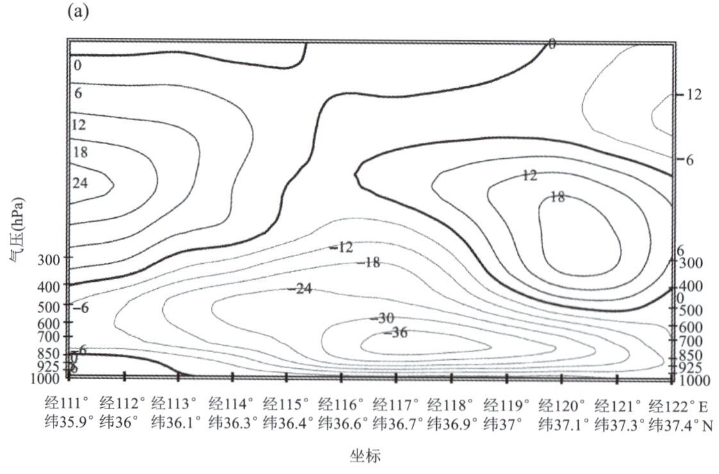

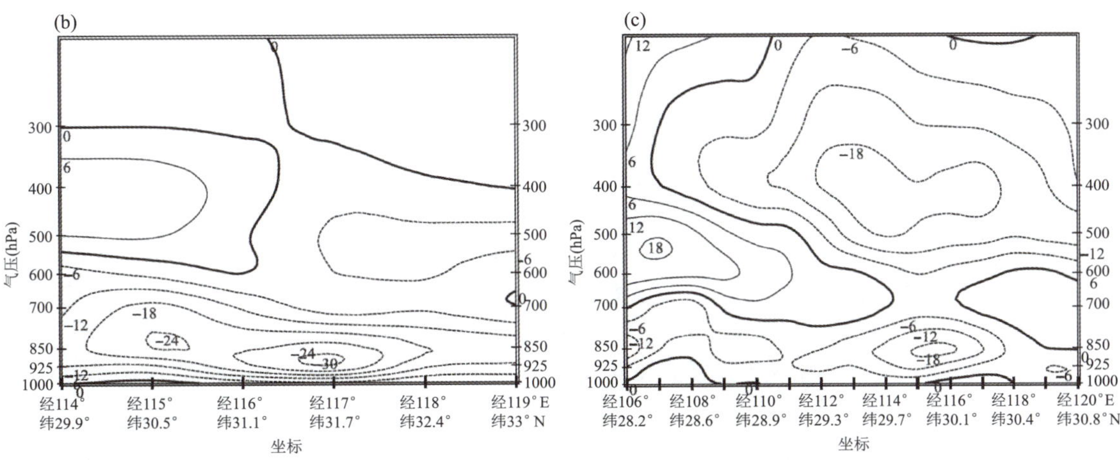

图 3.29 2016 年 11 月 20 日 08 时 T639 模式预报的 21—23 日垂直速度的逐日剖面图(单位:Pa・s^{-1})

(a)11 月 21 日 08 时;(b)11 月 22 日 08 时;(c)11 月 23 日 08 时

3.2.3.4 降水预报与分析

由 T639 模式预报的逐日 24 h 降水图(图 3.30)可知,强降水主要发生在华南和华东南部的部分地区,在 20—21 日华北地区有 10 mm 以上的降雪,然后逐渐转到河套东南方向。广东和福建部分地区有 100 mm 以上的降水。

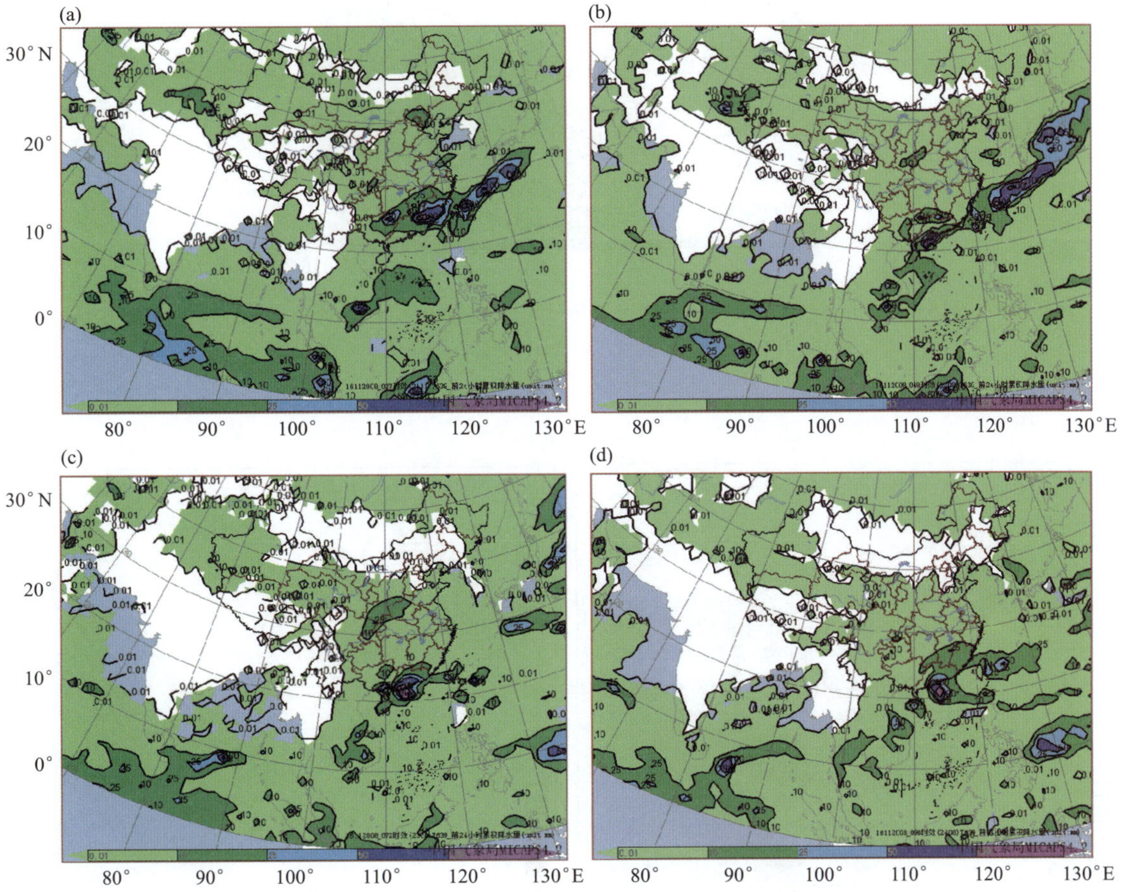

图 3.30 2016 年 11 月 20 日 08 时 T639 制作的 21—24 日 24 h 降水量分布图(单位:mm)

(a)11 月 21 日 08 时;(b)11 月 22 日 08 时;(c)11 月 23 日 08 时;(d)11 月 24 日 08 时

GRAPES_GFS 模式预报的逐日 24 h 降水图(图 3.31)并结合实况降水图(图 3.32)可知，这次模式预报的降水量级偏小，中心雨带未报出，整体预报效果不好。

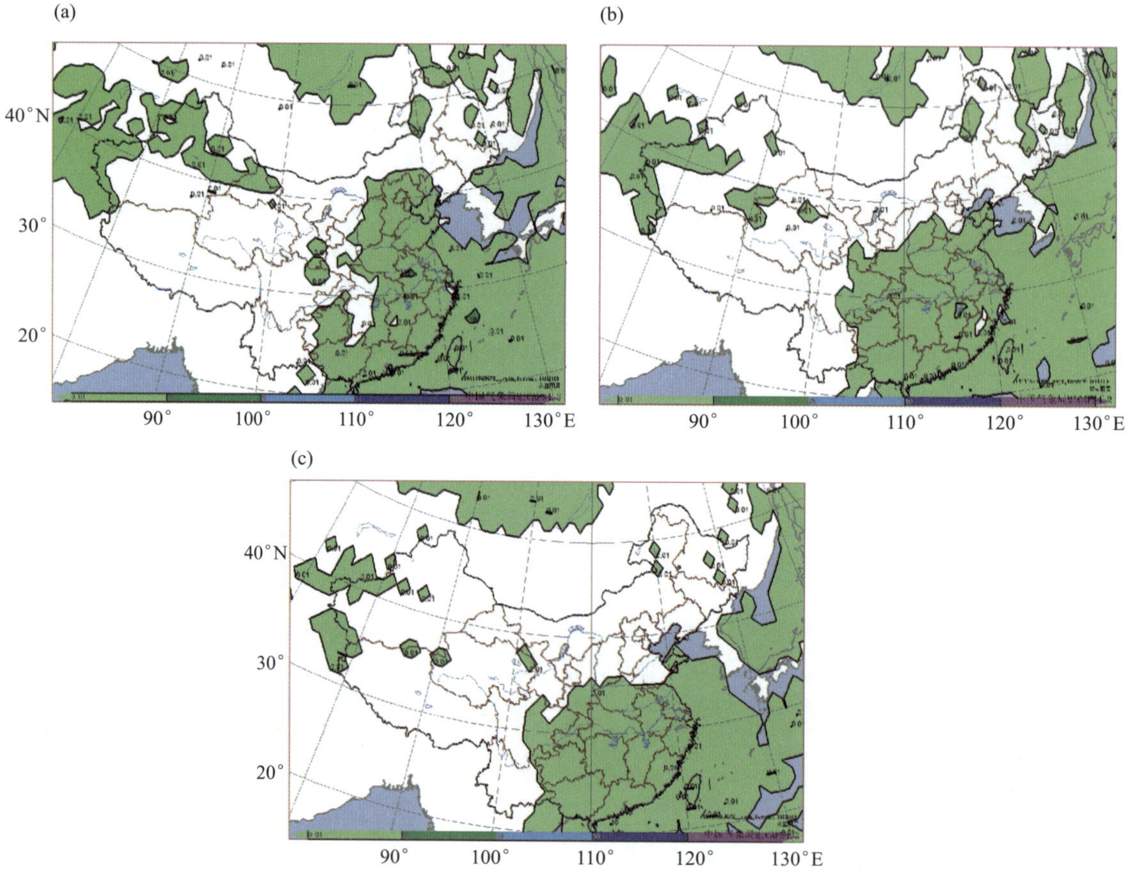

图 3.31　2016 年 11 月 19 日 20 时 GRAPES_GFS 制作的 21—23 日 24 h 降水量分布图(单位：mm)

(a)11 月 21 日 08 时；(b)11 月 22 日 08 时；(c)11 月 23 日 08 时

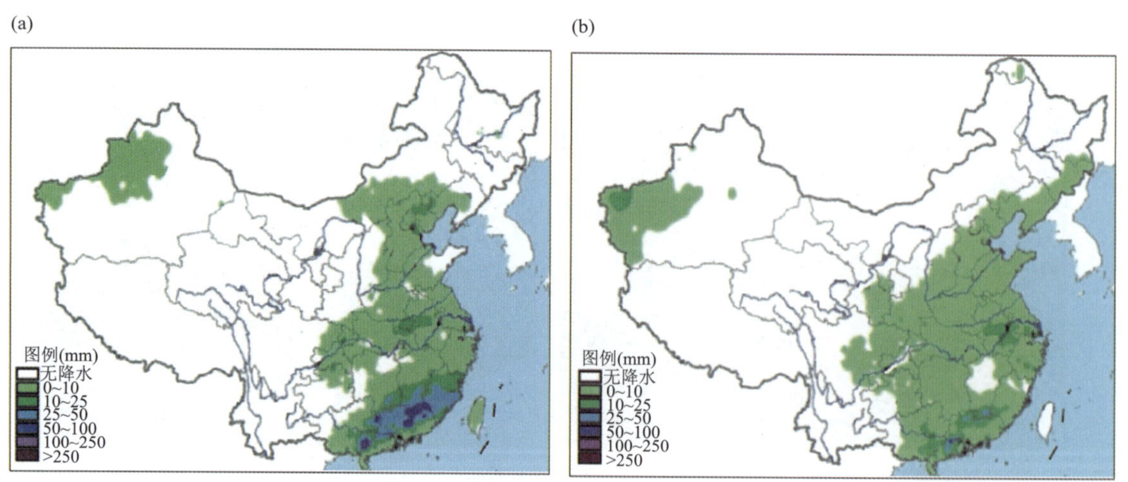

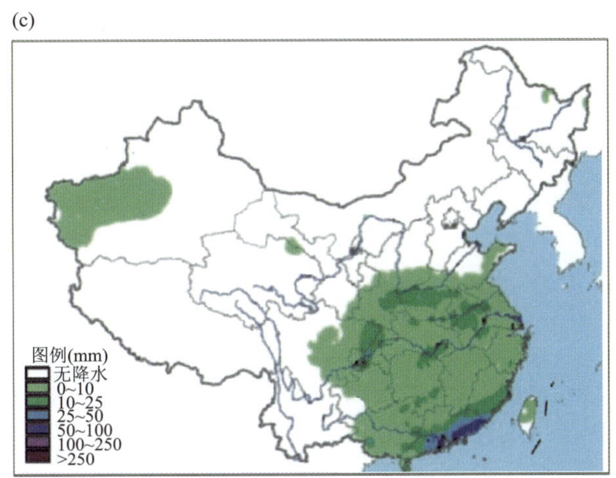

图 3.32　11 月 20—23 日 08 时中央气象台制作的逐日 24 h 降水量实况分布图(来源:中央气象台)
(a)11 月 20 日 08 时—21 日 08 时;(b)11 月 21 日 08 时—22 日 08 时;(c)11 月 22 日 08 时—23 日 08 时

总的来说,在这次寒潮天气过程中,T639 模式预报的强降水落区和强度还是比较准确的。

3.2.3.5　总结

本次过程主要利用了天气学释用方法,结合动力释用方法,通过 EC、T639 和 GRAPES_GFS 三家数值预报产品对这次过程进行分析。总的来说,在这次寒潮短期天气预报过程中,ECMWF 模式和 GRAPES_GFS 模式预报的天气形势场和冷空气的移动位置与实况都较接近,T639 预报的强降水落区和强度较准确。因此,利用模式制作天气预报时,可以多参考几家数值模式产品,并不断总结不同的数值产品在不同天气过程中预报的性能,从而提高预报准确率。

3.3　实习

1. 目的和要求

(1)学会文件名检索数据。

(2)熟练调用各种所需资料。

(3)学会读取、分析产品图上的信息。

2. 实习内容和资料

(1)分别调用当天最新得到的 ECMWF、GRAPES、JAPAN 和德国等数值模式产品,分析模式预报的第二天早晨 08 时南京地区在四层(500 hPa、700 hPa、850 hPa 和地面)上的影响系统分别是什么?

(2)分析在 700 hPa 和 850 hPa 上的干湿程度(如相对湿度或者比湿等)和垂直运动情况等。

(3)结合降水产品,粗略分析未来 48 h 南京地区的降水情况。

3. 实习报告

以文字形式详细介绍不同数值预报产品天气形势预报的效果,结合物理量场和降水量场预报产品,分析未来 48 h 南京地区的降水情况。

思考题：

(1)数值预报产品释用的方法有哪些？

(2)常用的数值预报产品有哪几种？

(3)不同数值预报产品要素预报有哪些，实际常用的有哪些？

第 4 章　天气形势分析与预报

天气形势是指天气系统的空间分布及其显示的大气运动状态。天气形势预报，就是预报各种天气系统的生消、移动和强度的变化。天气形势的基本特征及变化主要取决于行星尺度的环流和系统，而这种大型环流背景又与中短期天气变化及其预报密切相关。在中纬度西风带环流中，如果预报区域处于西风带基本稳定的长波脊控制下，一般以晴天为主或者可能有弱的天气过程出现；若受基本稳定的长波槽或槽前锋区控制，通常是以短波替换为主，天气复杂多变；当遇到大的长波调整过程，则可能出现转折性天气。在副热带地区，副热带高压东西方向的振荡和南北方向的摆动，将影响我国雨带的分布及台风的路径。

本章主要介绍天气形势分析、预报的方法，并结合形势预报的例子说明形势预报的思路和步骤。

4.1　形势分析与预报

4.1.1　实习目的

通过本章内容实习，要求能熟练运用天气图分析的技术规定在 MICPAS 业务平台完成天气图分析，并掌握天气系统的正确表述方法。了解主要的形势预报方法，能够制作欧亚地区环流形势预报。因为只有了解大型环流背景的演变特征，正确分析和预报大气运动的变化过程，才能找准影响预报区（站）的天气系统（影响系统），从而更好地做出预报区（站）的温度、风及天空状况等气象要素预报。

4.1.2　天气形势分析

4.1.2.1　天气形势分析的内容

天气形势分析就是利用实况天气图，分析判断近期环流背景和主导系统，即大范围天气系统的总体特征。由于 500 hPa 位于对流层中层，能代表对流层大气平均情况，并且其上的槽脊结构清楚，所以业务中通常分析 500 hPa 的环流形势。

主导系统主要指高空图（500 hPa 或 300 hPa）上，直接操纵影响系统演变的环流系统。例如中高纬度地区的阻塞高压、长波脊、极涡等，这些系统将影响西风槽、气旋波、冷高压的演变，而中低纬地区多关注副热带高压的变化。当主导系统发生调整（移动、加强、减弱）时，就会出现明显的转折性天气。

我国除华南副热带地区外，大部分地区处于北半球中纬度地区，所以中高纬度环流形势及变化对我国的天气有重要影响。

通常高空中高纬度环流形势一般分为经向型环流和纬向型环流。如果高空气流形态表现为大致和纬圈平行，这种环流状态称为纬向环流（图 4.1a），若环流形态表现为较大的南北向气流，甚至出现大型的闭合暖高压和冷低压，这种环流状态为经向环流（图 4.1b）。纬向环流和经向环流在空间分布和时间演变中经常是交替出现的，中纬度环流变化就是这两类环流的维持及它们之间的过渡和转换。就北半球而言，经验表明，极地环流的变化对中高纬度环流有重要影响，极涡南伸，冷空气大举南下，将破坏纬向环流，并向经向环流发展；反之，极地无明显冷空气南下，纬向环流将持续。

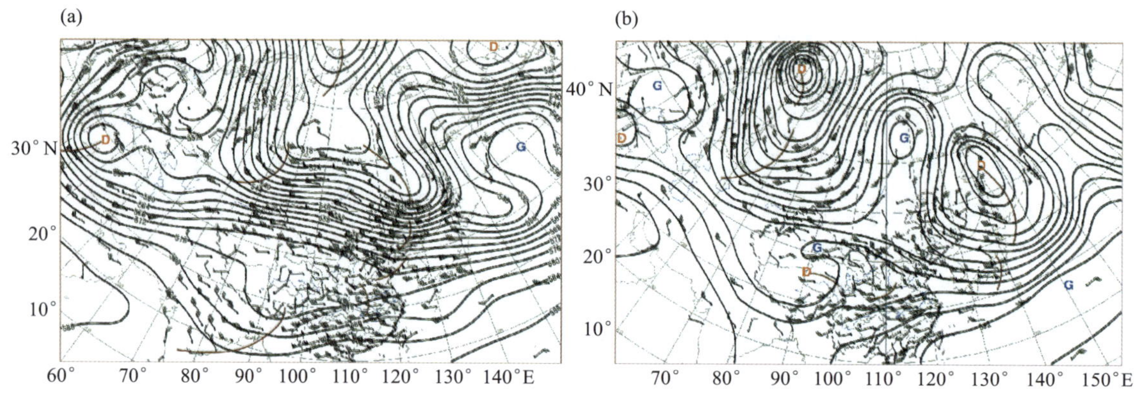

图 4.1　500 hPa 不同类型环流形势图

（a）中纬度纬向环流（2019 年 4 月 21 日 08 时）；（b）经向环流（2019 年 6 月 17 日 20 时）

4.1.2.2　天气形势分析步骤

（1）调出实习当日最新（或指定时刻）500 hPa 实况天气图，利用天气图分析基本方法及规定分析并标注出天气图上的所有天气系统，如高压、低压、高压脊、低压槽、台风倒槽等。

（2）识别并描述天气图上的天气系统分布情况。为了避免遗漏系统，一般看天气图的顺序为由北向南，自西向东，先分析高纬地区，其次是中纬度地区，最后分析低纬度地区。

在制作天气预报的过程中经常涉及某些特定地形，而天气系统的形成、移动、发展也常与某些特殊地形有关（图 4.2）。例如乌拉尔山，位于东经 60°附近，是南北向长条状山脉，南北达 15 个纬度以上，大致可作为欧亚大陆的分界。在山脉的东西两侧常有明显的槽、脊形成并稳定维持，其对槽脊的减弱或发展起一定的地形作用。巴尔喀什湖简称巴湖，是影响我国的西方路径冷空气或低槽的经过和停留之地。我国地形复杂，近似东西向的天山山脉是北疆和南疆的大致分界，冷空气常在天山以北堆积一段时间，然后东移南下，故有时表现为天山冷锋，有时是静止锋。当冷空气分别从长江中下游平原及东海南下，使冷锋在武夷山附近发生弯曲可形成武夷山锢囚锋。除山脉外，我国青藏高原地形对气流也有强迫抬升和绕流的作用。除此以外，柴达木盆地因受地形影响，在 700 hPa 上常有地形性的柴达木低压生成，四川盆地的西侧为山脉和高原，由于地形下坡作用，在盆地附近高空图上常有明显的低压槽。因此在学习制作天气预报前有必要先了解北半球尤其是欧亚部分地区的地形地理特征。

气象上常借助于地理位置描述某一张天气图上天气系统的分布情况，除了系统的分布外，还需要关注系统的强度。如图 4.1b 所示，欧亚中高纬度地区为两槽三脊型，两个低压槽分别位于西西伯利亚平原及日本岛附近，三个高压脊分别位于西欧平原、中西伯利亚高

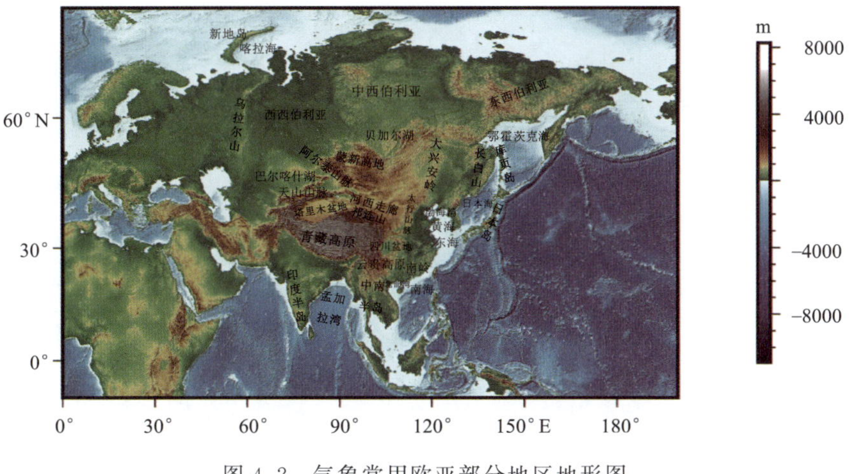

图 4.2　气象常用欧亚部分地区地形图

原及远东地区。图 4.3 为 2019 年 5 月 19 日 20 时 500 hPa 天气图，在华北东部地区上空有一低压槽，槽线位于东经 119°左右，其北端有一低涡，中心强度为 543 dagpm。

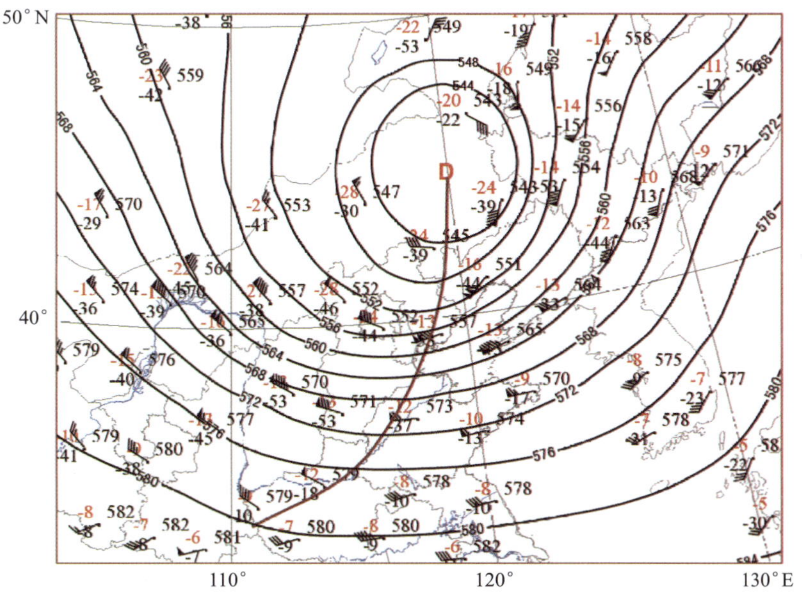

图 4.3　2019 年 5 月 19 日 20 时 500 hPa 高空图

(3)根据系统分布判断大型环流背景特征。

(4)找出主导系统和可能影响预报区域的天气系统。

4.1.3　天气形势预报

4.1.3.1　天气形势预报内容

天气形势预报包括高空形势预报和地面形势预报两部分，一般遵循“先高空，后地面”的顺序，就是先预报高空的天气形势，然后再预报地面的天气形势。这是因为受下垫面的影响，地面天气系统多而凌乱，而高空大气受下垫面影响小，以准地转运动为主，系统比较完整且清晰，便于预报人员抓住主要系统。另外高空天气形势对地面形势和天气现象也有较大影响，如高空槽前，地面常出现气旋，以上升运动为主，容易出现云和降水天气；槽后，地面常出现高压，以下沉运动为主，天气基本晴好。而地面天气形势与天气现象的相关性较小。所以掌握了高空形势的演变，就能较好地把握地面天气形势和天气现象的演变。

天气形势预报的方法主要包括数值预报方法和天气学方法。随着科技的发展，天气尺度数值模式预报时效延长到 7 d 以上，预报准确率也大大提高，形势预报越来越依靠数值预报方法。天气学方法是一种定性的、经验性的预报方法。虽然预报人员主要依靠数值预报方法制作形势预报，但在很多情况下，天气学方法仍然十分重要且经常被使用。常用的天气形势预报方法包括外推法、运动学方法、涡度方法、位涡思想的应用及一些定性的经验(伍荣生，1999；朱乾根 等，2007)。

一般中高纬度地区环流形势预报主要采用外推结合数值预报的方法，中低纬度地区天气系统预报主要是关注高原及西风带短波槽脊及切变线等，系统生命史短，移动快，因此更多依靠数值预报方法。

4.1.3.2 高空形势预报步骤

(1)外推预报

分析当日实况天气图及前一天历史图，找出过去 24 h 主导系统的变化特点：位置、移动方向、移动速度及强度的变化，由此外推出系统未来的变化趋势。常用的外推方法有等速外推(直线外推)和等加速外推(曲线外推)两种情况，可以用来对高、低压系统和高空槽、脊的移动和强度做出预报。

(2)高空形势预报(朱乾根 等，2007)

$$\frac{\partial \zeta_g}{\partial t} = \underset{①}{-V_g\,\nabla(\zeta_g + f)} \underset{②}{-\overline{B(p)^2}\mathbf{V}_T\,\nabla\zeta_T} + \underset{③}{f\,\frac{\omega_{p_0}}{p_0}} \tag{4.1}$$

①涡度平流项　②热成风涡度平流项　③地形作用

式中，t 为时间，ζ_g 为地转风涡度，V_g 为地转风矢量，f 为地转参数。p 为不同高度气压，$\overline{B(p)^2}$ 为与 p 有关的系数，据统计约等于 0.6。p_0 为地面气压，$\mathbf{V}_T$ 为 p_0 到平均层间的热成风矢量，ζ_T 为对应热成风涡度，ω_{p_0} 为地面垂直速度。

结合高空形势预报方程(4.1)式中各项因子及一些定性规则对外推结果加以修正，重点从以下方面分析。

① 温压场配合情况：判断冷暖平流及热成风涡度平流作用。

如果所分析的高空图的温压场配置类似于图 4.4a 所示情况，即温度槽落后于高度槽，在槽中有正热成风涡度平流，槽将发展；脊中有负热成风涡度平流，脊将加强。反之，当温压场配置为高度槽(脊)落后于温度槽(脊)时，槽(脊)将减弱(图 4.4b)。

在图 4.4a 所示的空中温压场配置情况下，在低压槽区有冷平流，槽将发展，高压脊区有暖平流，脊加强；反之，如图 4.4b 所示，槽脊均减弱。

② 系统本身的结构特征：通过槽脊的疏散、汇合情况判断相对涡度平流的作用。可以应用以下两条定性规则进行判断。

(a)疏散槽(疏散脊)是发展的；汇合槽(汇合脊)是减弱的(图 4.5)。

(b)对称性的槽(脊)没有发展，当槽(脊)前疏散，槽(脊)后汇合时，槽(脊)移动迅速；当槽

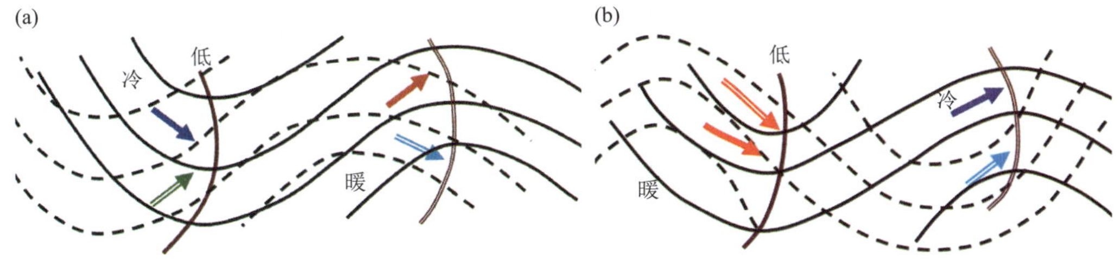

图 4.4　中纬度地区两类常见斜压系统的温压场结构示意图(图中实线为等高线,虚线为等温线,粗实线为低压槽,双线为高压脊,实心箭头表示温度平流,双线箭头表示热成风涡度平流)

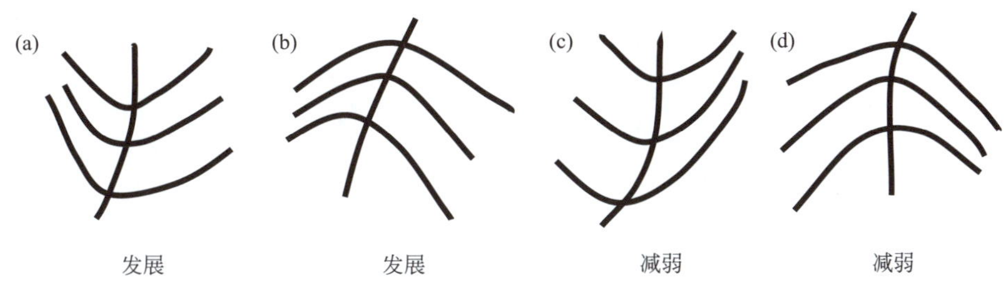

图 4.5　非对称槽脊线的强度变化

(脊)前汇合,槽(脊)后疏散时,槽(脊)移动缓慢(图 4.6)。

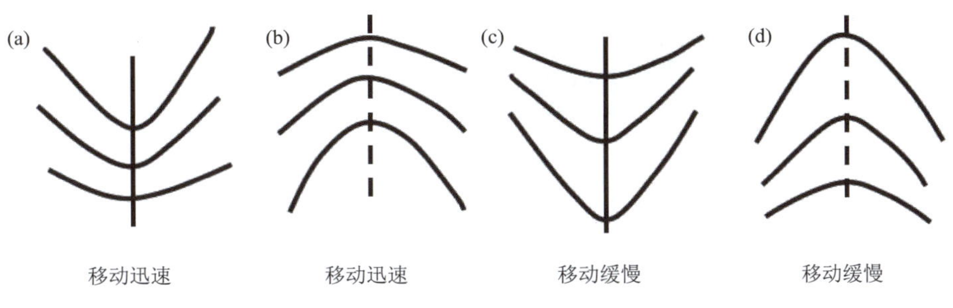

图 4.6　对称槽脊线的移动快慢

③ 地形作用:一般高空槽移近大山脉时,山前填塞,山后重新发展;高空脊则在山前加强,山后减弱。

④ 与周围系统相互作用:关注上下游效应及不同纬度地区系统是否有同位相或者反位相叠加。

在预报时必须根据当时的实际情况进行具体的分析。有时长波槽、脊很少移动,几乎静止,这时如果上游系统开始明显移动,下游系统也将移动;如果东亚大槽移动很少,在它西面的槽、脊也将减速。如图 4.7 所示:当上游脊线由南—北向转为东北—西南向时,下游槽往往会显著加强(图 4.7a);当上游脊线由南—北向转为西北—东南向时,则下游槽将减弱,环流变的平直(图 4.7b);当上游槽由南—北向转为西北—东南向时,则下游脊也会转为西北—东南向并有所发展(图 4.7c);当上游槽由南—北向转为东北—西南向时,则下游脊也将减弱变平(图 4.7d)。

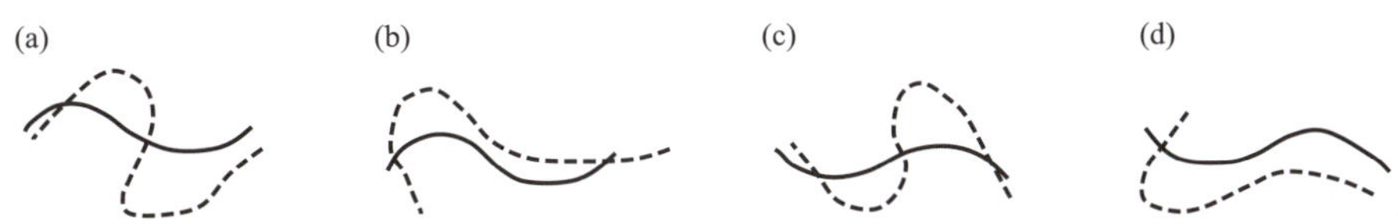

图 4.7　几种相邻槽脊相互影响示例(实线表示等高线,虚线表示变化后的等高线)

一个天气系统是否发展,除了与其本身的结构特征、地形及热力等的影响有关外,还和周围系统的变化密切相关。例如,处于不同纬度的西风气流中的低压槽(高压脊),由于移速不同,当同位相叠加时,槽(脊)发展;反位相叠加时,槽(脊)减弱。还有当两个大小差不多的深厚低压(如台风)相隔较近(小于 15 个纬距以内)时,就有围绕两者中心连线的中点相互作逆时针旋转的趋势(图 4.8)(朱智慧 等,2015)。当两个气旋相互接近时,通常是一个加强,另一个减弱;或两者合并加强。同样,两高压相互合并时,也有加强的现象。

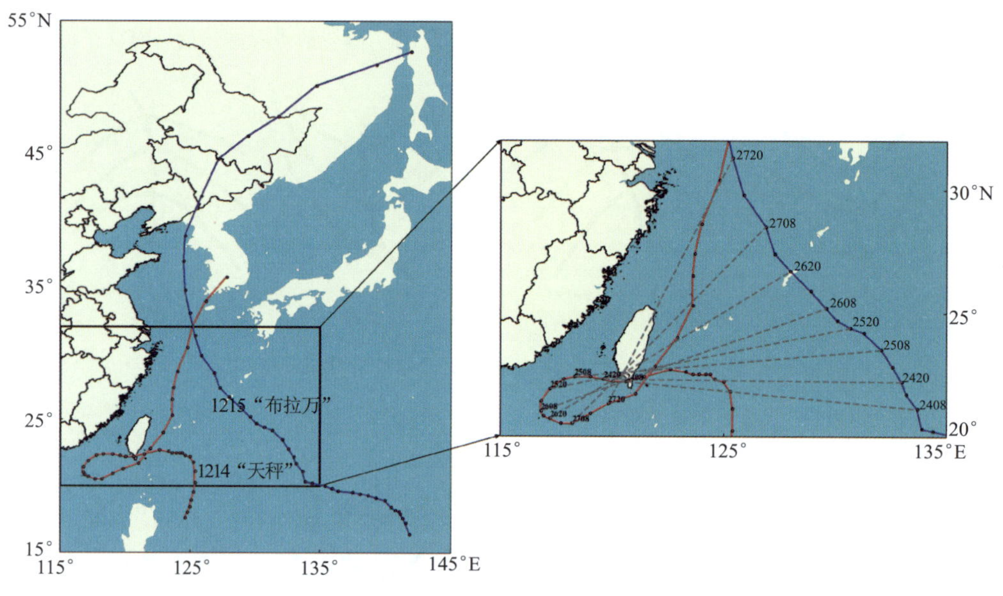

图 4.8　1214 号台风"天秤"和 1215 号台风"布拉万"路径及中心连线

⑤ 高低空系统空间配置:判断是深厚还是浅薄系统,一般深厚系统移速慢,浅薄系统移速快。

⑥ 卫星云图:对应系统的云系加强(减弱)时,低值系统加强(减弱),高值系统减弱(加强)。

⑦ 数值预报产品应用

利用常用天气尺度模式(GRAPES、ECMWF、JAPAN、T639 等)预报的未来 24 h 500 hPa 高度场及风场产品,分析找到所关注的天气系统,在检验数值预报结果的可靠性基础上,结合修正的预报结论,最终制作出高空形势预报。

(3)高空形势预报结论

预报结论需包含以下内容:预报区(站)在预报时效内高空受哪些天气系统影响?影响系统的强度、移动如何变化?预报区(站)什么时间处于什么系统的什么部位?关注是否有槽、切变线、低涡等系统过境以及过境时间。

4.1.3.3　地面形势预报步骤

(1)外推预报

根据影响系统过去 24 h 的移动和强度变化外推出未来 24 h 系统的移动和强度变化。

外推法使用简单方便,但实际天气过程有时候非常复杂,如图 4.9 所示地面高压中心从 12 日 02—14 时向东南方向移动,且移动速度逐渐减慢,照此规律外推,6 h 后高压中心位置应位于江苏句容附近(图中圆圈位置),但实际移至苏浙交界处,外推结果与实况差异很大,所以在使用外推法时须结合其他预报方法综合判断。

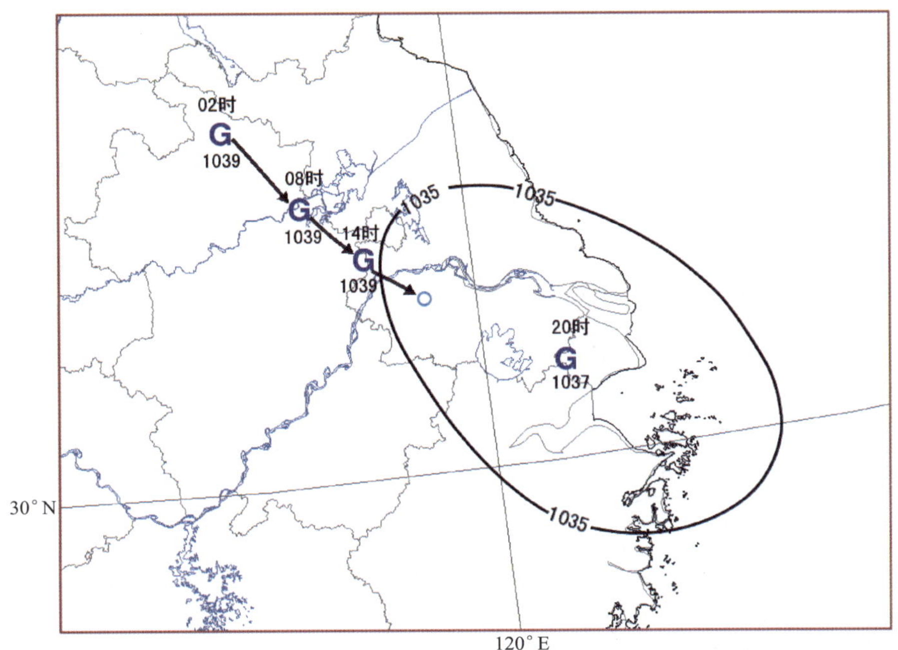

图 4.9 2018 年 1 月 12 日高压外推法预报实例(图中圆圈代表 6 h 外推结果)

(2)地面形势预报(朱乾根 等,2007)

$$\frac{\partial H_0}{\partial t} = \frac{\partial \overline{H}}{\partial t} - \frac{R}{9.8}\ln\frac{p_0}{\overline{p}} \times \left[-\overline{\mathbf{V}\cdot\nabla T} + (\Gamma_d - \Gamma)\omega + \frac{1}{c_p}\overline{\frac{\mathrm{d}Q}{\mathrm{d}t}}\right] \tag{4.2}$$

①　　②　　③　　④

①平均层高度变化项　②平均冷暖平流项　③绝热变化项　④非绝热变化项

式中,H_0 为地面(1000 hPa)高度,t 为时间,$\overline{H}$ 为平均层等压面高度。p_0 为地面气压,$\overline{p}$ 为平均层气压。$\mathbf{V}$ 为水平风矢量,T 为大气温度,ω 为垂直速度,Q 为由辐射、热传导和潜热释放而造成的非绝热变化项。R 为气体常数(其中干空气为 287.05 $\mathrm{J\cdot kg^{-1}\cdot K^{-1}}$),$\Gamma_d$ 为 P 坐标系中干绝热气温直减率,Γ 为 P 坐标系中对流层内平均气温直减率,c_p 为定压比热(为 1004 $\mathrm{J\cdot kg^{-1}\cdot K^{-1}}$)。

结合地面形势预报方程(4.2)式中各项因子及一些定性经验对外推结果加以修正,重点从以下方面分析。

① 高空系统配置:受涡度平流影响,当高空槽加强(减弱)时,对应的地面低压加强(减弱);当高空脊加强(减弱),对应的地面高压加强(减弱)。

② 地形作用:迎风坡有上升运动,低压减弱,高压加强;背风坡有下沉运动,低压加强,高压减弱。

③ 下垫面影响:加热使低压加强,冷高压减弱。冷高压南下总是有减弱趋势。

④ 系统本身的结构特征及变压:可以利用以下定性规则判断系统移动方向。

(a)正圆形的低压(高压)沿变压梯度(升度)方向移动,移动速度的大小与变压梯度(升度)

成正比，与系统中心强度成反比。

(b)椭圆形高压（低压）的移动方向介于变压升度（梯度）与长轴之间，长轴越长，移动方向越接近于长轴。移动速度的大小与变压升度（梯度）成正比，与系统中心强度成反比。

预报业务中常用 3 h 变压预测地面系统的变化，如 2018 年 1 月 12 日 08 时华东存在一椭圆状高压（图 4.10a），中心强度 1039 hPa。此高压长轴方向为西北—东南向，且 3 h 变压升度方向指向东南（图 4.10b），根据运动学方法，预报该高压未来向东南方向移动；另外高压中心位置对应 3 h 变压零线附近，因此预报未来 3 h 该高压强度无明显变化。实际观测 3 h 后高压是向东南方向移动，中心强度没有明显变化，依然为 1039 hPa。

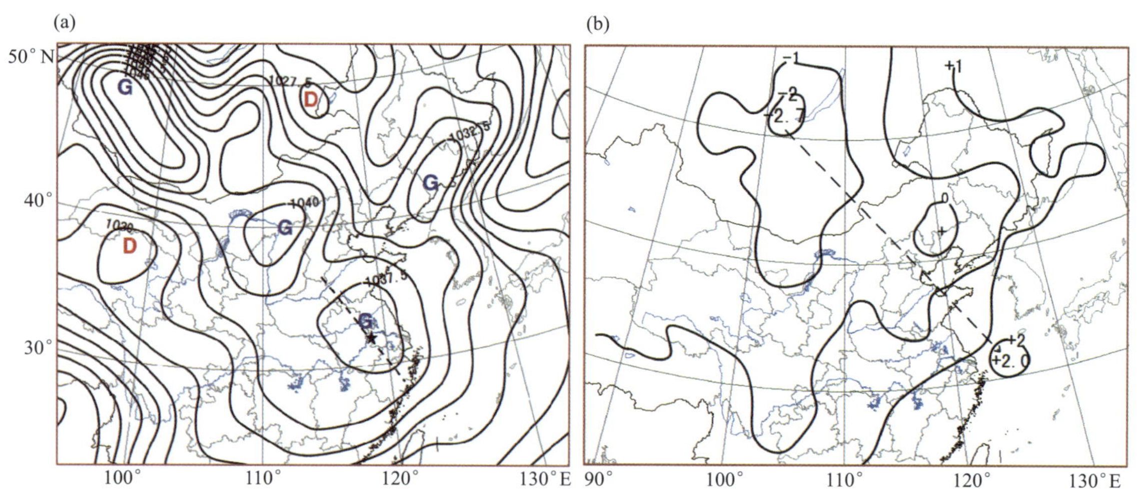

图 4.10　2018 年 1 月 12 日 08 时运动学方法预报地面高压实例（图中虚线表示高压长轴方向，五角星为 3 h 高压中心实际位置，虚线箭头表示 3 h 变压升度方向，单位：hPa）

(a)海平面气压；(b)3 h 变压

⑤ 引导气流作用：地面高、低压中心的移动速度与系统中心上空平均层上的地转风一致。在实际工作中，常用 700 hPa 或 500 hPa 等压面上的地转风加以适当订正作为引导气流。

⑥ 周围系统相互作用：一般下游系统稳定，上游系统移速慢。两侧高压加强，静止锋加强等。

⑦ 卫星云图：对应系统的云系发展（减弱）时，气旋、锋面等低值系统加强（减弱），高值系统减弱（加强）。

⑧ 数值预报产品应用

利用常用天气尺度模式（GRAPES、ECMWF、JAPAN 等）预报的未来 24 h 海平面气压，判断对应天气系统的演变特征，结合修正的预报结论，最终制作出地面形势预报。

(3)地面形势预报结论

预报结论需包含以下内容：明确预报区（站）在预报时效内地面受哪些系统影响？影响系统的强度、移动如何变化？预报区（站）什么时间处于什么系统的什么部位？关注是否有锋面过境及过境时间等。

4.2　天气形势分析预报实例

若制作以 2018 年 3 月 24 日 08 时为起始时间的形势预报，由 24 日 08 时 500 hPa 实况天气图(图 4.11a)可见,在亚洲中高纬地区环流形势为两槽一脊型,两槽分别位于西西伯利亚地区及鄂霍次克海西海岸地区,高压脊位于蒙新①高地到贝加尔湖一带。对我国可能有影响的主要是西伯利亚的低压槽及贝加尔湖附近的高压脊,因此需要重点分析这两个系统的演变。低纬地区以纬向环流为主,平直西风气流中多短波槽脊活动。

本节以西西伯利亚的低压槽活动为例进行天气形势分析预报。首先与过去 24 h (图 4.11b)的天气系统对比发现,乌拉尔山南段 500 hPa 的一个低压槽与里海西侧的低压槽合并东移至西西伯利亚平原,北段向东移动了约 8 经距·d^{-1},南段东移 20 经距·d^{-1},强度变化不大。根据过去的变化趋势等速外推出 25 日低压槽大概位于蒙新高地到中西伯利亚高原西部一带。

其次根据经验及形势预报的各项影响因子对外推预报结果进行修正。从 24 日 08 时的温度和高度场配置来看,两者基本重合,槽区没有明显的冷平流,所以该槽未来不会发展,另外由于东移的过程中将遇到蒙新高地,受地形影响,该槽在后期将减弱。从周围的系统影响来看,下游的高压脊比较稳定,受其影响,该低压槽东移速度比较缓慢。另外,通过系统的垂直结构配置发现低压槽对应地面为一明显的低压,高压脊对应地面的系统为冷高压,均为深厚系统,所以系统移动缓慢。综上判断低压槽未来 24 h 减弱东移,并且移速较慢(图 4.11d 中双实线)。

最后参考 T639 及 GRAPES 数值模式 3 月 24 日 20 时预报 25 日 08 时的高度场,如图 4.11d 所示,两个模式预报的形势场比较接近,说明模式对于该时间段天气系统预报结果具有较好参考性。24 日位于西西伯利亚低压槽东移至东经 92°附近(图 4.11d 中虚线),槽强度略减弱,但速度并没有明显减慢,可能是因为 24 日 08 时位于蒙新高地的高压脊受冷空气及下坡地形作用影响快速减弱所导致的。25 日 08 时实况图上槽线位置基本和模式预报结果一致(图 4.11 中点线),因此在实际预报工作中,可在模式对天气系统预报的稳定性的基础上结合外推结果最终制作出形势预报结论。

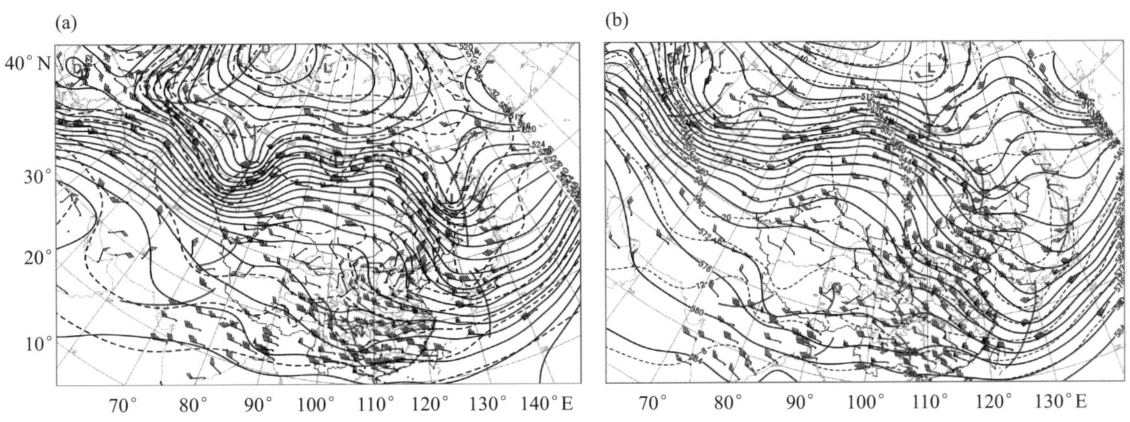

① 蒙新指蒙古国、中国新疆、俄罗斯交界处。

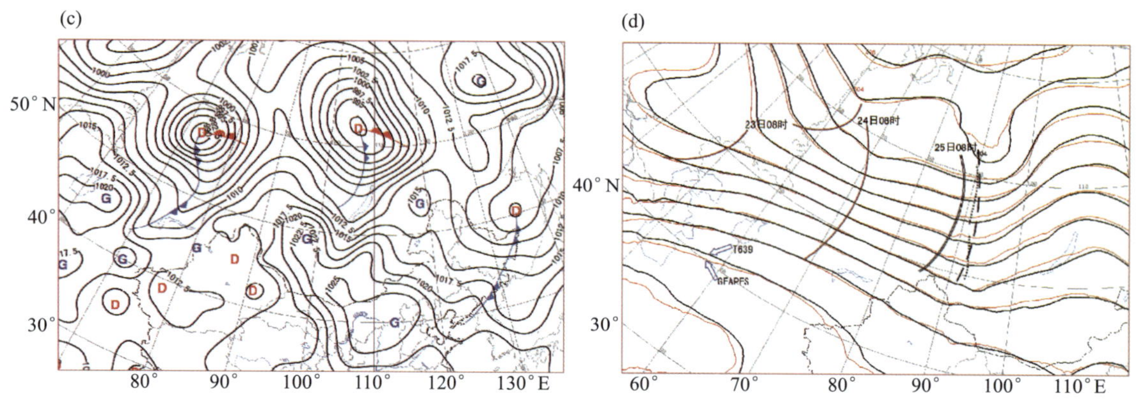

图 4.11　天气形势预报示例

(a)2018 年 3 月 24 日 08 时 500 hPa 天气图；(b)2018 年 3 月 23 日 08 时 500 hPa 天气图；(c)2018 年 3 月 24 日 08 时地面天气图；(d)2018 年 3 月 24 日 20 时 T639/GRAPES 模式预报的 25 日 08 时 500 hPa 高度场(图中粗实线为槽线，双实线为外推槽线，虚线为模式预报槽线，点线为实况槽线)

4.3　实习

实习 1　欧亚上空主要天气系统分析

1. 目的和要求

(1)熟悉欧亚地区主要的地形、地理位置及名称，初步了解特殊地形对天气的影响。

(2)理解不同季节欧亚上空主要环流特征。

(3)能运用天气图分析的各项技术规定在 MICAPS 业务平台通过人机交互方式完成天气图分析，掌握表述系统强度和位置的专业术语。

2. 实习内容和资料

(1)利用 MICAPS 平台提供的地图模块调取并查看地形、湖泊河流及行政边界等基础地理信息，选择合适的地图投影。

(2)调取实习当日 08 时(或者指定时刻)500 hPa 天气图，利用 MICAPS 提供的交互工具箱完成天气图分析。

3. 实习报告

以文字形式概述欧亚地区大气环流型及主要特征，正确描述图中的主要天气系统及其强度。

实习 2　天气系统外推预报

1. 目的和要求

理解天气系统外推预报方法，理解形势预报方程的含义，掌握过去天气系统标注方法。

2. 实习内容和资料

利用实习当日 08 时(或者指定时刻)500 hPa 实况天气图及前一日历史天气图，分析主要天气系统的过去 24 h 的移向、移速、强度变化，综合考虑形势预报方程各项影响因子及系统结构、周围系统影响等因素，外推出系统未来 24 h 移动和强度变化。

3. 实习报告

将分析及预报结果制作成系统动态综合分析预报图,并进行文字描述。

实习3 天气形势预报

1. 目的和要求

掌握利用数值预报模式制作欧亚地区500 hPa中高纬度环流形势预报方法。

2. 实习内容和资料

(1)利用实习当日08时(或者指定时刻)500 hPa天气图,判断识别出主导系统。

(2)利用ECMWF、GRAPES或JAPAN等模式预报的不同时效的500 hPa高度场和风场产品,通过形势分析找到所关注的主导系统,并分析未来24 h其位置及强度演变特征等。

(3)综合制作出未来24 h形势预报结论。

3. 实习报告

以文字形式阐述形势预报结论及其预报理由。

思考题:

(1)天气形势预报方法包括哪些?

(2)外推预报方法的优缺点各是什么?

(3)在高空形势预报方程中,哪些因子影响系统的强度?

(4)在地面形势预报方程中,哪些因子影响系统的移向移速?

(5)地形对于天气系统有哪些影响?

(6)如何制作高空形势预报?

第5章　气象要素预报

气象要素预报是指包括天空状况、天气现象、降水量、温度、风等的常规气象要素的预报，是各级气象台站日常业务预报的基本内容。

制作气象要素预报，就是根据所预期的未来天气系统的变化，来确切预测出各要素在某个区域、时段的分布和变化情况(预报用语如表5.1和表5.2)。所以只有正确分析和预报大气运动变化过程，才能保证气象要素预报的质量。本章从影响系统的分析预报入手，着重介绍影响气象要素变化的原因及预报思路，最后以南京地区一次降雪天气为例介绍单站气象要素分析预报步骤。

表5.1　天气预报时间用语

白天	上午	中午前后	下午	傍晚前后	夜间	前半夜	后半夜	半夜前后	早晨
08—20时	08—12时	10—14时	12—16时	16—20时	20时—次日08时	20—24时	00—04时	22时—次日02时	04—08时

表5.2　常用天气预报范围用语

个别地区	局部地区	部分地区	大部分地区	普遍
一般指预报服务范围内小于5%的区域。或指出现同类天气现象的站数仅1～2个	一般指预报服务范围内小于10%的区域。或指出现同类天气现象的站数为1～4个	一般指预报服务范围内有10%～30%的区域。或指出现同类天气现象的站数为3～5个	指预报服务范围内大于50%的区域。或指出现同类天气现象的站数为6～8个	指出现同类天气现象的站数≥8个

5.1　影响系统分析预报

在短期预报时段内预报地区天气系统(也即影响系统)的变化将导致相应气象要素的变化。所以影响系统是短期天气预报中最需要认真分析考虑的内容。如果影响系统找准了，并能正确分析其未来预报时段内的演变趋势，天气预报结果一般都是准确的；反之，影响系统预报失误则天气预报必定失败。

5.1.1　实习目的

本节实习目的是学习并掌握未来24 h各层影响系统的分析预报方法；能利用所给资料较准确地预报出指定预报站点(或区域)的各层影响系统及其部位，初步了解系统的高低空配置。

5.1.2 影响系统分析预报内容

(1)明确预报时间段

制作未来 24 h 的预报,若是凌晨到上午制作预报,预报时间段一般为当日 08 时—次日 08 时;如果是下午制作预报,预报时间段一般为当日 20 时—次日 20 时。

(2)明确分析对象

通常主要分析 500 hPa、700 hPa、850 hPa 和地面四个层次的天气图。在高空图上,关注高压、低压、槽、脊、切变线等天气系统。在地面图上,重点分析高压、低压、低压倒槽及锋面等。这里要特别注意,影响系统不仅仅是指低值系统,也可以是高值系统。

5.1.3 影响系统分析预报步骤

(1)通过 500 hPa 形势分析预报结果,找到影响系统,详细分析预报时间段内影响系统的变化情况。

(2)利用实况资料及数值预报结果,分析找到 700 hPa、850 hPa 及地面的影响系统。

(3)根据系统的演变情况,明确预报地区受什么系统的什么部位影响。

要做好影响系统预报,还需要注意以下问题:首先不同环流背景下,不同尺度的系统移速不同,所以影响系统通常位于预报地区上空或者其上游地区,在预报时间段内,影响系统可能是一个,也可以是两个或以上。为了避免遗漏系统,尽可能地利用数值模式提供的逐 3 h、逐 6 h 或逐 12 h 等高时间分辨率的预报资料来追踪系统的变化。

对于中纬度向东移的天气系统而言,系统的前部指的是系统的东部。由图 5.1a 可知槽前脊后均为西南气流,槽后脊前为西北气流。闭合系统一般分为八个部位(图 5.1b 和图 5.1c),在预报实践中需特别关注预报站点受系统什么部位影响,因为同一系统不同部位影响造成的天气也不一样,例如南京地区今天夜间到明天白天受低压槽影响,由槽前转槽后。当南京处于槽前时,以暖湿西南气流为主,容易出现阴雨天气,当转为槽的后部时,以较干冷的西北气流为主,天空云量将减少。

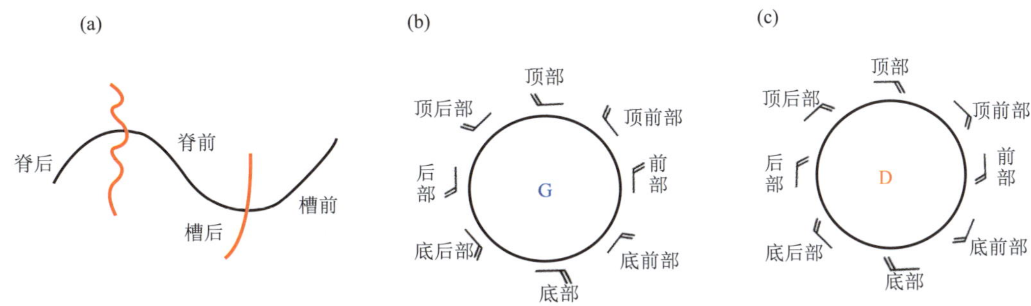

图 5.1 系统部位示意图

(a)槽脊系统;(b)闭合高压;(c)闭合低压

5.1.4 影响系统分析实例

假设在 2018 年 3 月 24 日下午制作 24 日 20 时—25 日 20 时贝加尔湖地区的 24 h 影响系

统预报。首先分析 24 日 08 时 500 hPa 实况天气图(图 4.11a),此时中高纬为两槽一脊型,主要关注正在影响贝加尔湖及其上游的天气系统;图中显示正在影响贝加尔湖地区的影响系统为在西西伯利亚中东部到中西伯利亚的一宽广脊区,在高压脊顶部一弱的短波槽将脊区分为两个高压脊,脊线分别位于蒙新高地及贝加尔湖东部,在宽脊的上游西西伯利亚地区有一低压槽。从 23 日 08 时—24 日 08 时的系统演变分析可得到槽脊系统以东移为主,因此未来需要关注高压脊东移的速度,以及西西伯利亚低压槽在 24 h 内是否会影响到贝加尔湖地区。接下来可以参考数值模式的预报结果来帮助确定预报时间段内的影响系统(由于可参考的模式产品较多,本节仅以 T639 模式预报结果为例进行分析),由 T639 预报的 500 hPa 位势高度场(图 5.2a—c)可以看到,到 24 日 20 时贝加尔湖依然受高压脊影响,位于脊前,25 日 08 时转脊后;随着系统的东移,到 25 日 20 时转为西西伯利亚东移的低压槽的槽前。因此,贝加尔湖地区在 24 日 20 时—25 日 20 时的影响系统有两个,分别是 24 日 08 时位于蒙新高地的高压脊和西西伯利亚西部的低压槽,所处影响系统的部位是从高压脊前转脊后,再转为低压槽前。同样分析图 4.11c 和图 5.2d—f,可得到贝加尔湖地区地面影响系统是 24 日 08 时位于蒙新高地的高压和西西伯利亚的锋面气旋,从高压前部,转为锋面气旋冷锋锋前再转冷锋锋后;其他等压面层影响系统分析方法类似。从 500 hPa 及地面系统的分析结果可以判断出在 24 日夜间,贝加尔湖地区主要受高压系统影响,而到了 25 日白天,随着低压槽移近,地面配合有冷锋过境,此时需要关注天气的变化。

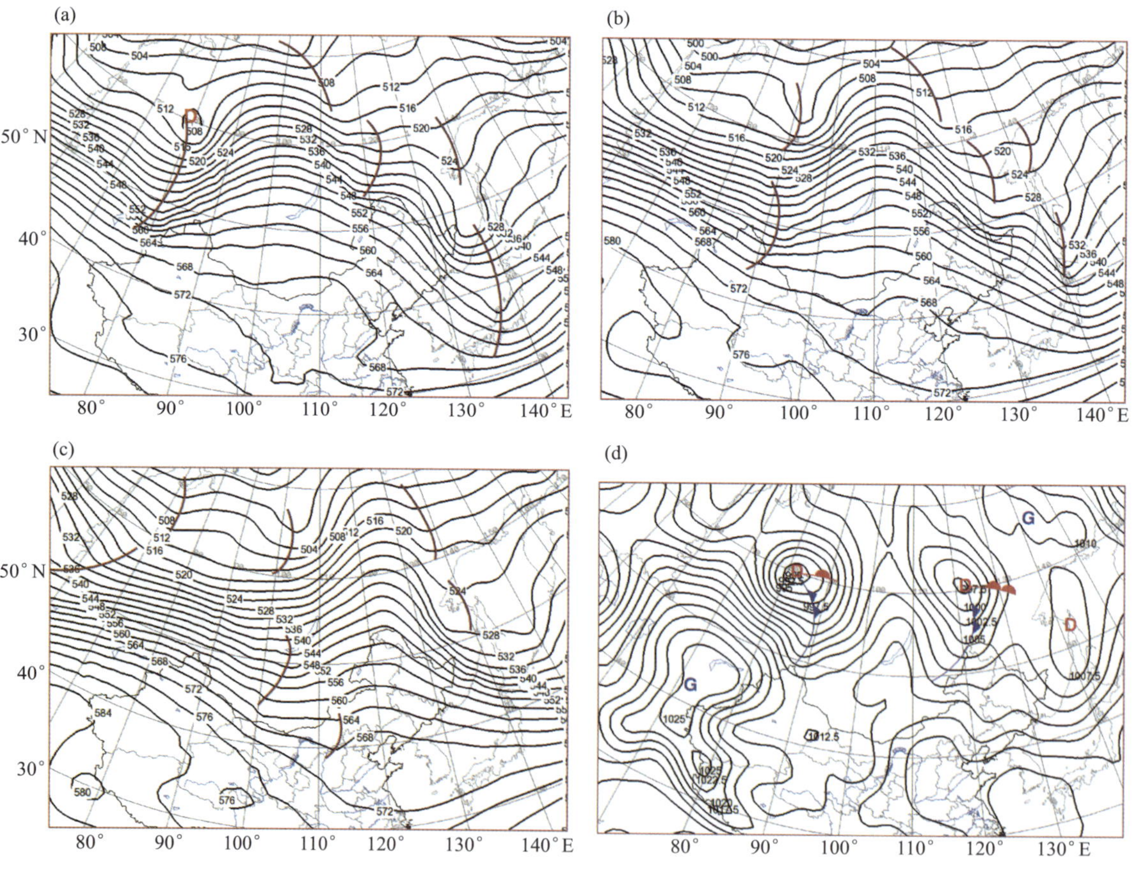

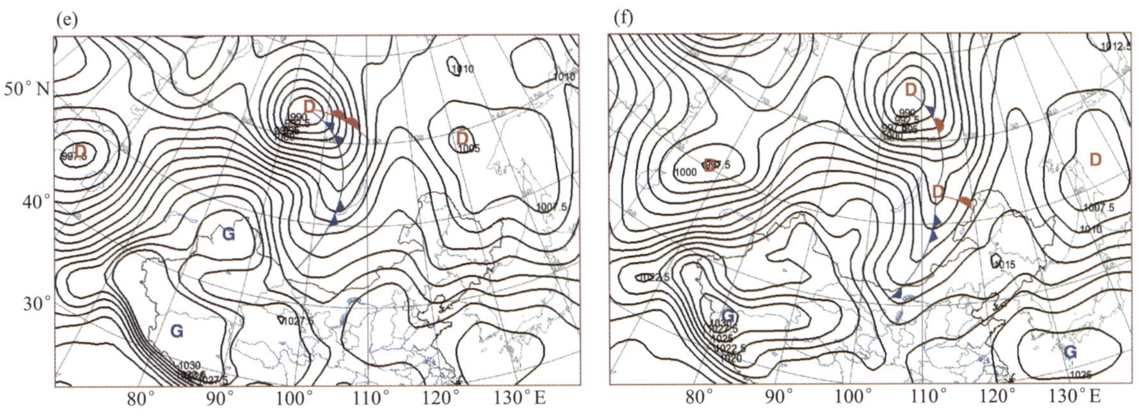

图5.2 T639模式2018年3月24日08时预报的高度场(a)—(c)
(图中粗实线为槽线)及海平面气压场(d)—(f)
(a)24日20时;(b) 25日08时;(c)25日20时;(d) 24日20时;(e) 25日08时;(f) 25日20时

5.2 天空状况的分析预报

天空状况是以实际云量、云属和云高等大气状况和阳光投射程度来决定的,分晴天、少云、多云、阴天四种情况。当出现浓雾、沙尘暴等天气现象时,天空状况为不可辨。

天空状况的预报主要是对云的监测与预报。云的生成演变与降水有密切关系,同时也直接影响其他气象要素的变化,例如影响温度和湿度的变化等。因此云的预报是气象要素预报中的重点内容之一,也是天气预报当中首先要制作的内容。

5.2.1 实习目的

通过本节实习,理解云的形成过程及形成条件,掌握云的预报思路和方法,并能够利用所给资料较准确制作出指定预报站点(或区域)天空状况的预报。

5.2.2 云的预报

云是悬浮在空中由大量水滴、冰晶或二者的混合体组成的可见聚合体,有时也包含一些较大的雨滴和冰雪粒子,底部不接触地面。

根据云底距地面垂直高度不同,分为高云、中云、低云三个云族。高云一般云底高度在5000 m以上,完全由冰晶组成;中云在2500～3500 m,属于冰水混合云;低云在2000 m以下,基本由水滴组成(熊秋芬 等,2013a)。

云量是指云遮蔽天空视野的成数。将天空分为10等份,被云遮蔽的份数叫“云量”。如:全天无云,云量为0;云蔽天空7成,云量记为7。总云量是指观测时天空被所有的云遮蔽的总成数,低云量是指天空被低云族的云所遮蔽的成数,均记整数。地球表面云量分布很不均匀,赤道附近全年云量最多,南北纬20°—30°的沙漠地区的云量最少。

目前云的预报方法有天气学方法、数值预报方法和统计学方法。天气学方法是云的定性预报,在前期定时观测、探测资料的基础上,分析大气低层的水汽和冷却过程,结合地方性特点，依据预报员的经验预报未来 12 h 或 24 h 云的变化。数值预报方法和统计方法是云的定量预报方法。

5.2.2.1 天空状况预报

天空状况预报用语中的晴天指天空无云，或中、低云量不到 1 成，高云量在 4 成以下，而天空总云量为 0～1 成；少云指天空中有 1～3 成的中、低云，或有 4～5 成的高云，总云量为 2～4 成；而多云时天空有 4～7 成的中、低云，或有 6～10 成的高云，天空总云量为 5～8 成；阴天时天空总云量为 9～10 成，天空阴暗，云层密布，或稍有云隙，而仍感到阴暗。各预报用语可以跨幅度使用，如“晴转多云”，表示预报时段内天空状况发生了变化，由晴天转为多云天气；而“晴到多云”则表示处于两种天气状况之间，但更倾向于前者。

天空状况预报思路如下(熊秋芬 等，2013a)。

(1)了解天气背景

利用当前天气实况和近期变化情况，结合上级指导预报意见，确定关注的重点或者灾害性天气。

(2)主观外推预报

利用探空资料、地面观测资料和卫星资料等，找到主要影响系统，从云形成、发展和消散的影响因素出发，利用主观外推制作出云的预报。

形成云的基本条件包括：空气中有凝结核；空气中有足够的水汽；有使空气中水汽发生凝结的冷却过程。在云的形成过程中凝结核起着重要作用，但因为凝结核在大气中总是很多，因而一般天气预报中不做具体研究。

云是由大气中水汽凝结或凝华而形成的。而空气中的水汽主要分布在大气低层，通常 500 hPa 高度层以上水汽含量较少，只占总含量的 10%～15%。因此需重点分析低层(一般以 925、850 和 700 hPa 为代表)的水汽含量及其饱和程度，空气越接近饱和，越有利于云的形成和发展。

能使空气达到饱和的原因有两种：一种是空气中水汽不断增加，可通过水汽平流及比湿、相对湿度等物理量随时间的变化判断水汽含量增加情况；另一种也是最主要的原因就是空气的冷却作用。大气中常见的冷却过程有辐射冷却和绝热冷却两种：辐射冷却发生在近地层，对低云有影响；绝热冷却是由上升运动引起的发生在自由大气中的主要冷却过程，与上升速度的大小和持续时间有关。对云的形成有重要作用的抬升运动包括：天气系统(锋面、气旋、高空槽、低涡、切变线等)产生的系统性上升运动，热力抬升，小尺度强迫及地形抬升等。

云的消散则一般是由于云区中温度的升高和湿度的剧烈降低，使水滴蒸发和冰晶升华而发生的。当有下沉运动发生时，由于下沉增温作用，云或者消散，或者变成其他的云状。

① 低云预报

低云是由大气低层的水汽凝结或凝华而形成的。预报低云时，应着重分析大气低层(地面—850 hPa)的水汽条件和冷却过程。

低云包括锋面低云、平(回)流低云、扰动低云和对流低云。它们之间不是完全孤立的，而是互相联系的，在一定条件下可以互相转化。锋面低云的出现时间与锋面过境时间紧密联系。锋面过境一般为低云出现的时间，而 850 hPa 低槽过境，低云消失。而平(回)流低云出现时一般海上有高压脊，低层为 4～10 $m \cdot s^{-1}$ 的向岸风，存在逆温层，海上空气湿度达 90%以上，当暖湿的空气平(回)流到冷的大陆下垫面时出现。扰动低云多出现在冬春季冷气团内，关注冷平流随高度的变化，地面风风速一般为 6～10 $m \cdot s^{-1}$，风垂直切变大，白天增温，大气层结不稳定，有扰动逆温存在。对流低云关注对流形成的大气层结不稳定、足够的水汽及抬升条件。

② 中、高云预报

当中、高空有足够的水汽（水平输送）和使水汽凝结或凝华的冷却过程（系统性上升运动和波动），就会产生中高云。实践表明，我国北方（35°N 以北）空中低压槽几乎 90%都有中高云，主要出现在脊后槽前；南方（35°N 以南）空中低压槽几乎 100%有中高云。所以中、高云的演变与中、高空天气形势关系最为密切。一般 700 hPa 槽线过境，中云消失；500 hPa 槽线过境，高云消失。此外空中平直锋区以及变形带通常也有中高云相对应。因此只有正确判断中、高空温压场形势的变化，把中、高云实况和形势结合起来分析，才能做好中、高云的预报。例如，可在高空天气图中分析温度露点差小于 3 ℃区域作为高云区，根据中高云演变结合系统强度变化预报出中、高云出现的时间。

当利用卫星云图做预报时，首先确定云的种类，其次将卫星云图上的云与天气图上的系统进行相互联系，再根据连续几个时次卫星云图上云的强弱变化和移动情况进行外推。

（3）数值预报产品应用

① 直接分析模式输出的天空状况预报产品，如中国 GRAPES 区域模式的云图预报产品，ECMWF 细网格及日本模式的总云量、低云量预报等。

② 利用模式预报的天气形势、要素、物理量等预报场，分析主要影响系统、温度条件、水汽条件、上升运动、能量变化、大气层结等，结合本地地形地貌特征及预报员经验，制作天空状况预报。如：GRAPES-GFS 预报的 700 hPa 温度露点差（$T\text{-}T_d$）≤5 ℃的区域可作为中云的区域，另外上升运动也容易形成云，利用模式预报的湿度场，结合垂直速度、500 hPa 高度场或风场，可做出中高云的预报。

③ 运用统计方法、动力相似过程建立模型，制作云的定量预报（韩成鸣 等，2015；张长卫，2009；胡邦辉 等，2009）。例如熊秋芬等（2007）在考虑了天空云量与单站气象要素之间的相关关系基础上，选取了武汉市日平均总云量实况、地面 20 时气温、相对湿度、气压、风、总云量及低云量的观测值和高空 20 时 925、850、700、500、400 hPa 的位势高度、温度、露点、风的观测值及 20 时 ECMWF 500 hPa 高度、850 hPa 温度、地面气压 24 h 预报场等资料及 ECMWF 的预报场等共 81 个预报因子，应用支持向量机（SVM）的两分类方法，选用最常用的径向基核函数，分别建立了“晴到多云”和“多云到阴天”两种预报模型。利用该模型对 2005 年 1 月 1 日—5 月 31 日有资料的 141 d 进行实际预报，结果检验表明，该方法对天空云量都有较好的预报能力，日平均总云量≥8 成的预报准确率达 79%，而日平均总云量＜4 成的预报准确率达到 89%。而马玉坤等（2011）选取环渤海 35 个台站，利用地面历史观测资料、NCEP 再分析资料计算出与云量相关的要素平均场，依据动力过程相似原理，利用 T213 预报资料建立了云量预报模型，也取得了较好的预报效果。

5.2.2.2 云底高度和云厚的预报

一般气象台站只需要预报天空状况而不做云底高度和云厚的预报，因此本节仅简要介绍几点判断云底高度和云厚的定性经验。

① 地面温度露点差不超过 1 ℃，云高常低于 200 m；当地面温度露点差大于 2 ℃时，云高不低于 300 m。云量与湿度关系如表 5.3。

表 5.3　云量与湿度关系

低层温度露点差(℃)	天气状况	相对湿度(%)	云量
＜0～2	阴天	＞90	10 成
2～3	阴到多云	85	8～9 成
3～4	多云	80	5～7 成
4～5	少云	75	4～5 成
＞5	晴天	70	1～3 成
		＜65	0

② 降水加大时，云底高度会降低。我国东部沿海地区低层吹偏东风时，云底高度会降低。

③ 上升空气湿度较大，则云底高度较低。

④ 根据影响系统的高度，大致判断中、高云的高度。若系统只在 700 hPa 以上，则云底高度在 3000 m 左右，若系统在 500 hPa 以上，则云底高度在 5500 m 左右。

⑤ 一般天气系统越强云越厚，系统越弱云越薄。长波槽系统深厚，槽前自低层到高层均为西南暖湿上升气流时，云较厚。而短波浅槽系统对应的云的厚度较薄。

⑥ 利用探空资料判断云层厚度。云底和云顶都是有云和无云的分界处，因此当探空仪通过云底或云顶时，温度或湿度往往都有明显变化，从而可以找到云底和云顶，判断出云层厚度。一般情况下，云层位于温压线与露压曲线重合或接近的气层中，两条曲线突然分开或接近的地方就是云的上限或下限。例如，呼和浩特地区探空图(图 5.3)显示，在 2.5 km 左右高度处温度线和露点线靠得很近，湿度大，地面观测的云状为淡积云，在中高层 300—200 hPa 之间温度

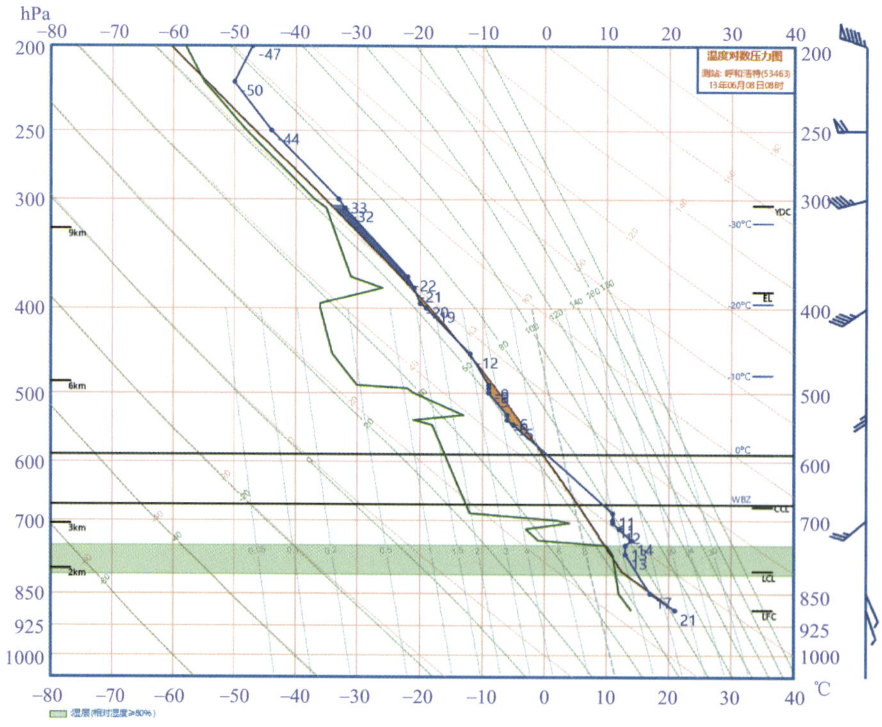

图 5.3　2013 年 6 月 8 日 08 时呼和浩特探空图

露点差约为2～3 ℃，地面观测到的相应云状为密卷云。图5.4是武汉地区某气象台总结的不同类型云的云顶、云底反映在探空曲线上的几种型式。图5.4a为暖平流形成的云，云底在露点向上剧增至最大处，云顶露点下降。图5.4b为湿平流形成的云，云底温度、露点温度逐渐接近，云顶逐渐疏开。图5.4c为冷锋云，云底多在已饱和的逆温层底，云顶常在下沉逆温层顶。图5.4d为静止锋云，云底多在饱和的逆温层上，云顶在稳定层露点温度开始下降的高度上。图5.4e为降水性碎云，云底接近地面，云顶在稳定层下。以上五种温压曲线和露压曲线基本上包括了各地常见的云底、云顶层结的特点，可作为分析云层的参考。

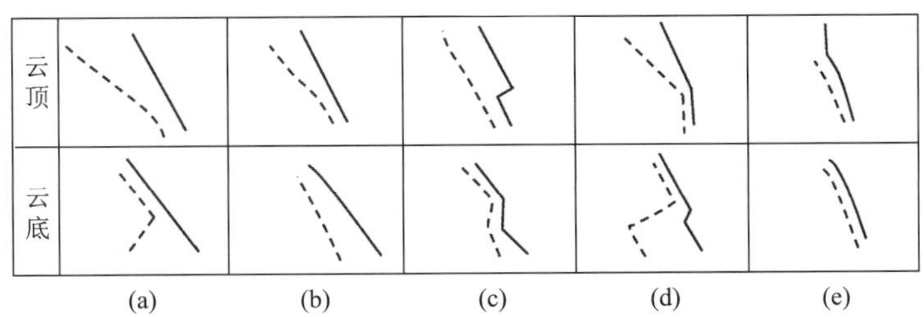

图5.4　各类云的云顶、云底在探空曲线上表现的特点

（实线表示温压线，虚线表示露压线）

5.2.3　天空状况预报实例

本节将以2018年3月24日下午制作当日20时—次日20时贝加尔湖西侧站点（站号：30521）的天空状况预报为例进行分析说明。模式预报资料仅选用T639部分预报产品进行分析。

首先了解当前天气背景，24日14时实况天气图（图5.5）显示，该站为多云天气，在其上游有小片晴空区，在晴空区西部与地面气旋配合有大片云系存在，而且在气旋附近有降雪出现，因此未来需要关注锋面气旋东移带来的天气。

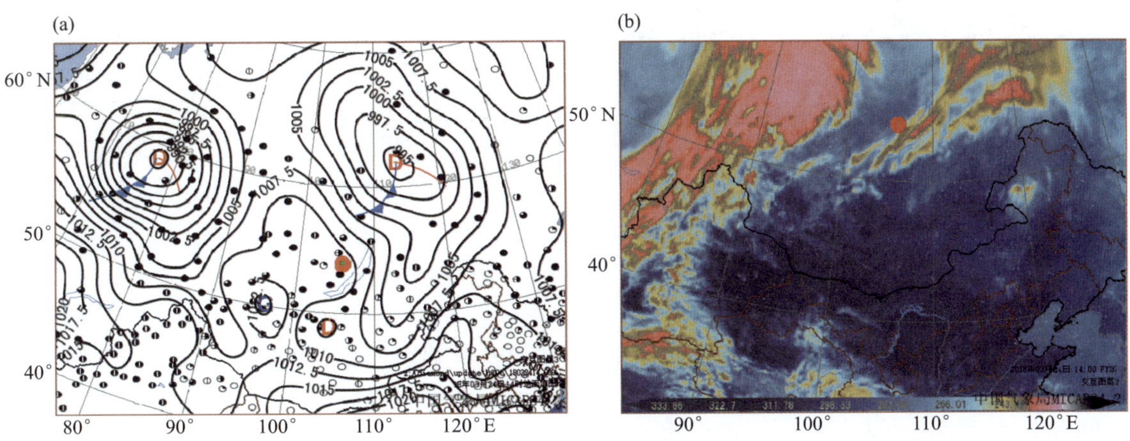

图5.5　2018年3月24日14时实况天气图（图中圆点标注的是30521站所在位置）

(a)地面图；(b)FY2G红外云图

接下来，通过天气形势分析和预测找到影响系统。由图5.5和图5.6及图5.2的分析可以得到，贝加尔湖西侧预报站点，24日20时—25日20时，500 hPa等压面图上主要影响系统

为脊前转为脊后槽前;700 hPa 及 850 hPa 等压面图上影响系统为夜间由脊线附近转为脊后槽前,白天有低压槽过境(图 5.7);地面图中 24 日夜间由弱高压影响转为冷锋前部,到 25 日白天冷锋过境。根据所分析的影响系统的高低空配置,结合系统动态变化及实况云图可大致判断天空状况:24 日夜间,当高压系统逐渐移出,低压系统移近时,天空云量将逐渐增多;白天随着低压槽及冷锋过境,预报站点附近云量将由多逐渐转少。

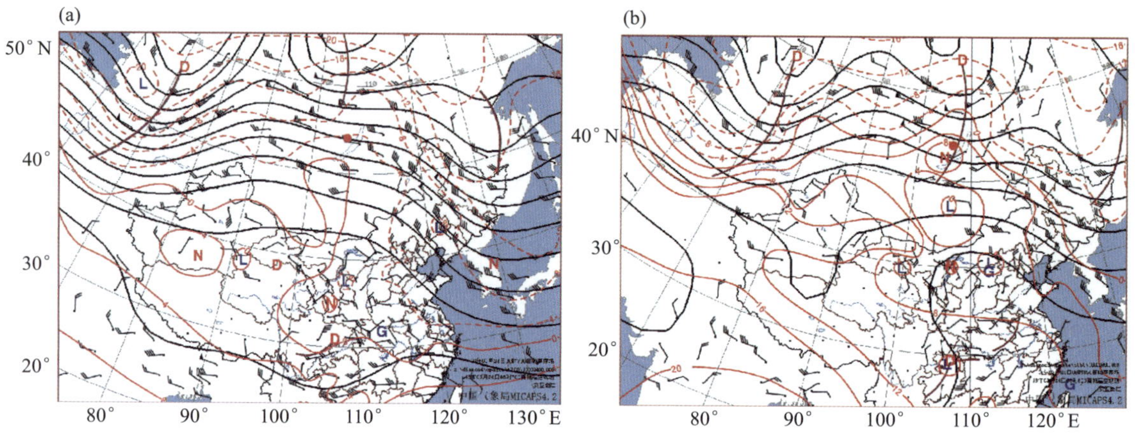

图 5.6 2018 年 3 月 24 日 08 时实况天气图(图中圆点标注的是 30521 站所在位置)

(a)700 hPa;(b)850 hPa

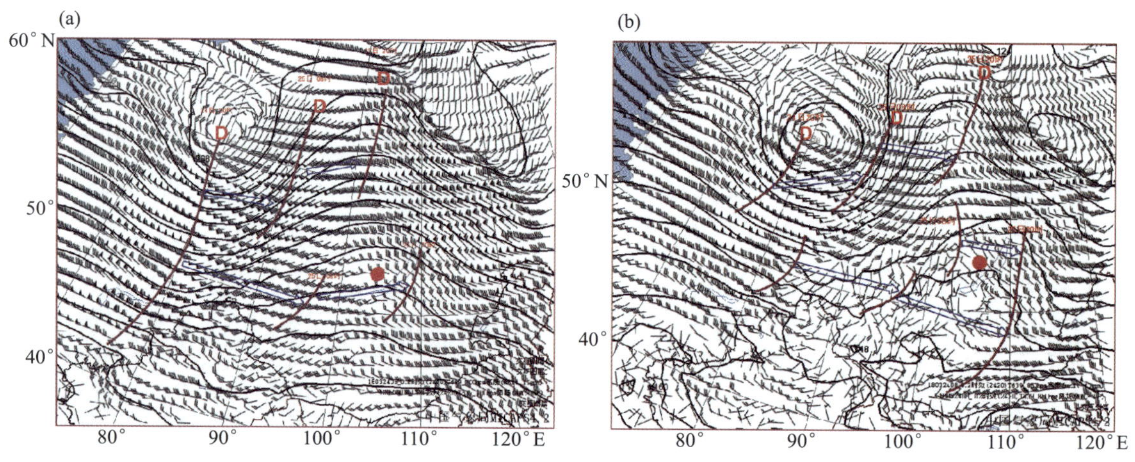

图 5.7 2018 年 3 月 24 日 08 时 T639 模式预报的 24 日 20 时高度场、风场及系统动态(图中圆点标注的是 30521 站所在位置)

(a)700 hPa;(b)850 hPa

根据影响系统得到初步的预报结果后,下一步就需要综合考虑模式预报的各层物理量,如对流层水汽状况(低层相对湿度、温度露点差、水汽通量散度等)、动力条件(垂直速度、散度等)辅助判断形成云的基本条件。选取锋面系统过境前后时间段,过预报站点做近似东西向剖面(图 5.8),发现 25 日 08 时站点附近(东经 105°)850 hPa 以下相对湿度大于 70%,而 700—400 hPa 之间相对湿度在 50%以下,为一干层,其上游 101°E 附近有高湿区存在,未来将东移。而到 14 时,在 300 hPa 以下相对湿度都在 70%以上,尤其是在 600—500 hPa 达到 90%以上,说明随着低压槽移近,槽前西南气流水汽输送作用使得大气中水汽逐渐累积。垂直速度场显示，站点上空以上升运动为主，所以在该区域有利于云的形成。此外，由 14 时湿度分布特征及垂直上升运动分布特征来看，高湿区与上升区均自下而上向西倾斜，是与锋面系统结构相配合的，因此随着锋面系统东移，站点上空的云量将逐渐减少。T639 模式预报的温湿廓线（图 5.9）显示，在 24 日 20 时，500 hPa 到 850 hPa 温度露点差很大，空气湿度小，所以该测站此时应以低云和高云为主，夜间可预报多云转阴。到 25 日 14 时冷锋刚刚过境，且测站位于中高层槽前，动力抬升条件较好，而模式探空图也显示此时整层温度露点差都比较小，有利于中低云形成。所以此时云量将进一步增多，可以考虑阴天，有可能有降水产生。到 25 日 20 时，700—400 hPa 之间湿度减小，由此判断出中高云将减少（图略）。

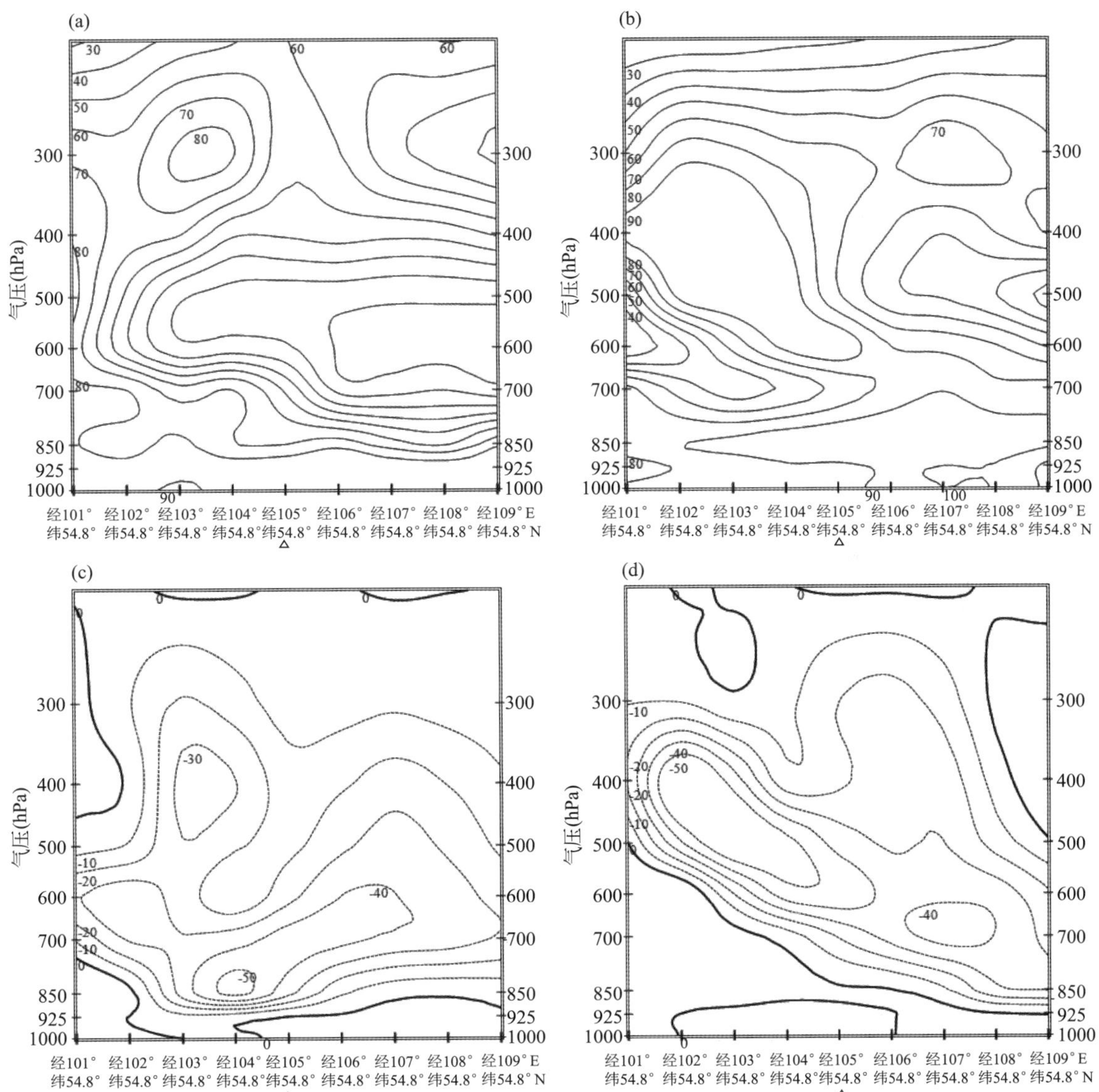

图 5.8　2018 年 3 月 24 日 08 时 T639 模式预报物理量。相对湿度(%)：(a)、(b)；

垂直速度(单位：10^{-2} Pa・s^{-1})：(c)、(d)

(a)25 日 08 时；(b)25 日 14 时；(c)25 日 08 时；(d)25 日 14 时

(图中△为 30521 站所在位置)

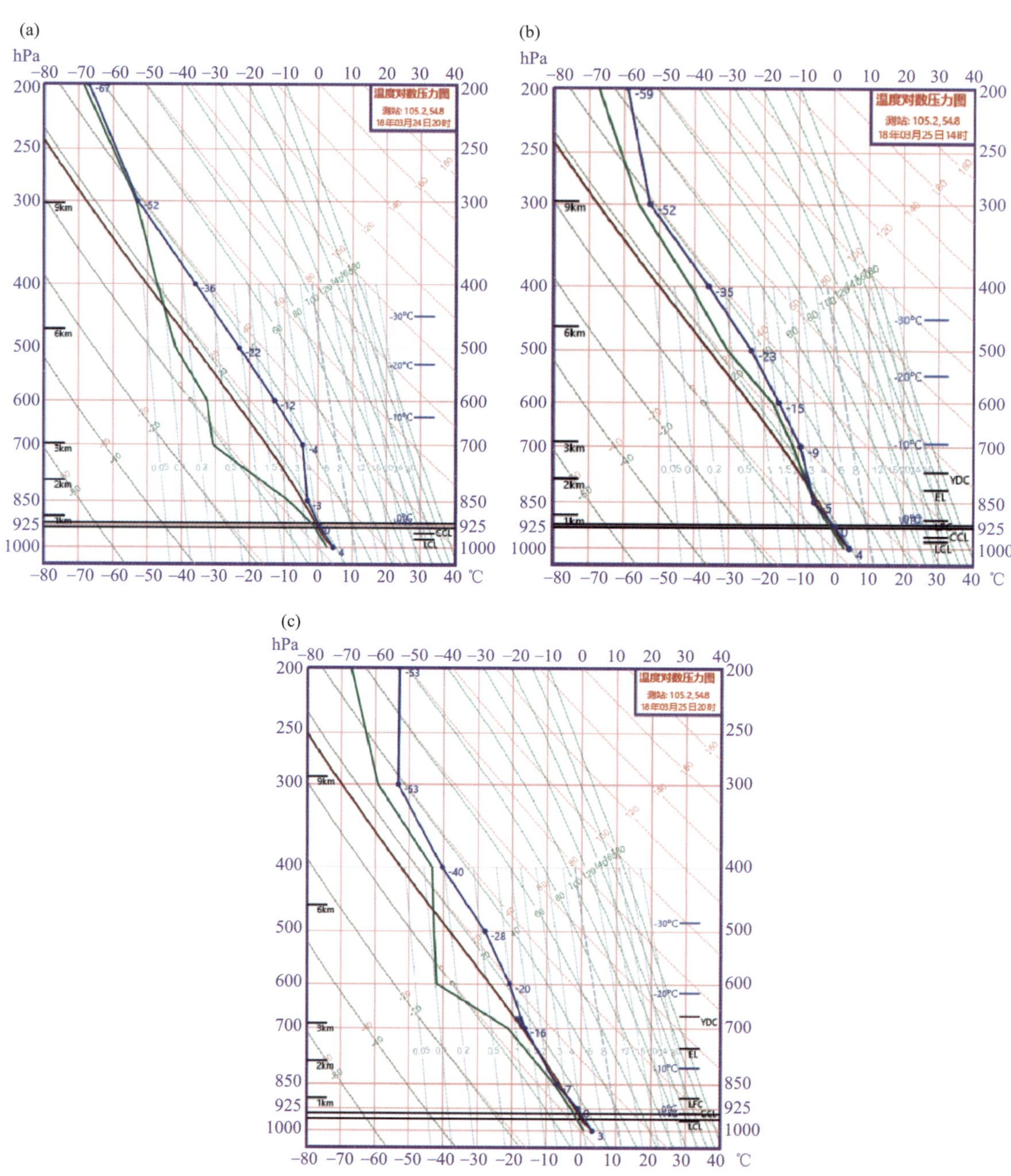

图 5.9　2018 年 3 月 24 日 08 时 T639 模式预报 30521 站温湿廓线

(a)24 日 20 时;(b)25 日 14 时;(c)25 日 20 时

最后制作出天空状况预报结论,并根据气象预报用语或者国家公共气象服务天气图形符号(GB/T 22164—2017)规定(表 5.4)给出文字或图形的预报产品。如果预报有降水,还需要考虑降水性质及降水量的大小(5.3 节详细讨论)。预报结论需包含预报区域或范围、预报时间段及可能出现的天气,例如贝加尔湖西部 30521 测站附近天空状况预报结论为:今天夜间,多云转阴,明天白天,阴转多云,中午前后有小雨或者雨夹雪。

表 5.4　公共气象服务天气图形符号

符号	天气现象名称	符号	天气现象名称	符号	天气现象名称
	晴(白天)		特大暴雨		大雪
	晴(夜晚)		雷阵雨		暴雪
	多云(白天)		雷电		大暴雪
	多云(夜晚)		冰雹		特大暴雪
	阴天		轻雾		冻雨
	小雨		雾		浮尘
	中雨		霾		扬沙
	大雨		雨夹雪		沙尘暴
	暴雨		小雪		强沙尘暴
	大暴雨		中雪		

5.3　降水的分析预报

地球表面和地球大气中含有水，自然界中水包含气态、液态和固态三种相态。大气中水汽含量少(占空气的 0.1%～2.5%)，其相态始终是在变化的(称为相变)。与相变过程伴随的吸热、放热现象对大气的热平衡非常重要。不同相态的降水及降水量的大小对工农业生产及人们日常生活也都有重大影响。

5.3.1　实习目的

本节重点介绍各类降水的形成条件、原因及预报方法。通过实习，理解垂直运动、水汽与降水之间的关系，进一步理解天气系统空间配置与天空状况及降水的关系，掌握表征水汽及垂直运动的各种物理量的含义及使用方法。熟悉并掌握不同类型降水的预报思路，能够利用所给资料较准确地制作指定预报站点（或区域）降水预报。

5.3.2 降水的形成过程

降水是指从天空降落到地面上的液态或固态（经融化后）的水。由于云内及云层到地面间气层的温度、气流分布等状况的差异，降水具有不同的形态，包括如雨、雪、米雪、霰、冰粒、冰雹等（崔讲学，2011）。中国气象局地面观测规范降水量（GB/T 35228—2017）规定，降水量指某一时段内的未经蒸发、渗透、流失的降水，在水平面上积累的深度。

在实际业务预报中，按照国家降水量等级（GB/T 28592—2012）标准规定，在我国不论降雨还是降雪，划分降水等级有 2 种方式，即 12 h 降水量和 24 h 降水量，如表 5.5 所示。

表 5.5　降水等级划分表（单位：mm）

等级	12 h 降雨量	24 h 降雨量	等级	12 h 降雪量	24 h 降雪量
微量降雨（零星小雨）	<0.1	<0.1	微量降雪（零星小雪）	<0.1	<0.1
小雨	0.1～4.9	0.1～9.9	小雪	0.1～0.9	0.1～2.4
中雨	5.0～14.9	10.0～24.9	中雪	1.0～2.9	2.5～4.9
大雨	15.0～29.9	25.0～49.9	大雪	3.0～5.9	5.0～9.9
暴雨	30.0～69.9	50.0～99.9	暴雪	6.0～9.9	10.0～19.9
大暴雨	70.0～139.9	100.0～249.9	大暴雪	10.0～14.9	20.0～29.9
特大暴雨	≥140.0	≥250.0	特大暴雪	≥15.0	≥30.0

注：雨夹雪为半融化的雪（湿雪）或雨和雪同时下降。各级别的降雪量指纯雪化为水的量值，不包括湿雪在内，如湿雪量值≥10.0 mm 时，不作为暴雪处理；若雨和雪同时下降，24 h 的总量值≥10.0 mm 且雪深中国南方≥5 cm，北方≥10 cm 才算暴雪。

降水是大气中的水的相变（即水汽凝结成雨雪等）过程。从其形成机制来分析，某一地区降水的形成，大致有三个过程（图 5.10）：首先是水汽由源地水平输送到降水地区，这就是水汽条件；其次是水汽在降水地区辐合上升，在上升过程中冷却凝结成云，这就是垂直运动的条件；最后是云滴增长变为雨滴而下降，这就是云滴增长的条件。

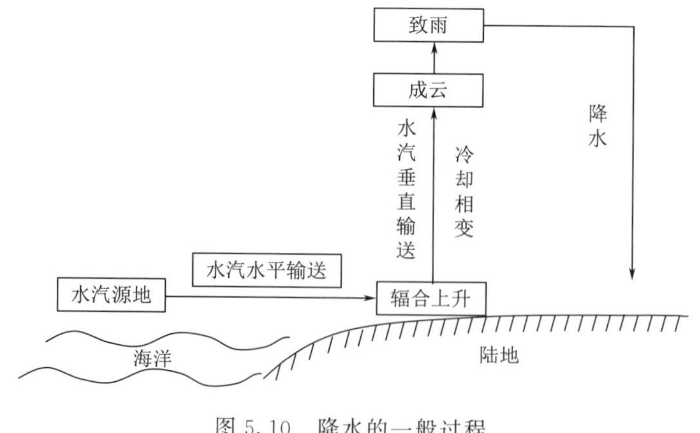

图 5.10　降水的一般过程

这三个降水条件中，前两个是属于降水的宏观过程，主要决定于天气学条件，第三个条件是属于降水的微观过程，主要决定于云物理条件。一般认为云滴增长的过程有两种：即"冰晶效应"和云滴的碰撞合并作用。降水是云的产物，但有云不一定有降水，只有当云滴增长到一定程度时，才能产生降水。云滴增长的条件，主要决定于云层厚度，而云层的厚度，又决定于水汽和垂直运动的条件。水汽供应愈充分，则云底高度愈低，上升运动愈强，则云顶高度愈高，因而云层愈厚，云滴增长愈快，降水量愈大。所以在降水预报中，通常只要分析水汽条件和垂直运动就够了。

5.3.3　降水预报

(1)水汽条件分析

① 水汽分布及饱和程度

空气湿度，简称湿度，是用来表示空气中水汽含量多少或空气潮湿程度的物理量。表示空气湿度的常用物理量有相对湿度、温度露点差、比湿、露点、混合比、绝对湿度、水汽压等。一般600 hPa 高度层以下的湿度情况对降水有重要意义。

在一定温度下，一定体积的空气里含有水汽越多，则空气越潮湿，若空气中的水汽含量达到了该温度下空气所能容纳水汽的最大量时，则称水汽已达到饱和，该空气为饱和湿空气，否则为未饱和湿空气。通常将 $T-T_d \leqslant 2\sim3$ ℃(或相对湿度≥90%)的区域作为饱和区；$T-T_d \leqslant 4\sim5$ ℃(或相对湿度≥70%)的区域作为湿区；$T-T_d \geqslant 10\sim12$ ℃(或相对湿度≤40%)的区域作为干区(熊秋芬 等，2013b)。因此等压面上的温度露点差或相对湿度只是表示空气的饱和程度，饱和区域及接近饱和区域通常与云和降水区相联系(图 5.11a—c)，相对湿度大的区域表示降水的可能落区(假定存在上升运动)，而不代表绝对湿度的大小，也不能说明可降水量的强度。

水汽压、露点或比湿可表征大气中绝对含水量(湿度)的大小，这些量的值越大(假定存在上升运动)，可降水量的强度就越大。水汽压(e)、露点(T_d)和比湿(q)的关系如下：

$$q = 0.622\frac{e}{p-0.378e},\ e = 6.11\times\exp\left[\frac{a(T_d-273.16)}{T_d-b}\right] \tag{5.1}$$

式中，p 为气压值，T_d 为 K 氏温标下的露点温度，a 为常数(水面为 17.2693882，冰面为 21.8745584)，b 为常数(水面为 35.86，冰面为 7.66)。

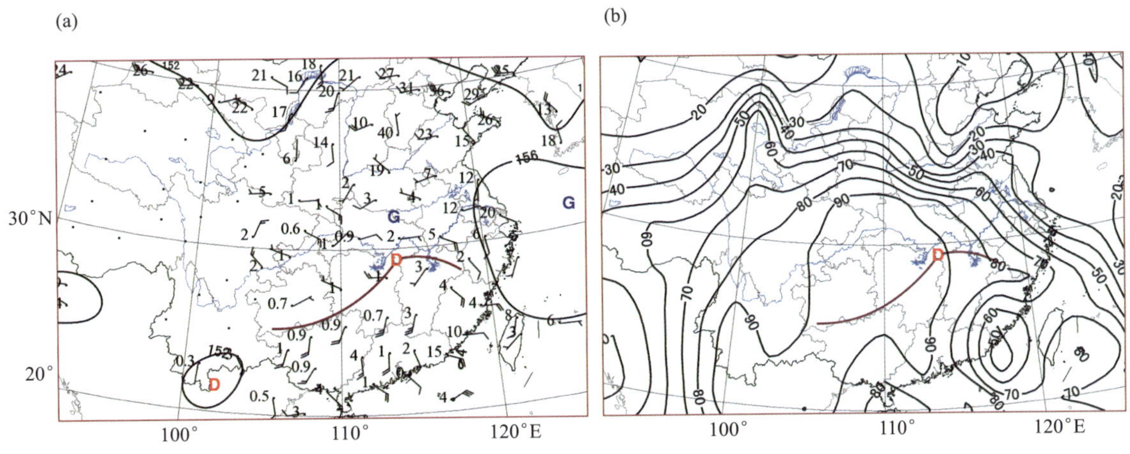

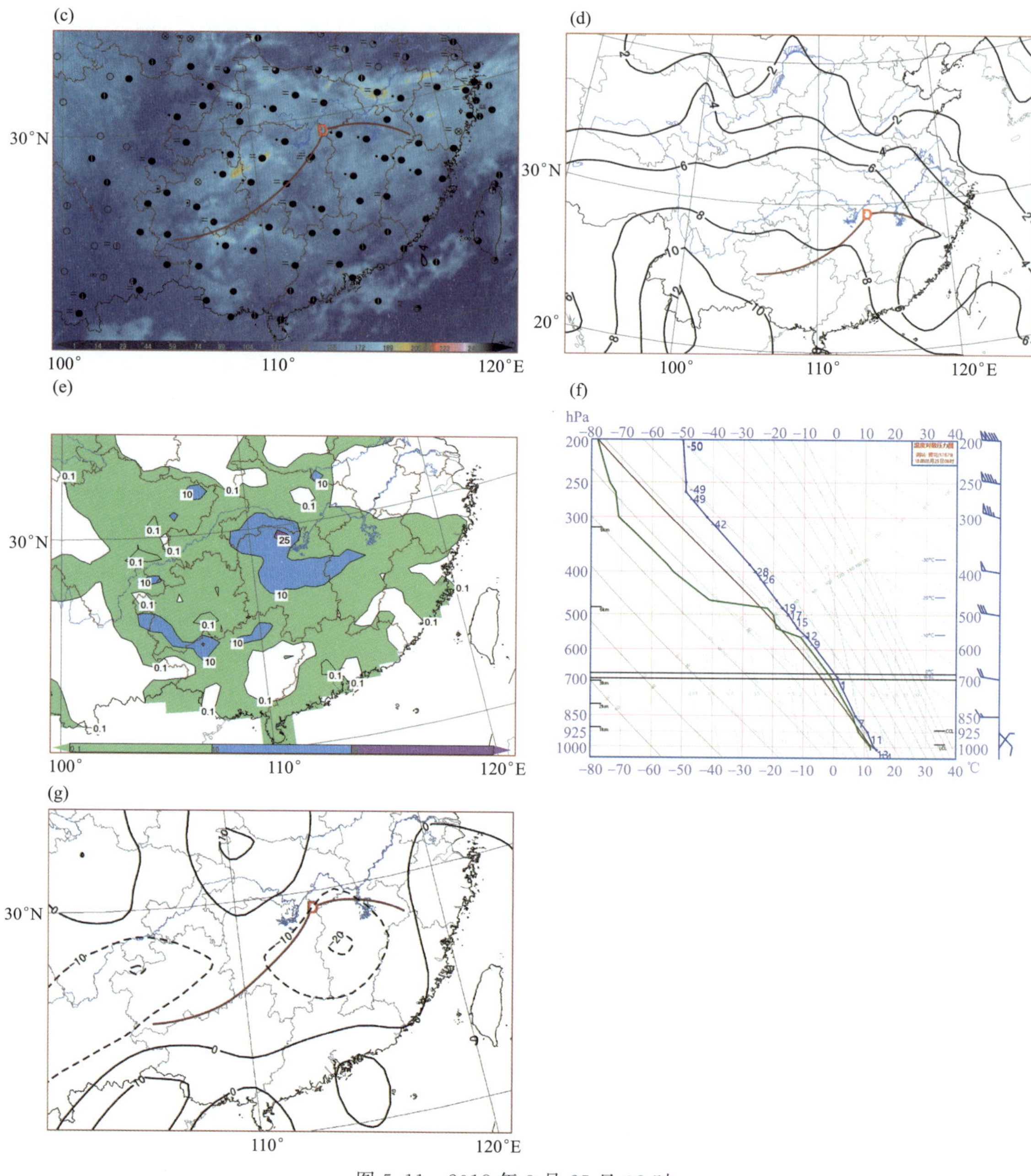

图 5.11　2018 年 3 月 25 日 08 时

(a)850 hPa 天气图,填图数字为温度露点差(单位:℃);(b)850 hPa 相对湿度(%);

(c)红外云图及地面填图;(d)850 hPa 比湿(单位:g·kg^{-1});

(e)24—25 日 24 h 累积降水量(单位:mm);(f) 湖南黄花探空图;

(g) 850 hPa 水汽通量散度(单位:10^6g·s^{-1}·cm^{-2}· hPa^{-1})

由式(5.1)可看出,大气中绝对含水量的大小仅仅是露点(或水汽压)的函数,与温度无关。即气温高并不意味着空气的湿度大,如大气中常常存在干而暖的气团。通常低层等压面上的等露点线或等比湿线,可以表示低层的水汽分布。比湿或者露点高值区为湿中心或湿舌所在,湿舌的形成与低层流场密切相关,多位于槽前或者低层低涡附近,湿舌处水汽含量大,容易产生降水，图5.11d和图5.11e显示3月24—25日降水主要分布在低槽前，基本与湿舌相对应。

除分析各等压面湿度外，还需关注整层大气的水汽，可由探空曲线或剖面图分析湿层厚度，湿层越厚越有利于产生降水，如图5.11f所示降水区的湿层可达500 hPa高度，也可以通过计算整层大气可降水量(PWV)判断大气整层湿度情况。

② 水汽来源

我国降水的水汽来源，主要有印度洋上的赤道气团和西太平洋上的热带海洋气团。不同来源的水汽对于降水的形成和降水的强度有直接影响。

我国中部和沿海广大地区的强烈降水常常和赤道气团的活动有关。当我国西南地区出现较强的西南风时，高温高湿的赤道海洋气团从孟加拉湾进入我国西南地区，这时四川和云南西部上空一般有湿舌出现，在850 hPa或700 hPa图上的比湿分布看得很清楚，并且水汽可继续向西南气流的前方输送。

太平洋高压系统的位置和强度对我国水汽输送有很大影响。夏季，当太平洋高压位置偏北、偏西时，水汽可从黄海、东海随着东南气流输送到内陆；冬季太平洋高压位置偏南，水汽只能从南海随着东南气流进入华南、西南等地。

③ 水汽输送

适当的流场可以将水汽从源地有效地输送到预报地区，一方面使空气中的水汽累积，容易达到饱和，另一方面源源不断的水汽输送能够使降水维持或加强。

水汽输送包括水平输送和垂直输送，一般情况下，水平输送起主导作用。但在湖海沼泽和潮湿地表，低空水汽充沛，上升气流较强时，垂直输送可达到水平输送的量级。

预报时可利用水汽通量、等压面上的等露点线与等高线的分布判断湿度平流或者低空急流判断水汽输送情况。通常，较强烈的降水多发生在数值较高的湿中心和急流相结合的地区。当水汽被输送到降水区后，还需要水平辐合才能上升冷却凝结成雨。一般在沿气流方向风速减小的地区有利于水汽的辐合，也可借助水汽通量散度进行诊断，如图5.11f所示，水汽通量负值区是水汽的聚集区，与云雨区相对应。对于水汽的垂直输送，可由探空图的水汽垂直分布情况判断湿层厚度，或者通过垂直水汽通量定量计算水汽垂直输送大小。

(2)垂直运动条件分析

垂直上升运动大致可分为两类：一类是由天气尺度系统或中尺度系统及地形造成的动力抬升，例如锋面抬升、辐合上升、地形影响等；另一类是与大气层结不稳定相联系的对流上升。日常业务预报中除借助垂直速度外，还可从以下方面进行分析。

① 锋面抬升作用

我国大部分地区的降水多是受到锋面系统的影响而产生的。锋面降水与锋面附近空气的暖湿程度及锋面抬升作用的大小有关，其中锋面的坡度和移速决定了锋面抬升作用的强弱。当坡度越大时，抬升作用越强；对冷锋而言，锋面移速越快，抬升作用就越大。

在实际工作中，可根据地面锋线与700 hPa天气图上后倾槽线的相对位置来大致判断锋面坡度的大小。通常，两者相距大时，锋面坡度小，产生降水的雨带较宽，降水强度小；两者相距小时，锋面坡度大，当距离小于两个纬距时，产生降水的雨带窄，降水强度大。在预报业务中，有些地方把它作为暴雨预报指标。

② 低层辐合

大气低层流场的辐合也是产生上升运动十分重要的原因，可从以下方面进行分析。

(a)分析散度场,散度负值区对应辐合上升运动。

(b)关注地面图或 850 hPa 图上的低压、低压槽和低涡等系统,由于摩擦效应,风偏离等压线吹向低压一侧,因此气旋式曲率最大的部位(如槽线附近、低压内部)有较强的上升运动,是容易产生较强烈降水的区域。

(c)利用低层(850 hPa 或 700 hPa)的风向、风速判断气流的辐散辐合及其强度。主要包括三种类型。

辐合型:单纯的风速辐合(图 5.12a),可用前后的风速差来判定辐合量的大小,差值越大,辐合越强,最大的降水常出现在其下游有明显辐合的地区;另一种是在辐合线的两侧风向相反,风速辐合(图 5.12b),两侧风速之和决定辐合量的大小。这种辐合造成的上升运动一般较强,所以容易造成强降水,最大降水区常出现在辐合线的暖湿气流一侧。

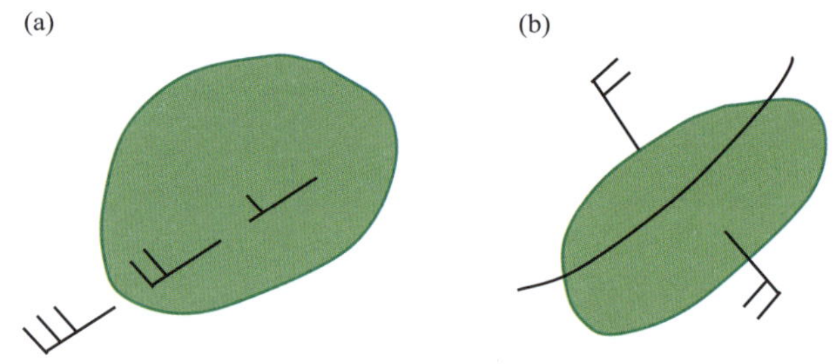

图 5.12　辐合型示意图(阴影区代表降水区,实线代表辐合线)

(a)风速辐合;(b)风向辐合

切变线型:在西风带中,这种辐合常与气旋性切变线相联系。准静止锋式切变(图 5.13a)辐合量小,通常只能在切变线附近产生较弱的降水,降水带不宽,但是如有低涡沿切变线东移也可造成较强的降水,甚至暴雨。冷锋式切变(图 5.13b)通常与空中槽相联系,自偏北向偏南移动,其降水区多位于切变线的南侧。暖锋式切变(图 5.13c)通常与低涡或台风倒槽相联系,其所产生的降水多分布在偏东风的区域里。经验指出,当切变线的南侧出现 12 $m \cdot s^{-1}$ 以上的西南风时,则可能出现暴雨。

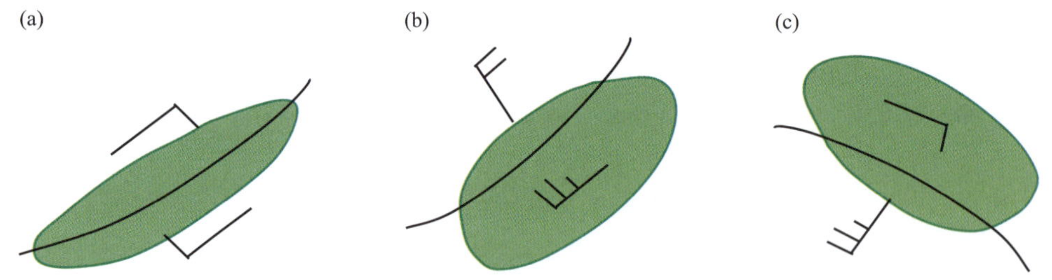

图 5.13　切变线型示意图(阴影区代表降水区,实线代表辐合线)

(a)静止锋式切变;(b)冷锋式切变;(c)暖锋式切变

切变辐合型:多发生在冷锋式切变线上。冷锋式切变伴有偏南风风速辐合(图 5.14a),这种辐合上升运动强烈,容易造成强降水,其降水多出现在偏南风区域里,因为这里的水汽较充沛;另一种是冷锋式切变伴有偏南风风速气旋式切变(图 5.14b),它多出现于副热带高压偏南风"低空急流"轴的左侧与西风带偏北气流相遇的辐合区域里,这种辐合也很强,容易出现暴雨，其最强的降水区常出现在偏南风区域里的风速切变最大处。

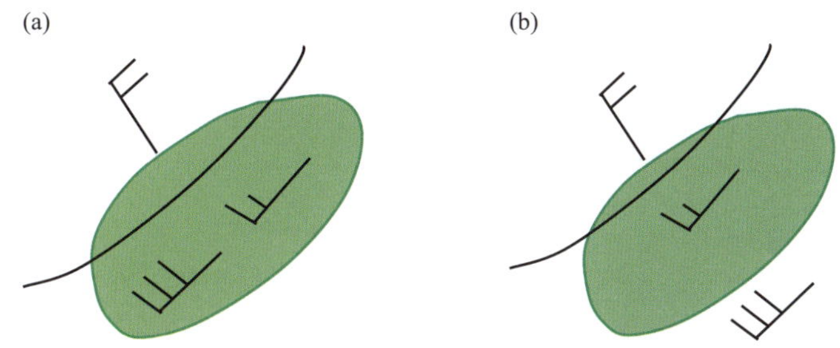

图5.14 切变辐合型示意图(阴影区代表降水区，实线代表辐合线)
(a)冷锋式切变伴有辐合；(b)冷锋式切变伴有偏南风风速气旋式切变

③ 高层辐散

在大气低层的辐合与高层的辐散同时存在的情况下，只有当辐合区上空的辐散量大于或等于低层的辐合量时，低层的辐合才能维持或发展。

可利用高层(200 hPa或300 hPa)风场或者云导风资料依据急流或者气流疏散情况来定性分析高空辐散(图5.15a)，也可利用散度场进行判断(图5.15b)。另外根据涡度观点，通常在高空槽前或低涡的东南部的高层有比较强的辐散，当地面气旋或低层低涡位于高空槽前或高空低涡的东南部时，地面气旋或低层低涡更容易发展，而且往往造成较强烈的降水。因此，在分析上升运动时，要充分利用高低层资料，关注系统的高低空配置。

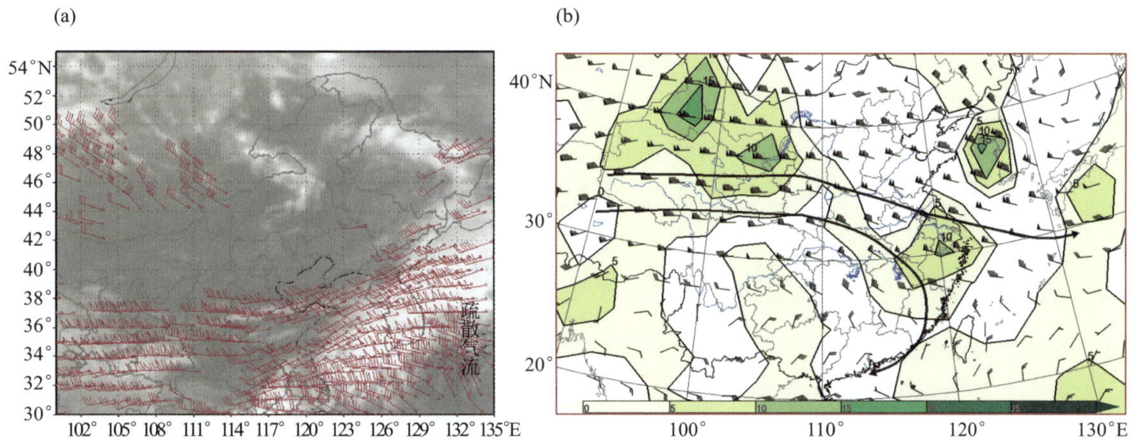

图5.15 (a)2005年6月10日07时FY-2C反演的高层云导风(寿亦萱 等，2005)；
(b)2019年6月18日08时200 hPa散度(阴影，单位：$10^{-5}s^{-1}$)及风场(粗箭头为显著流线)

④ 地形的影响

地形对降水有着重要的影响。在山脉迎风坡一侧存在地形强迫抬升，在河谷、喇叭口等地形处会使得气流汇聚沿坡抬升。地形对降水的作用，一方面是减缓或阻止天气系统的移动，使山脉迎风地带降水时间延长；另一方面在山脉的迎风坡上，气流被迫抬升，能使降水强度增大。降水中心轴走向与山脉的走向一致。在山脉背风坡一侧，气流沿坡下滑，以下沉运动为主。丘陵等小地形(如50～100 m高)，降水的分布与大地形的作用相反。由于气流的爬升和绕流作用，多雨区发生在背风坡的静风一侧。我国地形复杂，在制作降水预报时，必须考虑地形的特点。

⑤ 对流上升运动

一般较强的降水，尤其是局地暴雨，多与对流上升运动有关。预报中需要关注大气层结稳定度，在一定的触发条件下，大气中的层结不稳定能量可转化为上升动能。

(3)影响降水量的因子

一次降水过程的降水量 R 是由该过程的时间 t 内的雨强决定，在最简单的情况下，假定空气整层饱和，且大气柱内的水汽凝结成雨后全部就地降落到地面，则有

$$R=\int_0^t I\,\mathrm{d}t=-t\int_0^H \frac{\mathrm{d}q_s}{\mathrm{d}t}\rho\,\mathrm{d}z \tag{5.2}$$

式中，q_s 为饱和比湿，I 为雨强且假定在 t 时段内不变化，ρ 为空气密度，z 为高度。

将垂直速度公式 $w=\frac{\mathrm{d}z}{\mathrm{d}t}$ 代入上式后可得

$$R=-t\int_0^H \frac{\mathrm{d}q_s}{\mathrm{d}z}\rho w\,\mathrm{d}z \tag{5.3}$$

如果把 ρ 和 w 取大气柱的平均值，记为 $\overline{\rho}$ 和 $\overline{w}$，则有

$$R=t\overline{\rho}\,\overline{w}(q_{s0}-q_{sH}) \tag{5.4}$$

观测事实表明，大气中的比湿随高度呈指数减少，离地面 3 km 处减少为地面 q_0 的 37%，6 km 减少为 14%，9 km 只有地面的 5%，因此降水量可近似写为

$$R=t\overline{\rho}\,\overline{w}q_{s0} \tag{5.5}$$

由(5.5)式可知，假定对某一地来说 $\overline{\rho}$ 不变，则一次降水过程的降水量取决于：地面饱和比湿 q_{s0}，大气柱的平均上升速度 $\overline{w}$ 及降水系统的生命史 t。

在发生强降水的季节，地面饱和比湿 q_{s0} 大致为 10～20 g・kg^{-1}，量值变化不超过一倍，因此在这种情况下决定降水量大小的是空气的上升速度 $\overline{w}$ 和降水的持续时间 t。

表 5.6 显示垂直速度 $\overline{w}$ 非常重要，大尺度的上升运动(0.01～0.1 m・s^{-1})只能形成大雨以下量级的降水，与中小尺度系统相联系的强烈上升运动(1～10 m・s^{-1})才能产生暴雨。可见要预报降水，在湿度条件具备的情况下，就要分析和判断大气中是否存在强的上升运动。

表 5.6　雨强 I 和上升运动 $\overline{w}$ 的关系

$\overline{w}$(m・s^{-1})	0.01	0.05	0.10	0.50	1.0	5.0
I(mm・h^{-1})	0.36	1.8	3.6	18	36	180
一般量级	小雨	中雨	大雨	暴雨	大暴雨	特大暴雨
$\overline{\omega}$(10^{-2}Pa・s^{-1})	−9.8	−49	−98	−490	−980	−4900

取 q_{s0}=10 g・kg^{-1}，$\overline{\rho}$=1 kg・m^{-3}，用公式(5.5)计算 I；g=9.8 m・s^{-2}，利用公式 $\overline{\omega}\simeq-\overline{\rho}g\overline{w}$ 估算 P 坐标下的平均垂直速度。

降水量还跟降水持续时间有关，由表 5.6 可以看出，即使是 0.1 m・s^{-1} 的上升运动，如果持续时间达 14 h，也可以形成 50 mm 的降水。实际预报中须关注天气形势，不论是一般的连阴雨或大范围的暴雨，都是在行星尺度稳定的形势下产生的，一方面可以保证有充分的水汽供给，另一方面使得天气系统相继重复出现或者两三个天气尺度的降水系统相遇甚至停滞在一起，有利于产生持久的中尺度系统或接连不断的产生中尺度系统，就会产生强降水。

5.3.4 降雪预报

我国降雪大部分出现在冬季，主要是受冷锋天气系统的影响。冷暖空气较强时，11 月或 3 月部分地区也会出现降雪天气。

不少分析指出，降雪尤其是大(暴)雪与冷暖空气交汇(锋生现象)是分不开的。中低空西南急流输送暖湿空气，低层受冷空气影响降温、冷暖空气不同高度配置形成中层逆温以及位势不稳定条件，配合槽前的正涡度平流，易产生较强降雪。我国产生降雪的形势和影响系统不完全相同，各地预报的侧重点也不同。如南方降雪多为暖湿气流沿冷空气垫爬升造成的(郑婧 等，2009)；华北地区的回流降雪与中高层的西南气流和低层偏东风有关，两支气流叠加时降雪开始，其中之一消失则降水逐渐结束(张迎新 等，2007)；内蒙古至东北地区多锋面气旋降雪(宫德吉 等，2001)；青藏高原水汽主要来自孟加拉湾和阿拉伯海，当有孟加拉湾风暴北上时，与西风槽冷空气在高原交汇，易造成强降雪天气(季良达，1998；马林 等，2001；李昌玉 等，2017)。

降雪预报除关注是否满足水汽条件和垂直运动条件外，还要考虑降水性质。由于不同降水相态对应的雨雪量级差别很大，造成的影响也有巨大差异，因此对于降水相态的准确预报具有非常重要的意义。研究表明，到达地面的降水相态与低层大气温度垂直结构密切相关(许爱华 等，2007；饶纲伟 等，2008；李江波 等，2009；梁红 等，2010；杨成芳 等，2013；龙柯吉 等，2016；)。目前国内主要是依据特性层温度和气层厚度法建立的降水相态判别指标进行预报。

(1)特性层温度指标法

一般情况下，地面和低层温度均为 0 ℃以下时，降水通常为雪(也有可能为冻雨)；地面温度在 0 ℃(含)以下时，降水一般为雪或者雨夹雪；地面温度在 0 ℃(含)～4 ℃(含)时，有时也可以下雪或雨夹雪；地面在 4 ℃以上时为雨。平原地区通常要关注 850 hPa 和地面温度及其变化，山区和高原地区关注的层次要高一些。不同地区统计出的阈值不尽相同(表 5.7)，南方雨雪转换对地面温度的敏感度较低，如表中长江中下游地区，地面 2 m 温度在 1～2 ℃时，降雪与降雨概率相当，较难区分。以安徽为例，平原地区地面气温 2.2 ℃可作为区别雨与其他降水相态的阈值；在 1000 hPa 上可将 1 ℃作为区分雨与其他相态的阈值；在 925 hPa 上，温度 0～4 ℃为雨，雨夹雪为 －3.6～－1.4 ℃，雪的温度为 －6～－3 ℃，冻雨的温度为 －5.1～－0.2 ℃，因此冻雨与雪无法区分(余金龙 等，2017)。

雨雪分界线的临界温度值，不仅与地面、850 hPa 的温度有关，有时也和 700 hPa 的温度有关。在低层有逆温的情况下，还与逆温层和其上暖层的强度、厚度及上述各特征量的变化及其上下层的配置有关。

表 5.7　不同地区降水相态转换的低层温度阈值(董全 等，2011)

		地面 2 m(℃)	925 hPa(℃)	850 hPa(℃)	500 hPa(℃)
西北地区	降雨	≥2		≥3	
	雨夹雪	−2～1		−3～1	
	降雪	≤−3		≤−4	
东北地区	降雨	≥3	＞−2		
	雨夹雪	−1～2	−3～0		
	降雪	≤−2	＜−2		

续表

		地面 2 m(℃)	925 hPa(℃)	850 hPa(℃)	500 hPa(℃)
华北和黄淮	降雨	>1	>−2		
	降雪	<1	<−2		
长江中下游	降雨和降雪	1～2	−3～−1		
西南地区	降雨和雨夹雪	0～1		−2～0	
	降雪	≤−1			
青藏高原	降雨和雨夹雪	2～3			−5～−4
	雨夹雪	0～1			−10～−6
	雨夹雪和降雪	−2～−1			≤−10

(2)气层厚度分析法

除了传统的温度预报指标，低空气层厚度分析对降水相态的区分也有很好的指示意义。Lownders 等(1974)提出区别雨雪的厚度参数 $H_{850-1000}$(表示 850—1000 hPa 之间的气层厚度)，阈值为 128 dagpm，当 $H_{850-1000}\leqslant 128$ dagpm 时，判断降水性质为降雪。漆梁波等(2012)研究了我国东部冬季降水相态的变化，在对比国外同类研究的基础上，给出了一组推荐的识别判据(表 5.8)，取得了较好的应用效果。孙燕等(2013)的研究也指出，1000—850 hPa 厚度结合地面和 850 hPa 温度可以较准确判定江苏冬季降水相态，指标为 $H_{850-1000}\leqslant 1292$ gpm，且 $T_{850}\leqslant -3$ ℃，地面温度 $T\leqslant 2$ ℃时，判定为雪；反之，则为雨。

表 5.8 中国东部冬季降水相态的识别判据(推荐)(漆梁波 等,2012)

降水相态	判据名	判据设定条件
雨	厚度判据	$H_{850-1000}\geqslant 129$ dagpm
雪	混合判据	$H_{700-850}\leqslant 154$ dagpm，$T_{925}\leqslant -2$ ℃，$T_{1000}\leqslant 0$ ℃
雨夹雪	混合判据	160 dagpm $>H_{700-850}\geqslant 152$ dagpm 127 dagpm $\leqslant H_{850-1000}\leqslant 128$ dagpm，$T_{925}\leqslant -2$ ℃，$T_{1000}\leqslant 0$ ℃
冻雨(冰粒)	混合判据	159 dagpm $>H_{700-850}>154$ dagpm，$H_{850-1000}\leqslant 129$ dagpm，$T_{1000}\leqslant 0$ ℃

由于我国地形复杂，各地气候背景不同，在实际制作单站降雪预报时，须以当地的预报指标和经验作为参考。

5.3.5 冻雨预报

我国冻雨主要发生在冬季和早春时期。当较强的冷空气南下遇到暖湿气流时，冷空气像楔子一样插在暖空气的下方，近地层气温降到 0 ℃以下，湿润的暖空气被抬升，并成云致雨。这种雨从天空落下时是低于 0 ℃的过冷水滴，当过冷雨滴或毛毛雨落到温度在冰点以下的地面上，水滴在电线杆、树木、植被及道路表面冻结成透明或半透明晶莹透亮的薄冰，这种天气现象称为“冻雨”(它的凝聚物叫“雨凇”)。我国南方一些地区把冻雨又叫作“冰凌”，北方地区称它为“地油子”。

用游标卡尺等计量工具测量包括通信线在内的凝聚冰体的厚度，再从获得的厚度中减去电线的直径，即可得到雨凇的直径。冻雨强度由凝聚物的厚度即雨凇的直径来表示。

我国冻雨主要出现在长江以南，冻雨高频地带沿 27°N 分布(图 5.16)，主要原因是东亚冷空气暴发从青藏高原东侧南下，迫使近地面暖湿气团抬升，形成华南准静止锋。受地形影响，冷空气常堆积在横断山脉以东和南岭山脉以北等中国广大南方地区，当冷空气堆积到一定厚度向西爬上低纬高原，与南支西风相遇形成昆明准静止锋。昆明和华南准静止锋的暖层使下落的冰晶或雪花等凝结物融化成液态水，再下降到近地面冷垫上冻结成冻雨。静止锋复杂锋面结构及伴随宽广而强烈的逆温有利于我国南方冬季大范围冻雨的产生（丁一汇 等，2008；索渺清 等，2018）。

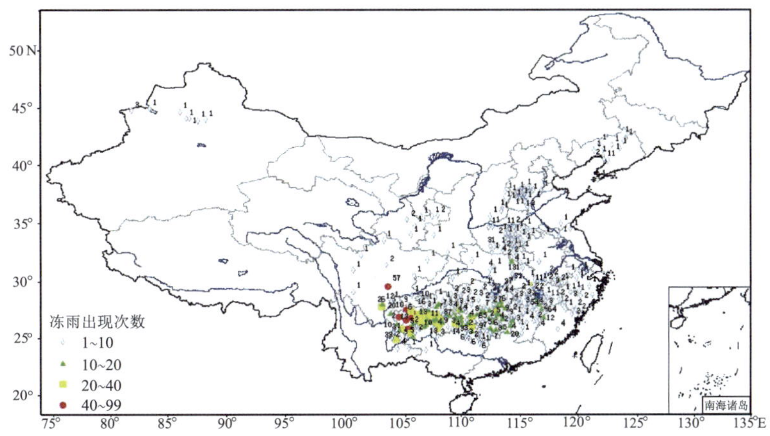

图5.16　2008年1月1日—2010年4月30日全国冻雨次数分布（欧建军 等，2011）

冻雨的发生包括冰相机制和暖雨机制（Huffman et al.，1988）。冰相机制，大气温度垂直结构呈上下冷，中间暖的状态，自上而下分别为冰晶层、暖层和冷层。固态冰晶或雪花降落过程中在暖层内融化为液态，当液滴到达冷层时冷却到0 ℃以下，保持为过冷却状态，碰到地物或地面即发生冻结，形成过冷雨滴和雨凇（图5.17a）。冰相机制冻雨形成条件为：云顶温度低，冰相降水发展；中层气温高于0 ℃，下落的固态降水融化成雨；低层和地面气温低于0 ℃，瞬间冻结。暖雨机制，即大气垂直结构整层温度<0 ℃，雨滴以过冷水形式降落到地面冻结（图5.17b）。暖雨机制冻雨形成条件为：云层较厚能通过云雨自动转化过程形成雨滴（此过程与温度无关）；云顶温度较高（>－10 ℃），冰晶少，雨滴不会冻结；大气底层和地面温度低于0 ℃。

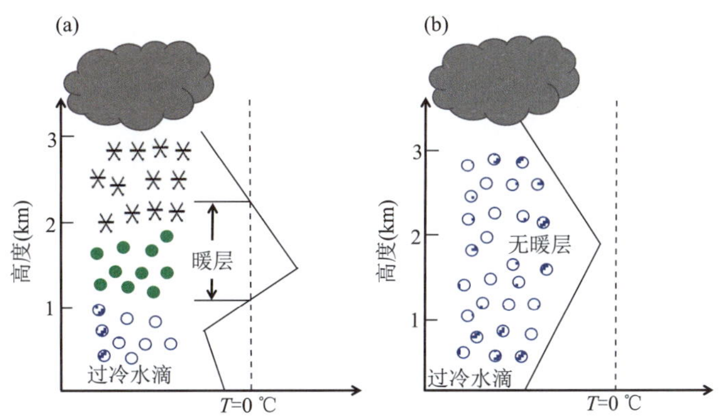

图5.17　冻雨形成机制示意图

（a）冰相机制；（b）暖雨机制

Rauber 等(2000)按照有无暖层、云顶与暖层的关系和云顶温度的标准，将冻雨的温湿结构分为 6 类(表 5.9)。欧建军等(2011)研究认为，这 6 类结构对我国冻雨的温湿结构也适用。其中前三类为暖雨机制，后三类为冰相机制(图 5.18)。利用 2008 年 1 月—2010 年 4 月的资料统计研究表明，我国冻雨发生主要以暖雨机制为主，占总数的 73%，而冰相机制冻雨仅占 27%；以暖雨机制产生的冻雨，云顶普遍不高(低于 3 km)，而冰相机制冻雨云顶相对较高(可达 9 km)；出现冻雨时地面温度均低于 0 ℃。对于暖雨机制冻雨，地面温度基本在−2 ℃，而冰相机制冻雨的地面温度不一致，随着冰相机制特点越突出(云顶温度越低)，地面温度反而越高。冰相机制冻雨的暖层基本在 1 km 以上，暖层最高温度平均在 3 ℃以上。

表 5.9　冻雨结构分类标准(欧建军 等，2011)

分类条件	第一类	第二类	第三类	第四类	第五类	第六类
有无暖层	无	有	有	有	有	有
云顶与暖层关系	无暖层	云顶位于暖层下	云顶位于暖层中	云顶位于暖层上	云顶位于暖层上	云顶位于暖层上
云顶温度(CTT)				−5 ℃≤CTT<0 ℃	−10 ℃≤CTT<−5 ℃	CTT<−10 ℃

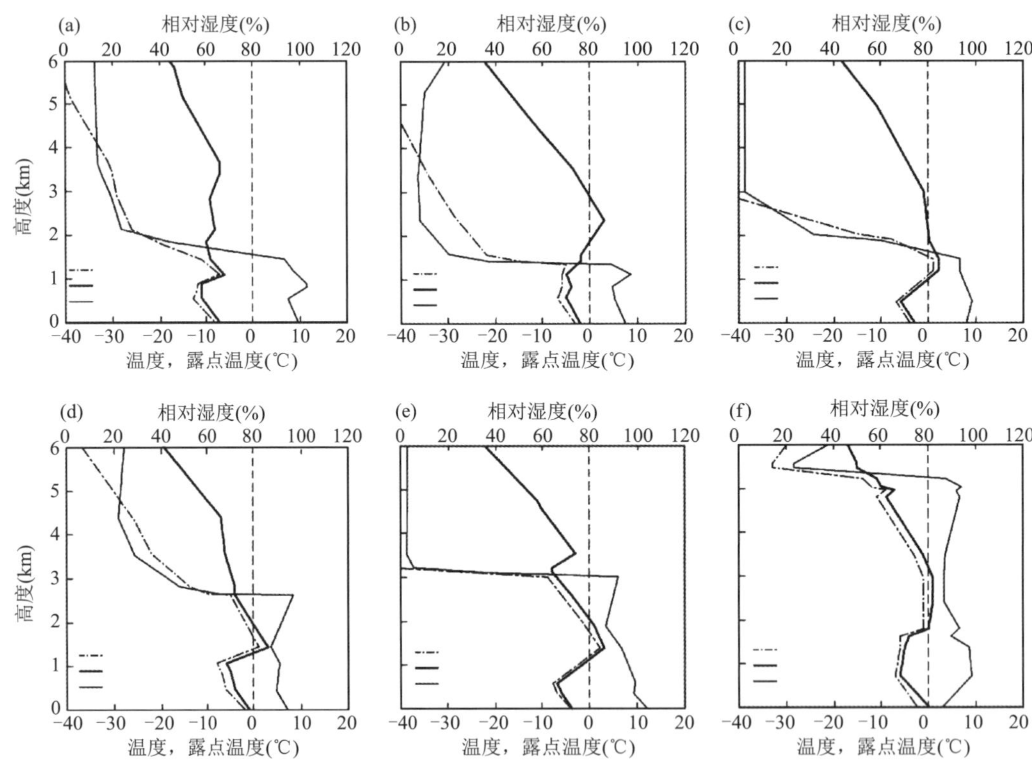

图 5.18　6 类冻雨探空温湿结构(欧建军 等，2011)

(a)第一类；(b)第二类；(c)第三类；(d)第四类；(e)第五类；(f)第六类

我国北方(30°N 以北)发生冻雨的机制比较单一，主要是冰相机制；南方冻雨(30°N 以南)两种机制都存在，受地形影响，一般在海拔高的地区暖雨机制比冰相机制多。对于降水量，暖雨机制的降水量普遍小于冰相机制降水。一般来说，冰相机制冻雨可能对国民生产和生活危害更大，例如 2008 年初南方冰冻雨雪天气和 2010 年初东北冻雨都属于冰相机制的冻雨。

(1)冰相机制形成的冻雨预报

① 分析降水的基本因素，如水汽、上升运动等。对于水汽而言需关注的条件有：低压槽使得孟加拉湾和南海地区暖湿气流北上，700 hPa 西南风明显加强；850 hPa 为东北或偏东风，湿度明显增加等。

② 分析温度的空间垂直分布特征，探空图上是否有逆温层存在，即是否存在冰晶层、暖层和冷层。也就是着重预报 700 hPa 附近高度上的融化层和 850 hPa 及其以下的冷层(气温≤0 ℃)。

我国北方冬季低层的温度条件容易满足，应关注 700 hPa 附近高度的空气增暖条件；在我国南方 1、2 月份当孟加拉湾低槽稳定时经常受西南气流控制，融化层的条件容易满足，需关注 850 hPa 及以下的空气降温条件。

日常业务中发现，若 700 hPa 有西南气流发展，气温>0 ℃，而地面为东路冷空气影响，有北到东北风，气温≤0 ℃，高层西南暖湿气流在低层冷空气上爬升，最有利于冻雨天气的出现，例如 2018 年 1 月 27 日贵州和湖南大范围冻雨天气，就是在这样的天气背景下产生的(图 5.19)。

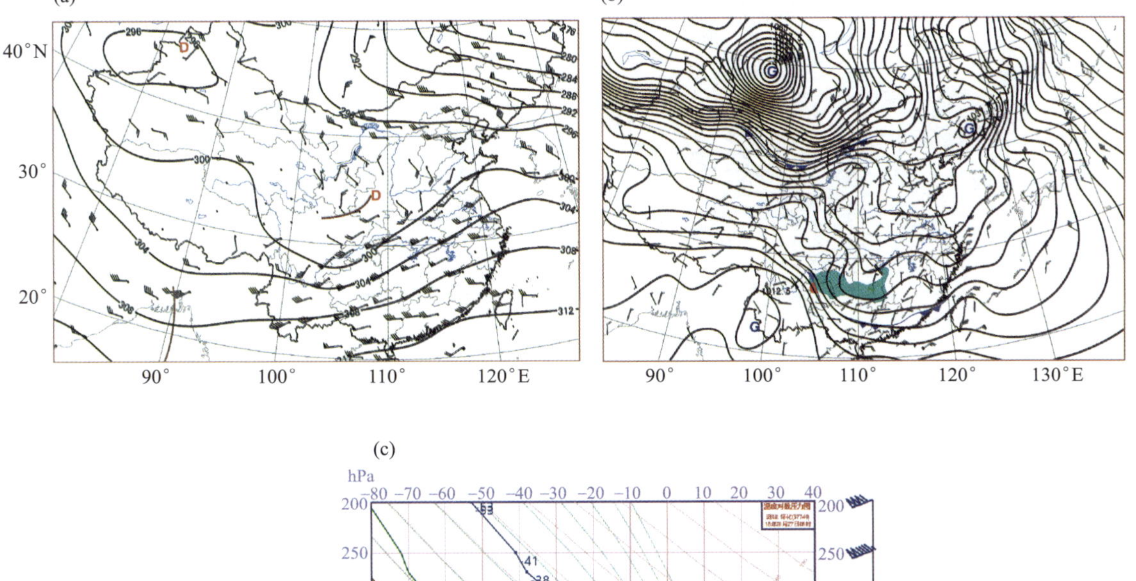

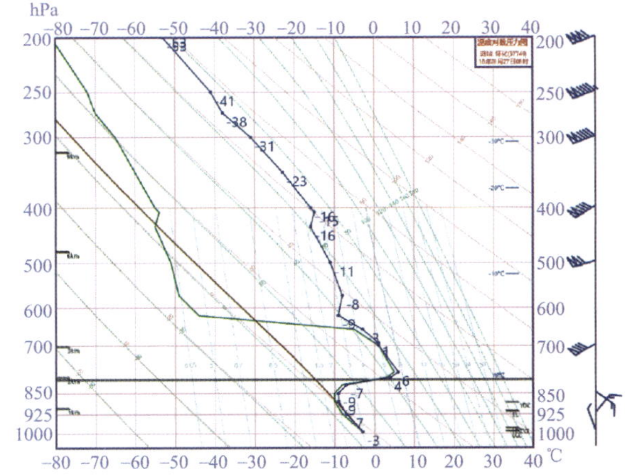

图 5.19 2018 年 1 月 27 日 08 时冻雨过程天气图和站点探空图

(a)700 hPa 天气图；(b)地面图(阴影部分为冻雨区)；(c)怀化站探空图

③ 冻雨结束预报

因冷空气整体南下，各层气温持续下降，或者地面冷高压东移入海，低层回暖等原因使得逆温层遭到破坏，改变了中层暖、下层冷的条件，冻雨结束。

(2)暖雨机制形成的冻雨预报

① 看是否有利于(弱)降水的形势和系统，如通常有冷锋或静止锋存在，暖湿空气沿冷垫爬升形成逆温层。

② 重点预报 3 km 以下的饱和层内是否存在过冷水(−15～0 ℃)，而其上应为干层；地面气温是否在 0 ℃及以下。注意暖雨机制形成的冻雨，不必太关注逆温层和暖层是否满足条件。

例如，2019 年 1 月 1 日贵州冻雨过程(图 5.20)，地面图显示贵州西部实况温度在−4～−2 ℃，探空图观测到 600 hPa 附近及以上为干层，以下为湿层，且测得的 $T-T_d \leqslant 4$ ℃的湿层厚约 1.8 km。云顶温度−8 ℃，云层内最低温度−8 ℃；大气低层至地面温度低于−3 ℃。可见对流层低层大气中的水以过冷水滴的形式存在，具备了暖雨机制冻雨的形成条件。

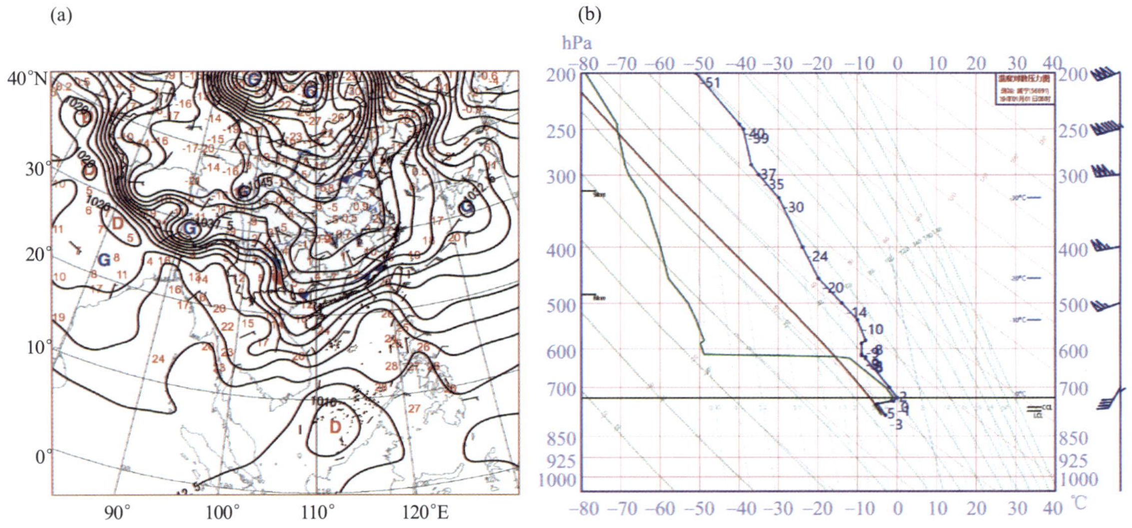

图 5.20　2019 年 1 月 1 日 08 时贵州冻雨天气图

(a)地面天气图(阴影部分为冻雨区)；(b)威宁站探空图

5.3.6　降水的预报思路和步骤

降水预报的一般思路是依据对未来天气形势的预报，正确估计在这种天气形势下本地区可能出现的天气，然后再结合本地区的自然地理条件，从冷空气活动和暖湿水汽输送两方面综合分析未来本地区降水条件是否满足。要做好降水预报，需了解天气系统和天气现象之间的关系，表 5.10 为几种常见的天气系统对应的天气。图 5.21 给出几种常见天气的典型系统配置概念模型图。如图 5.21a 所示，当预报站点高空位于高压脊前，地面为高压影响时，天气以晴天为主，而在类似于图 5.21c 和图 5.21d 的天气系统配置下，晴雨天空状况很大程度上取决于水汽条件，水汽条件越充沛越有利于降水的产生。另外当预报区位于高空槽前，且低空切变线位于高空槽的槽前时，非常有利于水汽的辐合抬升，出现降水的概率很大；当低空处于高压底部，吹偏东气流时也有利于沿海地区出现降水。

表 5.10　天气系统与天气

天气系统	天气
槽前	云系多,有利于降水维持
脊前转脊后槽前	云系增多,有利于降水
脊前	晴空少云
槽前转槽后脊前	云系减少,不利于降水
高层脊前、低层由脊前转脊后槽前	云系增多,有利于降水
低层由槽前转槽后脊前、高层槽前	降水渐止,云系减少

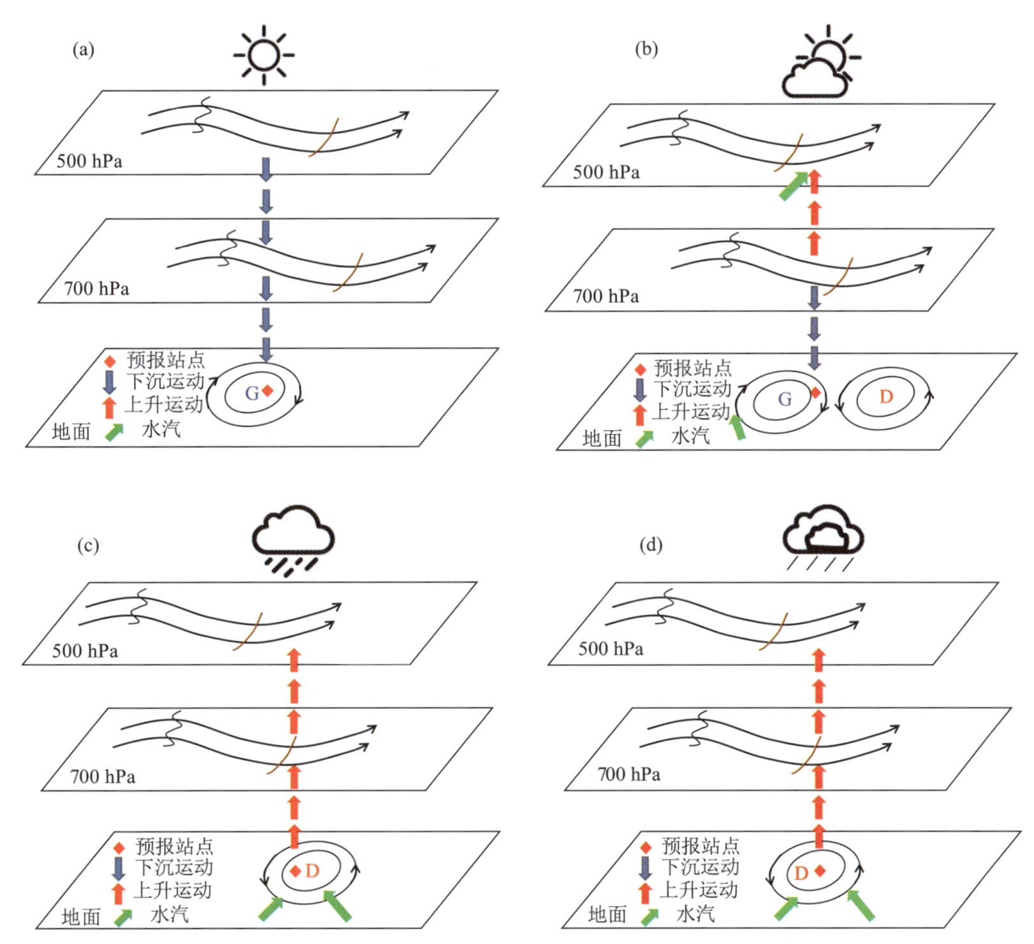

图 5.21　几种常见天气典型系统配置概念模型图

(a)晴天;(b)多云;(c)一般降水;(d)较强降水

降水预报的一般步骤。

① 利用当日实况资料结合数值模式预报产品制作形势预报,分析判断环流背景及主导系统。

② 找出未来预报时间段内影响预报区域的各层主要天气系统,查看是否有有利于降水的天气系统,如锋面、锋面气旋、切变线、高空低涡、低压槽、热带系统等,并详细分析影响系统的性质、部位、强度及系统过境的时间。

③ 利用云图结合天气系统变化特征分析云的演变特征,判断预报时间段内是否有云团

(带)移入或持续影响;利用数值天气预报模式预报的表征水汽的物理量,如相对湿度、比湿、温度露点差、水汽通量或水汽通量散度等研判预报区(站点)水汽条件情况;利用影响系统及其高低空配置结合数值天气模式预报的各等压面层垂直速度或者涡度、散度等物理量,进一步分析动力抬升条件;结合数值天气模式预报的K指数、假相当位温、SI指数等物理量分析预报本地区热力条件情况,最后综合判断预报本地区有无降水出现的可能。

④ 根据特性层温度、厚度等指标结合季节及地形判断降水的性质。

⑤ 制作出最终的预报结果,包括降水落区及降水量级大小。降水量级预报相对比较困难,主要取决于水汽和上升运动条件以及降水的持续时间,也可参考短期数值模式预报的降水量级。

另外如果预报暴雨,还需要注意以下几点。

(1)强烈的上升速度

① 大尺度天气系统中的上升运动。

② 中尺度系统中的上升运动。

③ 小尺度系统中的上升运动。

④ 地形引起的上升运动。

(2)暖湿及不稳定层结

夏季暴雨多数是从积雨云里降下来的,这类暴雨除了要求强上升速度和高温高湿的条件外,还要求大气层结是不稳定的。当大气层结出现位势不稳定时,在对流层的下部积累大量不稳定能量,如果有了抬升作用,就可以使不稳定能量释放出来,引起强对流的发生。由于强对流所引起的大量潜热释放,造成气层加热使得上升速度增强。

(3)水汽的输送和辐合

如没有周围大气向暴雨区输送水汽,只考虑气柱内的含水(水汽)量全部凝结造成的可降水量不超过75 mm。

持久性暴雨要求天气尺度系统有源源不断的水汽输送,以补充暴雨发生所造成气柱内的水汽损耗。

持续性暴雨与低空急流有十分密切的关系。绝大多数暴雨过程都伴随低空急流。

暴雨多发生在低空急流轴左侧,距轴线0～200 km的左前方。

(4)持续稳定的环流形势

持久性暴雨的出现,要求有使暴雨持续的机制存在,需要有一个持续稳定的环流形势。在大形势稳定的条件下,两个天气尺度的降水系统相遇时,它们的移速会减慢或者停滞少动。这样在相遇地区,维持着提供中尺度上升运动的背景,使得在这地区内有多次中尺度降水系统发生,或者有某个中尺度系统持久地存在着。

5.4 温度的分析预报

大气温度(简称气温,下同)是表示大气冷热程度的物理量。地面观测中测定的气温是离地面1.50 m高度处的气温。气温主要观测项目有:定时气温,日最高、最低气温。气温以摄氏度(℃)为单位,取一位小数。

温度严重地影响着我们的生活、工作甚至生存环境,所以温度预报是日常预报服务业务的重点之一。地面气温的预报主要是指地面最高(T_{max})、最低气温(T_{min})的预报。

5.4.1　实习目的

通过本节实习，了解影响气温变化的各项因子，尤其是温度平流及天空状况对于温度的影响；掌握温度预报的基本思路，能够利用所给资料制作出指定预报站点（或区域）最高、最低气温预报。

5.4.2　温度预报

5.4.2.1　主观外推预报

由于温度是一个连续变化量，因此可利用当日最高、最低气温实况，考虑可能影响最高、最低气温日际变化的因子所导致的温度日变化量$\left(\frac{\partial T}{\partial t}\right)$，做出未来最高、最低气温的预报（梁理新等，2007）。

$$T_{预报}=T_{实况}+\frac{\partial T}{\partial t} \tag{5.6}$$

例如，下午制作未来 24 h（当日 20 时—次日 20 时）的最高、最低气温预报。

（1）读取温度实况（$T_{实况}$）

一般情况下当日最低气温可以确定，而最高气温出现在 14—17 时，预报时尚未知，可以利用 T_{14} 温度或者这一时段内最高气温再依据天空状况加以判断从而得到最高气温的估计值。

（2）分析估算最高、最低气温的日变化量$\left(\frac{\partial T}{\partial t}\right)$

由热力学能量方程可知，影响某地气温变化的因子主要有温度平流、垂直运动导致的绝热升（降）温及非绝热加热因子的影响（周后福，2005）。

$$\frac{\partial T}{\partial t}=-\boldsymbol{V}\cdot\nabla T-\omega(\gamma_d-\gamma)+\frac{1}{c_p}\frac{\mathrm{d}Q}{\mathrm{d}t} \tag{5.7}$$

式中，T 为温度，$\boldsymbol{V}$ 为水平风矢量，ω 为垂直速度，Q 为由辐射、热传导和潜热释放而造成的非绝热变化项。γ_d 为干绝热气温直减率，γ 为中对流层内平均气温直减率，C_p 为定压比热。

① 温度平流（$-\boldsymbol{V}\cdot\nabla T$）的影响

暖平流使局地气温上升，冷平流使局地气温下降，气温变化的程度决定于温度平流的强度。在热力性质比较均匀的气团内部，这一项对温度局地变化的作用很小，但在锋面附近或锋生场中这一项作用却很大，可在温度预报成败中起决定作用。例如强冷空气后半夜到白天南下入侵，局地气温明显下降，则午后的气温比前一日 20 时还要低，最低气温出现在当日 20 时，最高气温则出现在前一日 20 时（图 5.22a）。再例如，在 850 hPa 有明显的暖平流存在，对应在地面上有暖干槽或者暖倒槽发展，则在低槽控制的区域日最高气温将会持续升高（图 5.22b）。

温度平流的强度可通过计算温度平流值进行判断。实际工作中也可以采用锋后测站的 24 h 变温值作为判断平流强度的依据，或者在上游选择固定的指标站，统计出锋面过指标站与锋面过本站后两地气温变化的相互关系作为判断平流强度的依据。上述两种方法使用时必须考虑温度平流随时间的变化，因此在形势变化较大时，不能简单套用。

② 垂直运动对局地气温变化的影响

垂直运动对局地气温变化的影响是通过绝热变化过程实现的，与垂直运动的方向、强度和

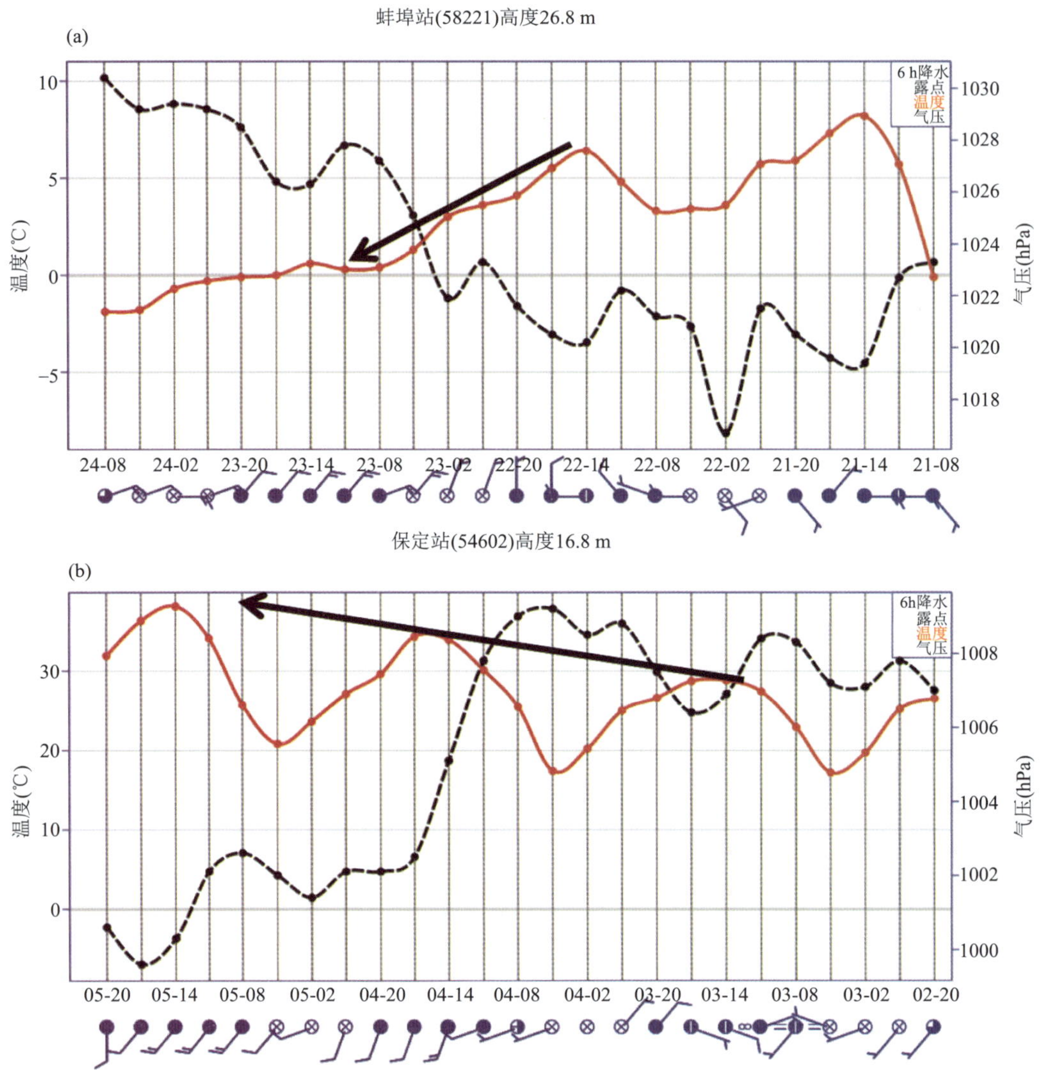

图 5.22　温度平流对地面温度的影响(实线为温度,单位:℃;虚线为海平面气压,单位:hPa)

(a)冷锋过境对地面气温的影响;(b)850 hPa 暖平流导致的地面升温

大气的稳定度有关。如当大气层结稳定时,即 $\gamma_d-\gamma>0$(未饱和空气)或 $\gamma_s>\gamma$(饱和空气),有上升运动($\omega<0$),则局地气温就将下降;有下沉运动($\omega>0$)就会引起局地气温上升。垂直运动因子在高空十分重要,其对气温变化作用大小与温度平流相当。对于地面气温来说,较少考虑上升运动造成的局地温度变化,仅需要考虑下沉运动引起的温度升高。平原地区近地面的垂直运动近似为零,可以忽略这个因子;但在山区,就需要考虑这一因子的作用。例如,太行山东侧的焚风现象就是这一作用的体现(图 5.23),夜间气流越山后下沉增温抵消了辐射降温,温度不降反而升高了 9 ℃左右。

③ 非绝热因子$\left(\frac{1}{c_p}\frac{\mathrm{d}Q}{\mathrm{d}t}\right)$对局地气温变化的影响

气温的非绝热变化是空气与外界热量交换的结果,主要包括辐射、水汽相变而释放潜热、

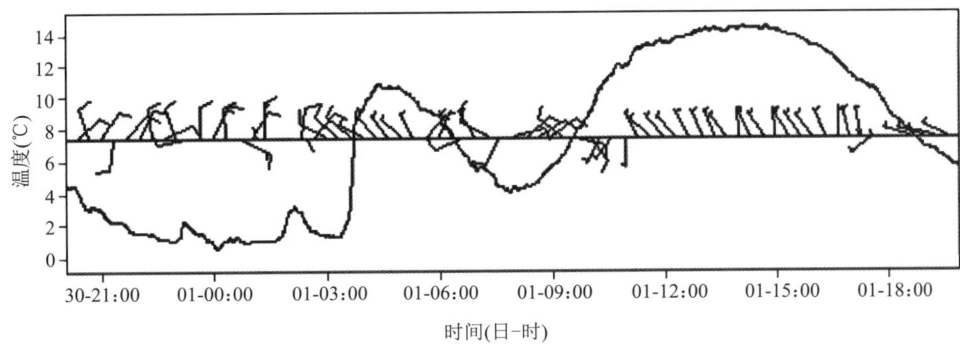

图 5.23　2008 年 12 月 1 日太行山东麓阜平站逐分钟温度（实线，单位：℃）和瞬时风（风标）变化（王宗敏 等，2012）

乱流传导等，在低层大气中表现比较明显。对于地球上的某个点而言，加热地表的因子是向下的太阳辐射、来自云和大气的向下的长波辐射、向上的土壤热通量、紧贴地表发生的水相变化（凝结/凝华）的释放潜热以及暖空气的感热加热；相反，冷却地表的因子是地表发射向上的长波辐射、向下传导的土壤热通量、紧贴地表发生的水相变化（蒸发/升华）的潜热吸收以及冷空气的感热加热冷却，其中短波辐射、地表向上的长波辐射分别是地表加热和冷却作用的主要因子（图 5.24）（吴洪，2013a）。

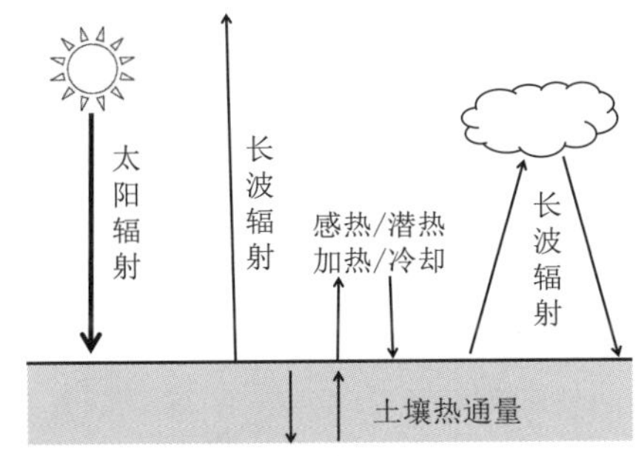

图 5.24　影响地表温度的能量收支示意图

对某一固定地点来说，太阳辐射和地表辐射都具有明显的日变化，因而气温也相应地有明显的日变化。一般日出前一段时间（地方时 05—08 时）为最低温度出现的时间，午后一段时间（地方时 14—17 时）为最高温度出现的时间。运动着的气团由于受到不同下垫面的影响，并通过辐射、湍流以及蒸发凝结作用使其温度发生变化。因此气温的非绝热变化主要表现为气温的日变化和气团的变性。气温的日变化主要是由某一地区所获得的太阳辐射日变化引起的，因而它与所在纬度、季节、天气状况和下垫面性质等有密切关系。对局地短期预报而言，主要考虑辐射和下垫面性质对它的影响。

(a)天空状况的影响：白天有云时，地面接收到的太阳辐射少，最高气温要比晴天时低。而夜间有云时，地面不易散热，最低气温反而比晴天时高。这里云层起到了"花房效应"。因此，阴天时的气温日较差比晴天时小（图 5.25）。应当指出，云对气温日变化影响的程度与云量、云高、云厚以及云维持的时间长短有关。一般说来，云量越多，云维持的时间越长，云越低越厚，其影响也越大。低空相对湿度大或有雾生成时，对气温的影响与云类似，白天使气温不易升高，夜间使气温不易降低。

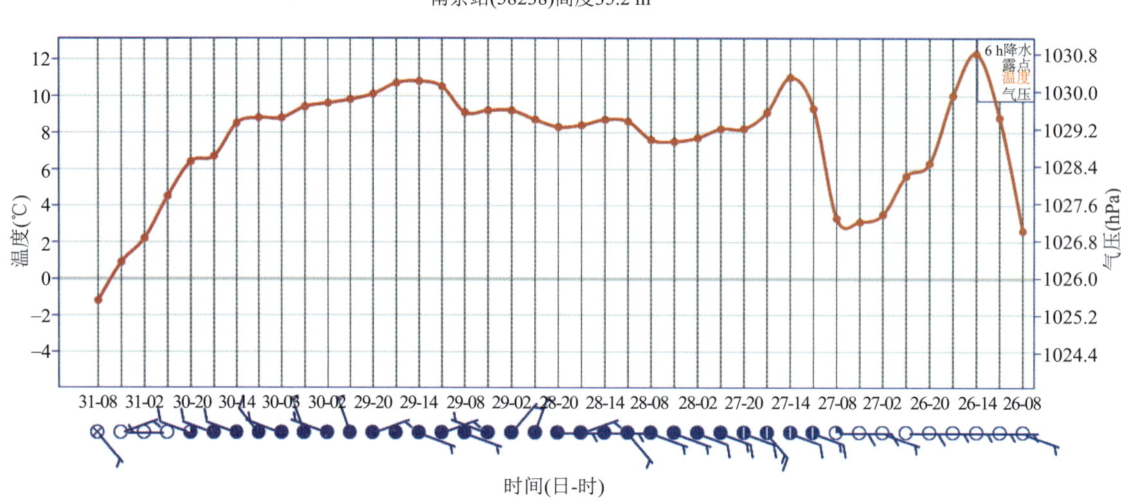

图 5.25　天空状况对地面温度(实线,单位:℃)的影响

(b)降水的影响:降雨时,雨滴在下落途中不断蒸发,大量吸收周围空气的热量,从而使地面气温降低。如图 5.26 所示,在 11—14 时由于降水作用,温度不但没有上升反而下降了 2 ℃。如果当白天有雷阵雨时,下沉气流由于降水蒸发冷却在到达地面时形成冷空气堆,往往使气温突然降低;雨停以后,地面上的雨水仍然会继续发生蒸发,可使地面气温继续下降。如果是降雪且雪到达地面后不断融化,那将引起地表温度下降,地面气温随之下降。但是这些蒸发到近地面层的空气中的水汽在夜间起着"温室气体"的效应,所以有降水的夜间最低温度较非降水夜晚高。

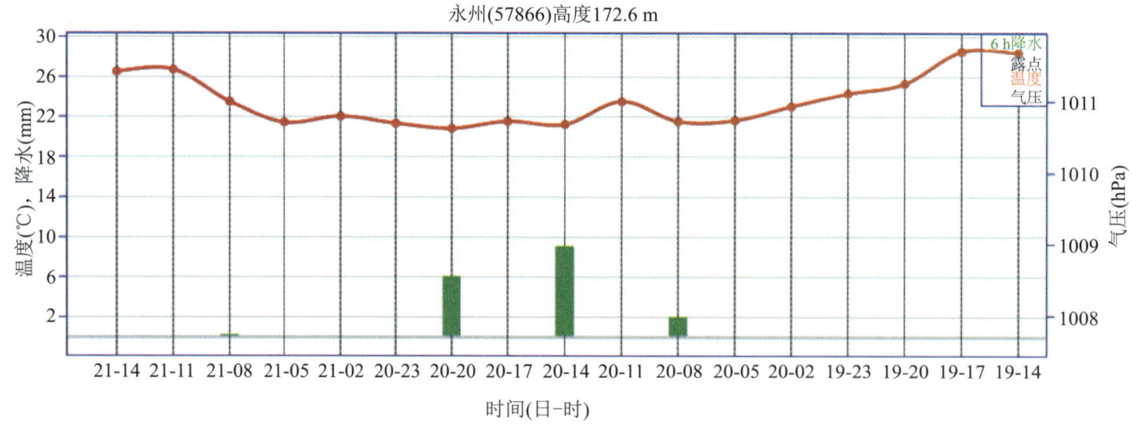

图 5.26　降水(单位:mm)对地面温度(实线,单位:℃)的影响

(c)风的影响:风速大时(超过 3～4 级),湍流交换强,有利于空气热量的上下交换。在白天增温的时段内,由于湍流交换,会使下层空气的热量向上传递,从而使近地面层空气增温减慢,地面最高气温不会升得太高;夜间有湍流交换,促使上面的热量向下传递,使近地面空气降温减慢,最低气温不会降得太低。风速愈大,这种作用就愈明显。所以,有风时气温日变化小,无风或微风时气温日变化大。例如锋面过境且无降水发生,受冷锋过境影响的台站,气温的日较差较小(最高气温不高,最低气温不低),反而受庞大的地面冷高压中心控制的区域的气温日较差

较大。在阴天(日夜的净辐射差较小)和风大(垂直湍流热交换强)的日子,白天和夜间的温度日较差更小。

(d)大气层结稳定度的影响:当气团层结很稳定时,日出后,地面增热量不易向上输送,地面气温升高较快,日变化较大。而当气团的层结不太稳定时,在同样的天气条件下,增热量是相同的,增热量通过湍流输送将分布在较厚的气层内,地面气温的上升就较慢,因此气温日变化也就较小。

(e)下垫面性质对气温日变化的影响:不同性质的下垫面,热容量是不同的。热容量大的下垫面,增温和冷却都比较慢,气温日变化就小,如海洋、潮湿地表、植被等;反之热容量小的下垫面,气温日变化就较大,如沙漠、干燥土壤、城市下垫面等。

此外,由于地理条件所引起的山谷风、海陆风等及城市热岛效应对气温日变化也有一定的影响。

造成地面气温变化的情况大体上有两种,预报时关注重点也有所不同。

当同一气团控制预报区(无锋面过境),气温的变化不太剧烈,日变化的规律比较明显,所以预报时应着重考虑非绝热因子的影响,如云、能见度、风向风速、降水等。

如果预报区有明显冷、暖空气活动时,如锋面过境,气温会发生急剧的变化,这时应考虑锋面过境前后冷暖平流的强度。在实际预报工作中主要考虑 850 hPa 冷、暖平流的影响,若未来预报区 850 hPa 受冷平流影响,气温则下降,反之则上升。对于变温幅度,可根据预报的锋面位置距本站距离(L),在图上锋后对应位置处的 ΔT_{24} 值,当成此锋面过境后的变温量来报气温。最后综合考虑辐射、风等各项因子对温度变化的贡献从而制作出最高、最低气温的预报。

5.4.2.2 数值预报产品应用

部分数值模式(ECMWF、GRAPES、华东区域模式等)提供了 2 m 的温度预报产品可供预报参考,但由于模式预报温度误差较大,需要在订正的基础上使用。

一般省或气象中心采用数值模式产品统计释用或动力统计释用方法(如 PP 法、MOS、神经网络、SVM、卡尔曼滤波等)(余功梅 等,1999;史津梅 等,2002;常军 等,2005;陈豫英 等,2005;薛志磊 等,2012)提供客观的温度作为第一预报初值,预报员结合局地的经验进行适当的主观订正;也有部分地区利用多模式集成结果预报温度(赵声蓉,2007;熊聪聪 等,2008;李倩 等,2011;张秀年 等,2011)。随着格点化预报技术发展,为了快速获得高分辨率、高时效性温度预报产品,曾晓青等(2019)使用国家气象中心高分辨率、高频次温度格点多元融合产品以及欧洲中期预报天气模式 2 m 温度预报资料,采用 8 种误差订正方案对未来 3～24 h 内逐 3 h 的预报场进行误差修正。两次回报模拟试验结果显示,全格点滑动误差回归模型订正和全格点滑动双因子回归模型订正都能使订正场的格点平均绝对误差在 2 ℃以下。

此外也可用预报员主观分析的方法,利用近三日的温度实况和相应时段的数值预报产品,根据温度以及日较差变化趋势,人工订正数值预报的直接输出结果。例如制作南京站 14 日白天到夜间的最高、最低气温预报,先将前三日实况温度(图 5.27a)与 ECMWF 模式预报的 11 日 08 时—14 日 08 时的温度(图 5.27b)进行对比,发现模式最高温度的预报误差均小于 1 ℃,而最低温度预报除了 72 h 的预报结果较实况偏低 2 ℃外,48 h 内最低温度预报误差均小于 1 ℃,因此模式在 48 h 内的温度预报具有较好参考意义。接下来,利用

ECMWF 模式 13 日 08 时预报的 2 m 温度产品(图 5.27c)制作 14 日的温度预报，由于模式预报的 13 日的最高和最低温度比实况略偏低，模式预报 14 日白天最高温度 17.6 ℃，夜间最低温度 11.7 ℃，经过人工订正后，南京市 14 日白天最高温度可预报 18 ℃，14 日夜间可预报 12 ℃。

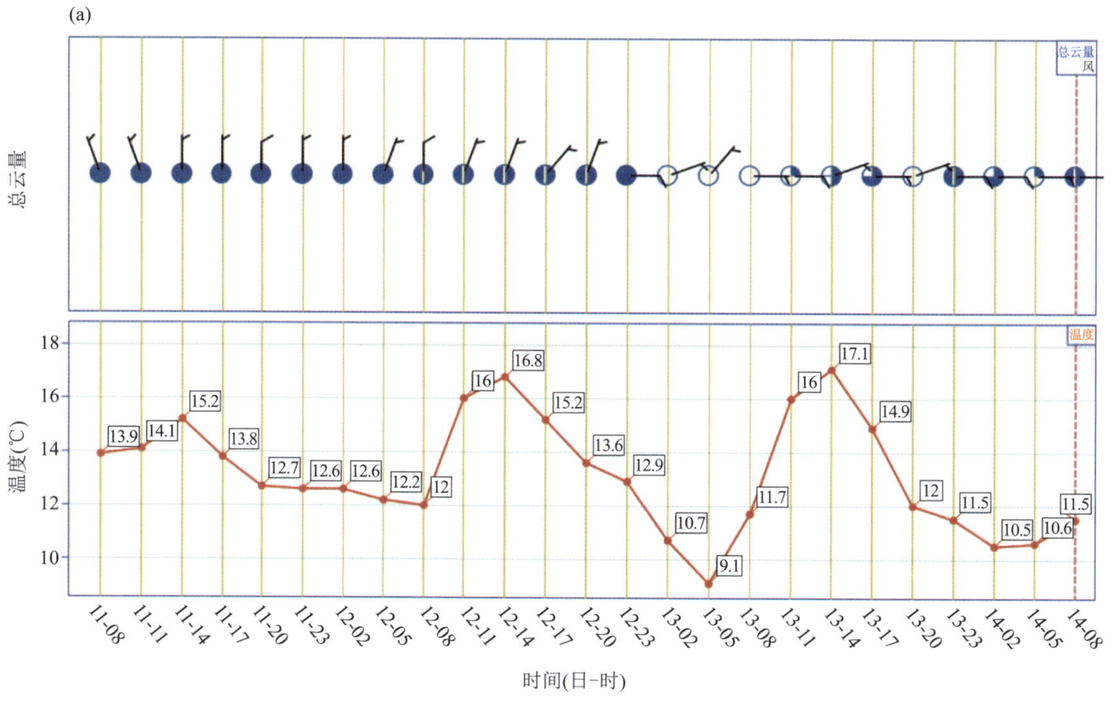

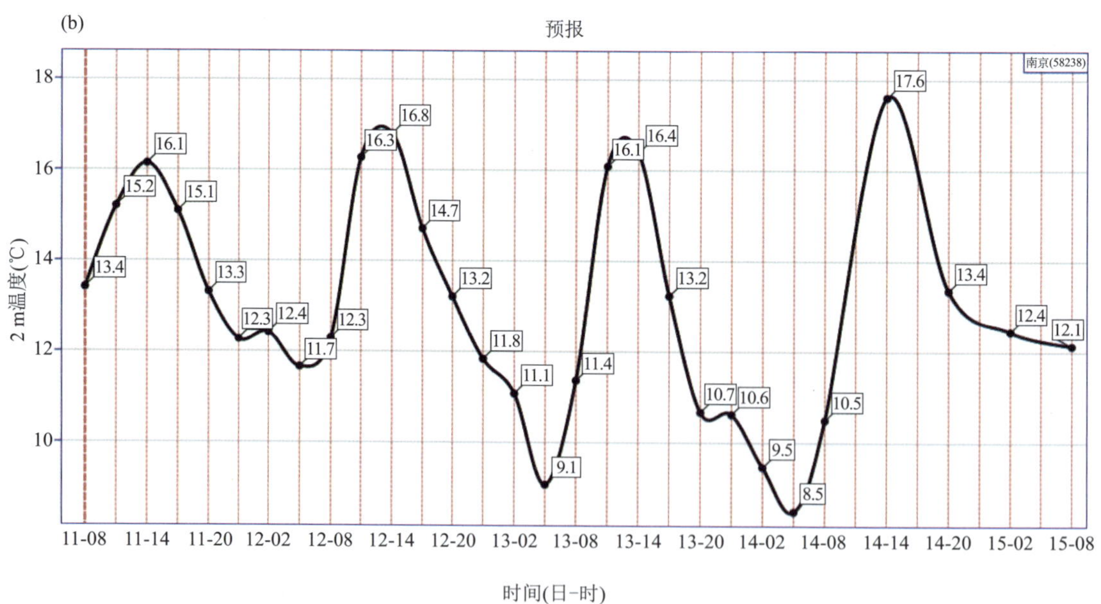

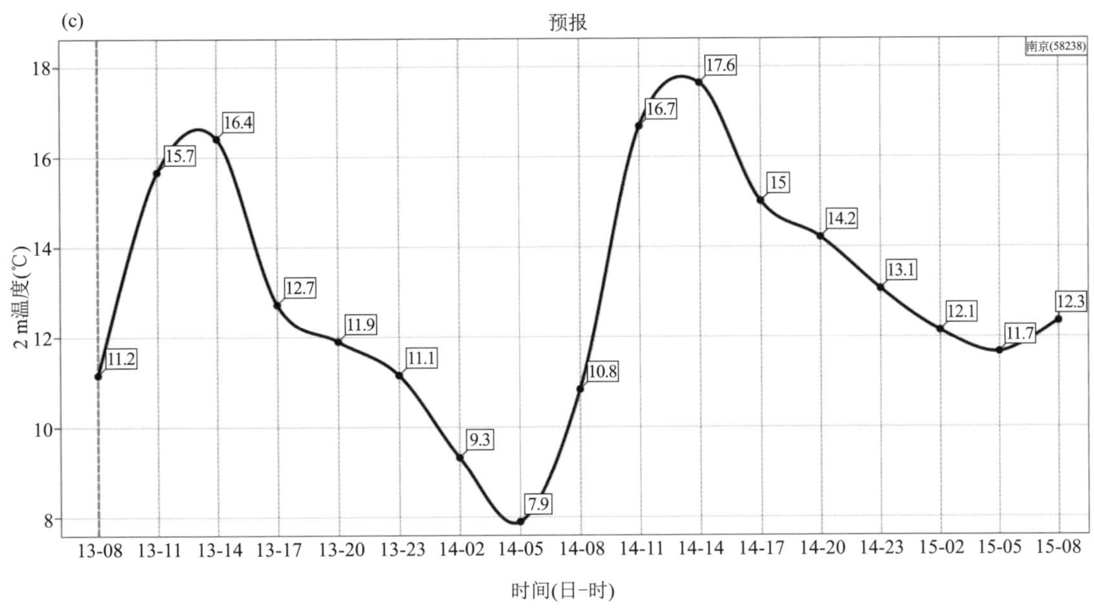

图 5.27　南京站

(a)实况温度(单位：℃)、总云量和风；

(b)ECMWF 模式 2018 年 11 月 11 日 08 时起报预报 2 m 温度(单位：℃)；

(c)ECMWF 模式 2018 年 11 月 13 日 08 时起报预报 2 m 温度(单位：℃)

5.5　风的分析预报

空气的运动产生气流，气流速度是一个三维空间矢量。通常我们把空气的水平运动称为风，包括方向和大小，即风向和风速(风力)。

风向指气流的来向，以正北为基准，顺时针方向旋转，常按 16 个方位，用英文缩写符号表示(图 5.28)。如地面上的北风指的是风向在 348.76°～11.25°之间的风，11.26°～33.75°为北东北风，依此类推。

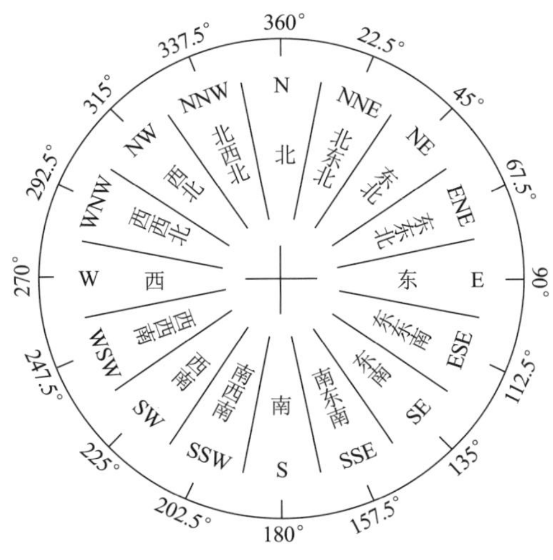

图 5.28　风向方位

风速是空气在单位时间内移动的水平距离，风速单位普遍用米·秒$^{-1}$($m \cdot s^{-1}$)，有时为了计量方便，也采用千米·小时$^{-1}$($km \cdot h^{-1}$)。在海上，采用海里(n mile)作为长度单位，也有采用节(kn)作为风速单位的。不同风速单位的换算关系如下：$1\ m \cdot s^{-1} = 3.6\ km \cdot h^{-1}$，$1\ n\ mile \cdot h^{-1} \approx 1.852\ km \cdot h^{-1}$，1 kn(节)$= 1\ n\ mile \cdot h^{-1} = 0.5144\ m \cdot s^{-1}$。

在地面气象观测中，地面风是指在地面气象观测场上(空旷的区域)距地表面 10 m 处用风向风速传感仪探测得到的风，而不是指地表面的风。风力表示风的强度，气象上常用蒲福风级表示，蒲福风级共有 18 个(0～17 级)，详见表 5.11。

地面风也是常规天气预报服务重点内容之一。一般将平均风力达到 6 级以上的风称为大风。因为大风多具灾害性，对航运、渔业生产及军事活动等的影响甚大，所以大风预报是风的预报重点。

表 5.11　蒲福风力等级表

风力级数	名称	海面状况 海浪(m)		海岸船只征象	陆地地面征象	相当于空旷平地上标准高度 10 m 处的风速		
		一般	最高			$n\ mile \cdot h^{-1}$	$m \cdot s^{-1}$	$km \cdot h^{-1}$
0	静稳	—	—	静	静，烟直上	小于 1	0～0.2	小于 1
1	软风	0.1	0.1	平常渔船略觉摇动	烟能表示风向，但风向标不能动	1～3	0.3～1.5	1～5
2	轻风	0.2	0.3	渔船张帆时，每小时可随风移行 2～3 km	人面感觉有风，树叶微响，风向标能转动	4～6	1.6～3.3	6～11
3	微风	0.6	1.0	渔船渐觉颠簸，每小时可随风移行 5～6 km	树叶及微枝摇动不息，旌旗展开	7～10	3.4～5.4	12～19
4	和风	1.0	1.5	渔船满帆时，可使船身倾向一侧	能吹起地面灰尘和纸张，树的小枝摇动	11～16	5.5～7.9	20～28
5	清劲风	2.0	2.5	渔船缩帆(即收去帆之一部)	有叶的小树摇摆，内陆的水面有小波	17～21	8.0～10.7	29～38
6	强风	3.0	4.0	渔船加倍缩帆，捕鱼须注意风险	大树枝摇动，电线呼呼有声，举伞困难	22～27	10.8～13.8	39～49
7	疾风	4.0	5.5	渔船停泊港中，在海者下锚	全树摇动，迎风步行感觉不便	28～33	13.9～17.1	50～61
8	大风	5.5	7.5	进港的渔船皆停留不出	微枝折毁，人行向前，感觉阻力甚大	34～40	17.2～20.7	62～74
9	烈风	7.0	10.0	汽船航行困难	建筑物有小损(烟囱顶部及平屋摇动)	41～47	20.8～24.4	75～88
10	狂风	9.0	12.5	汽船航行颇危险	陆上少见，见时可使树木拔起或使建筑物损坏严重	48～55	24.5～28.4	89～102
11	暴风	11.5	16.0	汽船遇之极危险	陆上很少见，有则必有广泛损坏	56～63	28.5～32.6	103～117
12	飓风	14.0	—	海浪滔天	陆上绝少见，摧毁力极大	64～71	32.7～36.9	118～133

续表

风力级数	名称	海面状况 海浪(m)		海岸船只征象	陆地地面征象	相当于空旷平地上标准高度 10 m 处的风速		
		一般	最高			$n\ mile \cdot h^{-1}$	$m \cdot s^{-1}$	$km \cdot h^{-1}$
13	—	—	—	—	—	72～80	37.0～41.4	134～149
14	—	—	—	—	—	81～89	41.5～46.1	150～166
15	—	—	—	—	—	90～99	46.2～50.9	167～183
16	—	—	—	—	—	100～108	51.0～56.0	184～201
17	—	—	—	—	—	109～118	56.1～61.2	202～220

5.5.1　实习目的

通过本节实习，了解地面风的影响因子，重点理解风压关系在预报中如何应用，掌握地面风的预报着眼点及思路，并能够利用所给资料比较准确地制作出指定预报站点(或区域)的风向风速预报。

5.5.2　地面风的预报

风的预报内容包括风向和风速。风速的预报包括平均状态和瞬间状态(阵风)两部分，当瞬间风力在 5～6 级及以上时，就要加报阵风风力。风的预报思路及步骤如下。

(1)制作高空、地面形势变化预报。

(2)根据预报得到地面气压场特征及变化，确定预报区域未来受哪个气压系统影响？该系统强度、移向及移动速度如何变化？预报区域在不同的时间段位于该系统的什么位置？依据风压定律制作地面地转风/梯度风预报(系统风)(吴洪，2013a)。

在中高纬度，风和气压场基本上是符合地转风、梯度风原理的。根据地转风原理，地转风与气压梯度(位势梯度)成正比，与空气密度成反比；风向在北半球垂直于气压梯度、指向其右侧(平行于等压线)——著名的白贝罗原理。

在地面天气图上，预报员需要分析等间隔的等压线，因此，等压线的走向基本决定了风向，而风的强度则可以根据气压梯度的大小来确定，即等压线越密集(等压线的空间间隔越小)，风速越大，反之，风速越小(图 5.29)。另外，由于地转参数的作用，风速与纬度成反比，纬度越高，风速越小。而空气密度不属于直接观测的气象要素，利用状态方程，可知在其他条件相同的前提下，风速与温度(百叶箱温度)成正比，温度越高，风速也越大(参考(5.8)式)。

地转风的计算公式可写成：

$$V_g = \left|\frac{1}{f\rho}\frac{\Delta p}{\Delta n}\right| = \left|\frac{RT}{fp}\frac{\Delta p}{\Delta n}\right| \quad 或者\ V_g = \left|\frac{g}{f}\frac{\Delta z}{\Delta n}\right| \tag{5.8}$$

式中，V_g 为地转风速，Δn 为沿等压线(等高线)的法线方向的空间距离。

要在实际预报中使用，需要计算出不同纬度的地转风。在标准大气条件下，海平面的空气密度 $\rho=1.2923\ kg \cdot m^{-3}$，地球自转角速度 $\omega=7.29\times10^{-5}\ s^{-1}$，$\frac{\Delta p}{\Delta n}$的单位为 1 hPa · 纬距$^{-1}$。其中 $1\ hPa=\frac{100\ kg \cdot s^{-2}}{m}$，1 纬距$\approx1.11\times10^5$ m，在某一纬度上，如果把空气密度作为常量，则

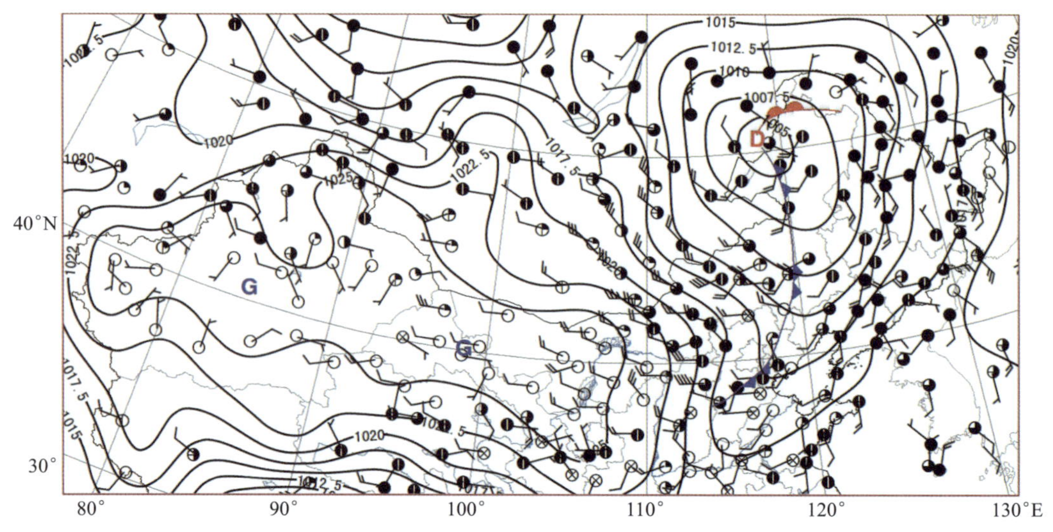

图 5.29　2018 年 10 月 22 日 14 时地面天气图

"1 hPa·纬距$^{-1}$"的地转风表达式为：$V_g=\frac{4.78}{\sin\psi}\mathrm{m\cdot s^{-1}}$。计算每隔 5°的地转风，结果如表 5.12 所示。

表 5.12　1 hPa·纬距$^{-1}$的地转风速查算表

纬度(°)	风速(m·s^{-1})	纬度(°)	风速(m·s^{-1})	纬度(°)	风速(m·s^{-1})
5	54.8	35	8.3	65	5.3
10	27.5	40	7.4	70	5.1
15	18.5	45	6.8	75	4.9
20	14.0	50	6.2	80	4.9
25	11.3	55	5.8	85	4.8
30	9.6	60	5.5	90	4.8

实际应用时，量得地面图上某区域 1 纬距的气压差，与表中同一纬度风速值相乘即可。

地转风是一种对大气实际风的近似描述，可以有助于理解大气运动的变化。地转风关系主要在中高纬度地区考虑，在较低纬度（如华南地区），地转参数 f 非常小，不能建立地转平衡，因此不考虑地转风关系，但风的大小仍与气压梯度有关，梯度越大，风速越大。

在同一个气团内，气象要素的水平分布比较均匀，即气压差（梯度）较小。锋则是两种不同密度的气团之间的狭窄区域，气象要素在此狭窄区两侧的差异较大，气压差（梯度）较大，且较其他（除热带气旋之外）区域大得多。观测表明，强的锋区附近会出现较大的风速甚至急流。通常气旋与锋逼近时，风力一般都要加大；反气旋中心移近时，风力减弱。气压系统加强或气压梯度加大时风力加大，反之，风力减小。

实际工作中梯度风的计算公式（肖琢静，1995）为：

气旋：$V_c=-r\omega\sin\psi+\sqrt{(r\omega\sin\psi)^2-\frac{r}{\rho}\frac{\Delta p}{\Delta n}}$

反气旋：$V_{ac}=r\omega\sin\psi-\sqrt{(r\omega\sin\psi)^2+\frac{r}{\rho}\frac{\Delta p}{\Delta n}}$　　(5.9)

式中，V_c 为气旋性环流中梯度风，V_{ac} 为气旋性环流中梯度风。ω 为地球自转角速度，ψ 为纬度，r 为等压线曲率半径，ρ 为空气密度，$\frac{\Delta p}{\Delta n}$为气压沿法线方向的变化。

从上式可以看出，梯度风的大小和气压梯度、空气密度、等压线曲率半径和纬度的正弦有关，即使将 ρ 和 ψ 视为常数，梯度风和 r、$\frac{\Delta p}{\Delta n}$ 也不是线性关系。但是梯度风和地转风一样，气压梯度越大，其风速也越大。

（3）考虑预报区地理位置、地形、局地热力环流等对风向风速的影响。当气压场较弱时，风速较小，风向以本地地方性风为主。

① 预报地区下垫面性质对于风的大小及方向有较大影响，如粗糙的下垫面摩擦作用使风力减小，并使得风向偏离等压线指向低压一侧。在北半球一般情况地面实际风偏于地转风的左侧，在陆地上平均偏 30°，风速远小于地转风速，平均约为地转风速的 30%～40%；而在洋面（大型水面）上，实际风向平均偏 15°～20°，实际风速为地转风速的 60%～70%。不同下垫面平均风与阵风关系不同，如：在城市中，阵风风速约为平均风速大小的 1.8～2 倍，乡村约为 1.5～1.7 倍，海面（大型水面）上约为 1.3 倍。

② 在地表热力性质差异明显的地区（如沿海地区、山与谷、高原与平原毗邻地带等），因下垫面受热不均匀，常有地方性的热力环流形成。如在白天陆地增温比海面快以致陆地气温高于海面，在海陆交界地区形成的小尺度温、压差异（力管项）导致海风形成，陆地空气上升，海面空气下沉，上层空气由陆地吹向海面，低层空气则由海面吹向陆地，从而形成环流；夜间情况相反，出现陆风。而山谷风环流，白天气流从谷底（平原）流向山坡（尤其是向阳的一侧）并沿着山坡上升，夜晚气流则从山坡下沉流向谷底（平原）。

③ 对于有山脉等地形的预报地区，当气流过山脉等地形时，翻山后气流下坡可产生下坡风，包括焚风和布拉风（寒冷干燥的风）。地形的狭管效应将影响地面风的预报。当气流由开阔地带流入地形构成的峡谷时，由于空气质量不能大量堆积，于是加速流过峡谷，风速增大。当流出峡谷时，空气流速又会减缓。这种地形峡谷对气流的影响，称为“狭管效应”。由于狭管效应增大的风，称为峡谷风或穿堂风。如在我国新疆的山口地区、百里风区，台湾海峡等地都是著名的狭管效应区域（图 5.30）。

（4）根据风的日变化规律对风的预报结果进行修正。

大气边界层厚度约为 1500 m 左右。在边界层中，因摩擦随高度减小，所以风向作顺时针转变，而风速随高度增加，所以一般高层动量较大。当空气层结稳定时，铅直交换弱，空气动量下传较小。若空气层结不稳定时，铅直交换强，空气的动量下传较强，因而使地面风速明显加大。阴天（天空中低云总量≥8 成），白天（夜间）地面升（降）温较慢，边界层内的温度递减率较小，近地面层一般为稳定层结；晴天，在太阳辐射加热的作用下近地面层可能会形成不稳定层结，而夜间可能因强的辐射降温作用而形成辐射逆温，层结稳定。因此，晴天时一般白天地面风速增大，午后可达最大，夜间风力减弱，至凌晨最弱。这种情况在春天、夏天较为常见。例如北京夏季白天的风力可达 3～4 级，入夜后逐渐减为 1～2 级。

下面是河北沧州常规风预报的例子（宋善允 等，2017），首先根据地转风公式计算地转风。其次考虑下垫面、稳定度计算得到预报的风向风速（表 5.13 和表 5.14）。

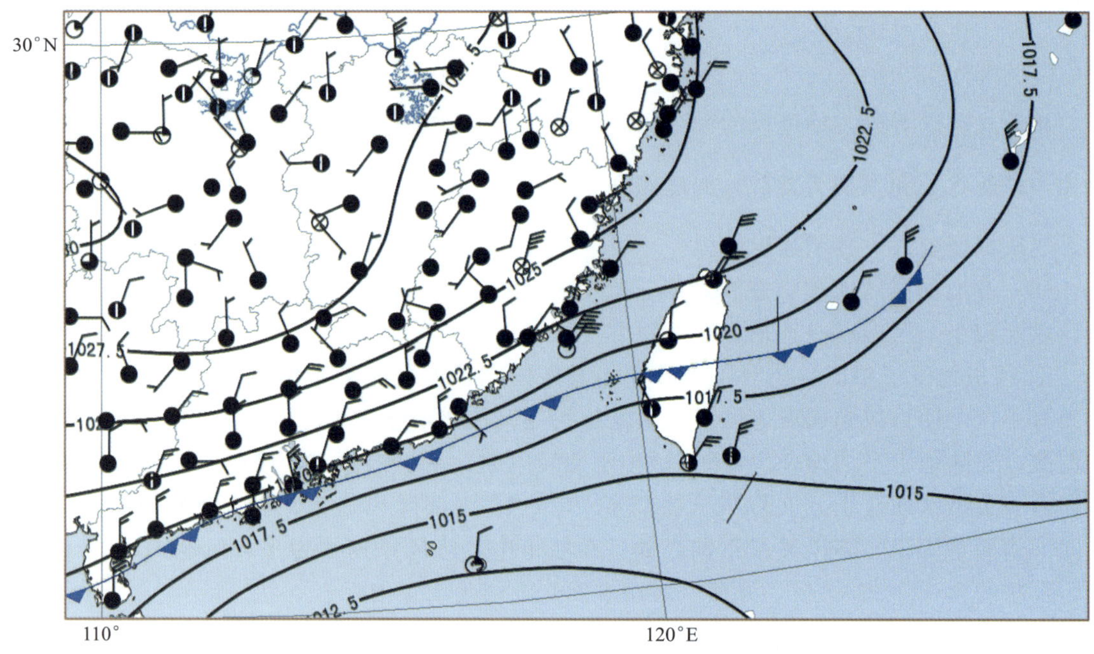

图 5.30 台湾海峡的“狭管效应”

表 5.13 不同下垫面和稳定度地转风 C_g 与实测风 C 风向交角（宋善允 等，2017）

	不稳定	中性	稳定
洋面	15°	20°	30°
光滑陆地	25°	30°	40°
一般陆地	30°	35°	45°
崎岖陆地	35°	40°	50°

稳定度划分：当 $T_{850}-T_{地}\geqslant-10$ ℃时为稳定状态，当 $T_{850}-T_{地}\leqslant-12$ ℃时为不稳定状态，-10 ℃$>T_{850}-T_{地}>-12$ ℃时为中性状态，交角均取中值；当 $T_{850}-T_{地}\geqslant-3$ ℃时为逆温状态，交角一般较中值大 5°。

表 5.14 C_g 与 C 不同交角风速比值(宋善允 等,2017)

交角 β	10°	15°	20°	25°	30°	35°	40°	45°
C/C_g	0.78	0.71	0.61	0.48	0.37	0.25	0.14	0.00

$\alpha=\theta-\beta$，其中，α 为预报的风向，θ 为等压线走向，β 为实测风与地转风夹角，根据上述关系可得到预报的风向风速。

接着考虑动量下传的影响，当高空风与地面风交角≤90°并且 850 hPa 风速≥4 m·s^{-1} 时考虑动量下传因子。风速差计算公式 $\Delta df=V_{850}\times(|T_{850}-T_{地}|+12$ h 平流变化的绝对值$+8)/20$。当高空风与地面风交角≥20°且≤90°时，动量下传，S—W 风向向右偏转 15°～25°；交角≥30°，偏转 25°。

以上通过计算和订正得到定量风向风速，最后根据系统强度和变化进行风速的加减级订正。

(5)模式客观预报产品应用。

在制作地面风的预报时，还可以直接参考模式输出的 10 m 风向、风速预报产品。但需要注意，模式直接输出产品与实际风有时有较大差异，如图 5.31 所示，T639 模式预报天气系统基本和实况一致，但低压后部的最大风速只预报了 12 $m \cdot s^{-1}$，GRAPES 区域模式预报风速最大达 14 $m \cdot s^{-1}$，而实况则达到 16～18 $m \cdot s^{-1}$，所以模式结果需加以订正调整后再使用。

目前各业务单位利用实况观测数据和模式输出结果通过统计释用的方法（如 MOS 法、PP 法、KNN 法等）制作出风的客观预报产品，可为预报提供一些有意义的参考（刘还珠 等，2004；陈豫英 等，2007，2008；林良勋 等，2009）。

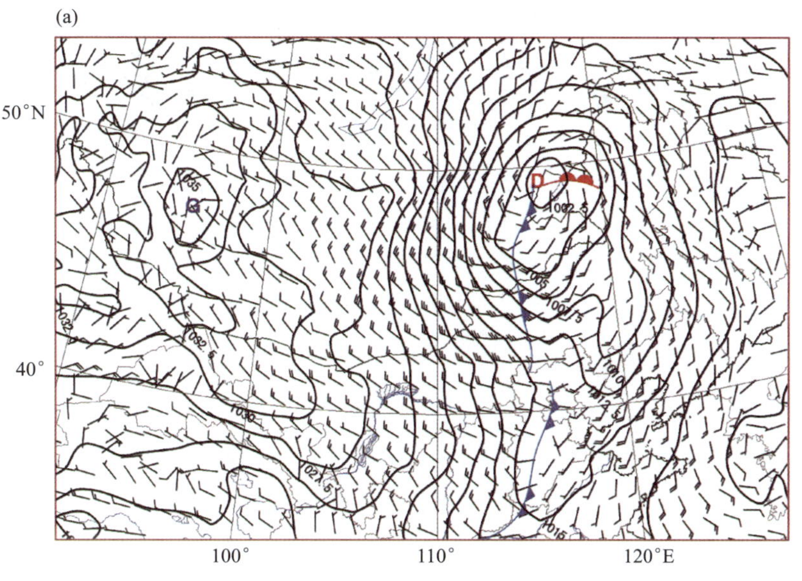

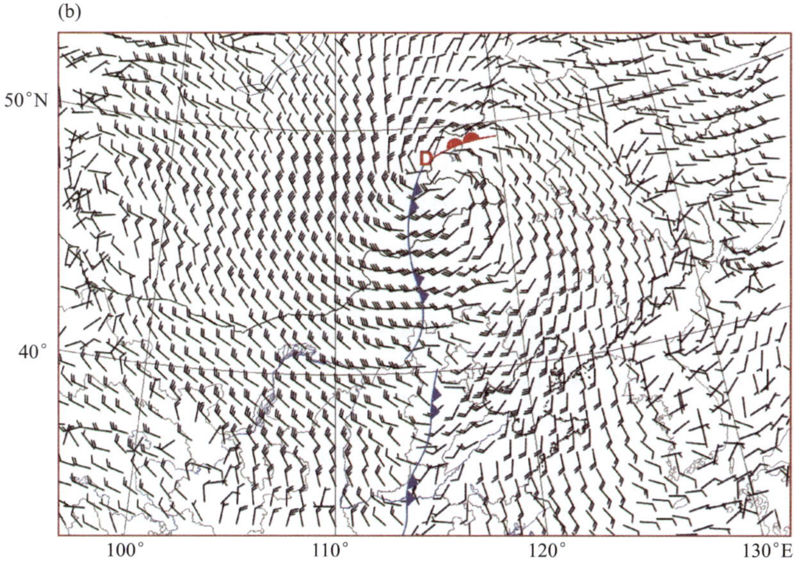

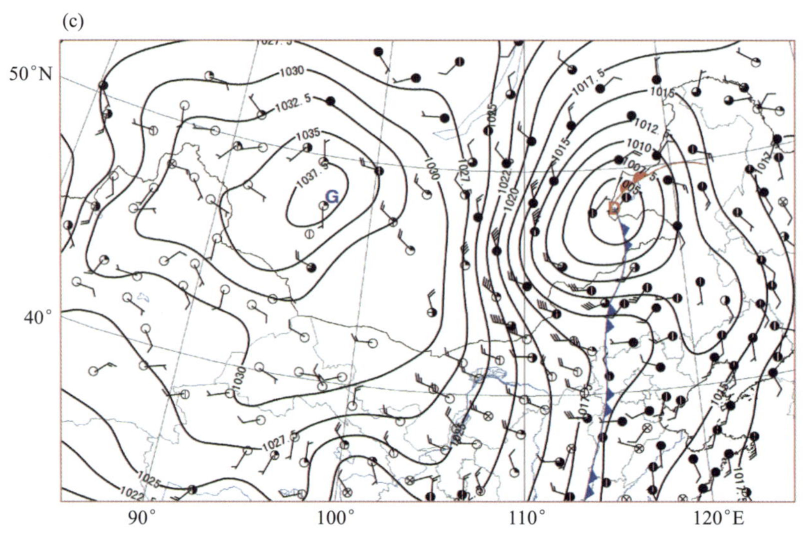

图 5.31 模式预报 10 m 风场与实况对比图

(a)T639 模式 2018 年 10 月 24 日 20 时预报 25 日 14 时海平面气压场及 10 m 风场；

(b)GRAPES 区域模式 2018 年 10 月 24 日 20 时预报 25 日 14 时 10 m 风场；

(c)2018 年 10 月 25 日 14 时地面实况图

5.5.3 大风的预报

一般将平均风速达到 6 级（10.8～13.8 $m \cdot s^{-1}$）以上，或者阵风风速达到 8 级及以上（≥17.2 $m \cdot s^{-1}$）的风称为大风。我国的大风（不含雷暴大风及台风大风）以春季最多，夏季较少。从地区分布看，沿海多于内陆，北方多于南方。在松辽平原、内蒙古草原、辽东半岛、青藏高原、华北平原以及台湾海峡一带，在一定的天气形势下经常出现大风。而雷暴大风多发于春、夏季节，秋季和冬季大风日数明显减少，其分布特点是高原多于平原，东部多于内陆。引起我国大风的台风主要出现在 6—10 月，其中 8 月最多。台风大风主要出现在东南沿海，台风大风频数由沿海向内陆急剧减小（杨玉华 等，2004）。

地面大风的预报可以重点关注以下内容。

① 地面气压梯度、变压梯度$\nabla(\Delta p)$大的区域；

② 地面冷锋强度，一般冷锋越强，产生的风速也越大；

③ 地面局地温差大值区；

④ 高空强冷平流区的动量下传导致地面风速增大；

⑤ 地面天气系统（锋面、气旋等）过境；

⑥ 大气层结不稳定，如 $SI<0$，$K>25$，$\frac{\partial \theta_{se}}{\partial Z}<0$，$\frac{\partial T_{\delta}}{\partial Z}<0$ 时，易出现地面对流性大风；

⑦ 强上升运动中心附近，易出现地面大风。

此外，还可以运用人工神经网络，大风预报专家系统来做大风预报（杨忠恩 等，2007）。预报时需注意在不同季节里产生大风的条件是有所不同的。根据天气分析预报实践的总结，我国常见的大风有冷锋后偏北大风，高压后部偏南大风，气旋和低压大风，以及台风大风和雷雨大风等。这里主要介绍几种大风的特点和预报方法(朱乾根 等,2007)。

(1)冷锋后偏北大风

冷锋后偏北大风春季最多,冬季和秋季次之,夏季最少,不仅给北方地区带来强烈降温、扬沙和沙尘暴天气,也可在沿海区域造成风浪,影响渔业和航行安全。冷锋后偏北大风这类天气在地面图上表现为强大的蒙古冷高压及其东南部或者东部伴随有冷锋活动,大风出现在冷锋后高压前沿气压梯度最大的地方(图 5.32a 和图 5.32b)。产生大风的原因,主要是锋后有强冷空气活动,高压前部等压线密集,气压梯度最大。而锋面次级环流使得在低层水平方向上加速度的方向由冷气团指向暖气团,这就使冷锋后的偏北大风加大。冷空气下沉,动量下传也使得锋后地面风速加大(图 5.32c 和图 5.32d)。冷锋后近地面层出现较大的正变压中心,变压风也加强了地面风速(图 5.32b)。

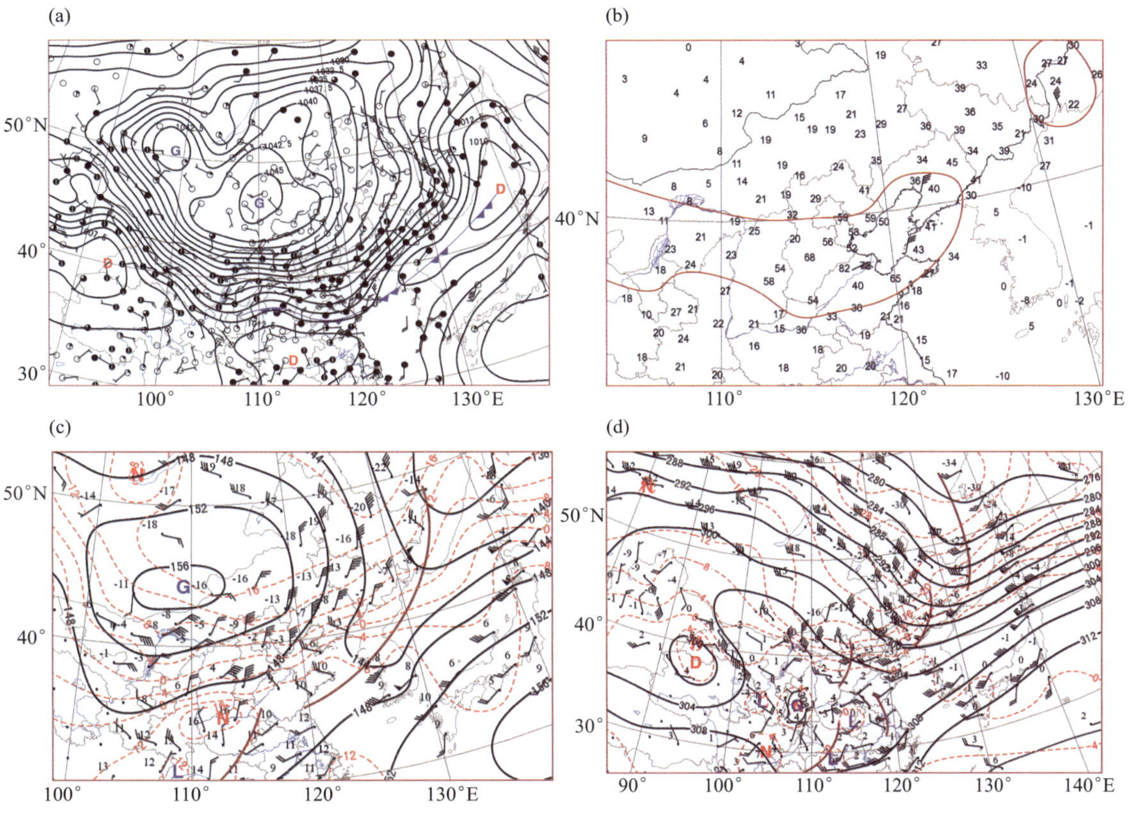

图 5.32　2018 年 3 月 15 日冷锋后偏北大风天气图

(a)2018 年 3 月 15 日 08 时地面图;(b)2018 年 3 月 15 日 08 时地面 3 h 变压(图中粗实线为大风区);(c)2018 年 3 月 15 日 08 时 850 hPa 天气图;(d)2018 年 3 月 15 日 08 时 700 hPa 天气图

因此冷锋后偏北大风的预报重点是关注冷空气活动。

① 利用高空图分析冷平流的分布和强度

冷平流区的分布,反映了冷空气的活动和变化情况。一般情况下,与地面冷锋相配合的高空槽越深、槽后的冷平流越强,就越有利于冷锋后出现大风,大风区出现在冷平流最强区域所对应的位置(图 5.32)。

如果高空图上冷平流不明显,且所及的高度又低,则表明冷空气既弱又浅薄。这时在移动过程中的冷高压将不断地变性和减弱，这种形势不利于地面出现大风，已出现的大风也将趋于消失。

② 利用地面图分析 3 h 变压的分布和强度

如冷锋后 3 h 变压分布主要是由冷暖空气的活动所引起时，则 3 h 变压数值的大小是预报锋后大风的良好指标。冷锋前后 3 h 变压正负中心的差值越大，则风力越强。大风区出现在正负变压中心附近变压梯度最大的地方。一般如锋前后变压中心值相差 7 hPa 以上时（长江以南地区，差 5～6 hPa 即可），则在锋经过后，常有大风出现。

③ 分析冷锋前后的气压差和温度差

冷锋前后的两地之间的气压差和温度差可以反映锋附近气压梯度的大小和冷空气的强度，与大风有着较好的相关性，因而常被作为预报大风的指标。

冷锋后偏北大风的演变一般比较有规律，可以根据大风的范围以及该大风区的移动情况用外推法预报出本站的大风出现时间和风力大小。

(2)高压后部偏南大风

这种大风多在春季出现，以我国东北、华北、华东等地区最为常见，出现偏南大风时的气压场多是“东高西低”或“南高北低”的形势。偏南大风日变化明显，中午前后风大，傍晚小；形势变化不大时，可维持几天；常出现在地面风、高空风较一致地区。“东高西低”形势特点为，春季的大陆由于回暖快而比海上气温高，从大陆上东移到海上的变性冷高压会因下垫面温度相对较低而失去能量，即高压加强，这时也会有短暂的偏南大风出现（图 5.33a），这种大风一般风速不是很大。如果西部有低压东移，特别是低压发展东移时，也可以出现较大而持久的偏南大风。“南高北低”形势的主要特点是，我国东部海上有较强的高压，东北地区有锋面气旋（东北低压）发展加深，高低压相邻处气压梯度增大，从而出现大风（图 5.33b）。

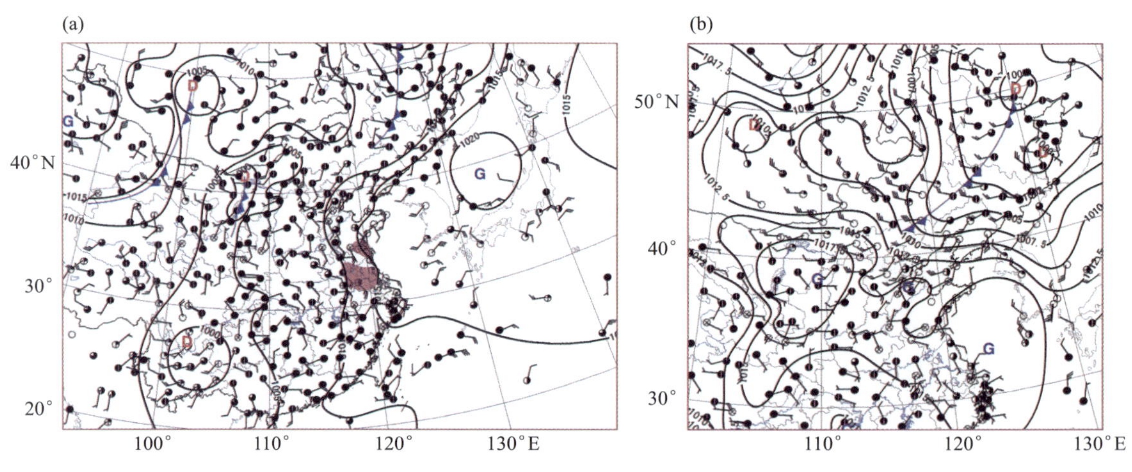

图 5.33　不同形势下的偏南大风

(a)2014 年 5 月 23 日 14 时“东高西低”形势下偏南大风的地面图（图中阴影部分为大风范围）；
(b)2016 年 4 月 8 日 14 时“南高北低”形势下西南大风的地面图

(3)低压大风

低压大风即在低压发展加深时一般在低压周围气压梯度最大的地区出现的大风。在我国东北地区、长江中下游、东海和黄海海面上，经常出现低压大风。这种大风一年四季都有，但以春季最多。造成大风天气的低压系统除热带气旋外主要有蒙古气旋、东北低压、江淮气旋、黄海气旋、东海气旋等。在我国除热带气旋外，一般所指的气旋都指锋面气旋，也就是气旋发展的同时地面锋面尤其是冷锋也在加强。

当蒙古气旋在贝加尔湖—蒙古国以东地区因强的暖平流和高空强正涡度平流的共同作用而剧烈发展时，在气旋暖区内可造成偏西或西南大风。若冷锋后再伴随有强冷平流活动，则在冷锋过境后，锋后可出现偏北（西北）大风（图5.34）。

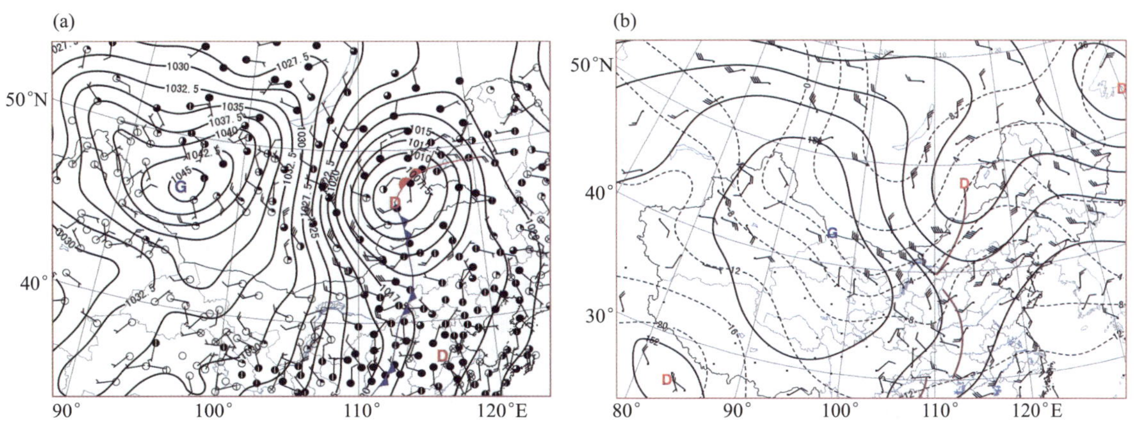

图5.34　2018年10月25日08时蒙古气旋冷锋后大风天气图

(a)地面图；(b)850 hPa天气图

东北低压大风主要是由贝加尔湖和蒙古一带产生的低压东移到东北地区或在东北当地生成的低压发展加深时，在低压周围出现的大风（图5.35a）。东北低压大风的范围广，可影响东北地区和内蒙古地区，风力较强，一般可达6～8级。如果低压连续几天无太大变化，大风可持续3 d左右。当低压发展成为深厚冷性低压时，低压后部常有副冷锋生成，锋后则常出现偏北大风（图5.35b）。

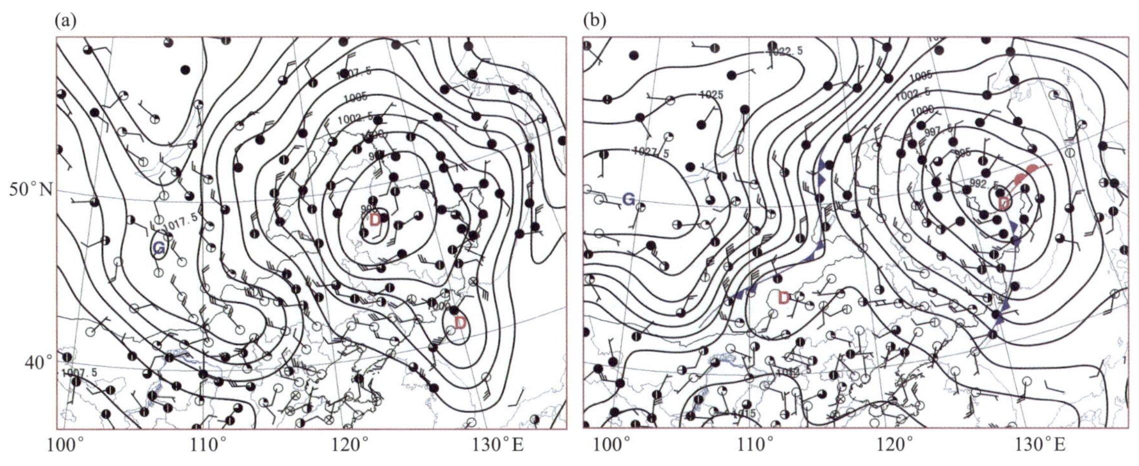

图5.35　东北低压大风天气图

(a)2016年4月22日14时地面图；(b)2019年5月29日08时地面图

江淮气旋和东海气旋大风，主要是指长江中下游产生的气旋波迅速发展加深时所形成的大风，这种大风多在气旋入海后出现。因海上摩擦力小，故容易出现6级以上的大风。在气旋的东部为较强的东南风和南风，西部为偏北和西北大风。大风的范围一般没有东北低压大风的范围大，持续时间也不长，但对航运、渔业生产影响很大。如图5.36所示，气旋入海后，造成江苏、浙江出现大风天气，江苏大部分地区出现7～9级，沿海地区出现9～11级偏北大风，浙江北部和中部沿海区域由偏南大风逐渐转为偏北大风，东海海域受偏南或东南大风的影响。如图 5.37 地面图所示，当黄海气旋入海后，在其后部山东等地造成了大范围的偏北大风天气。

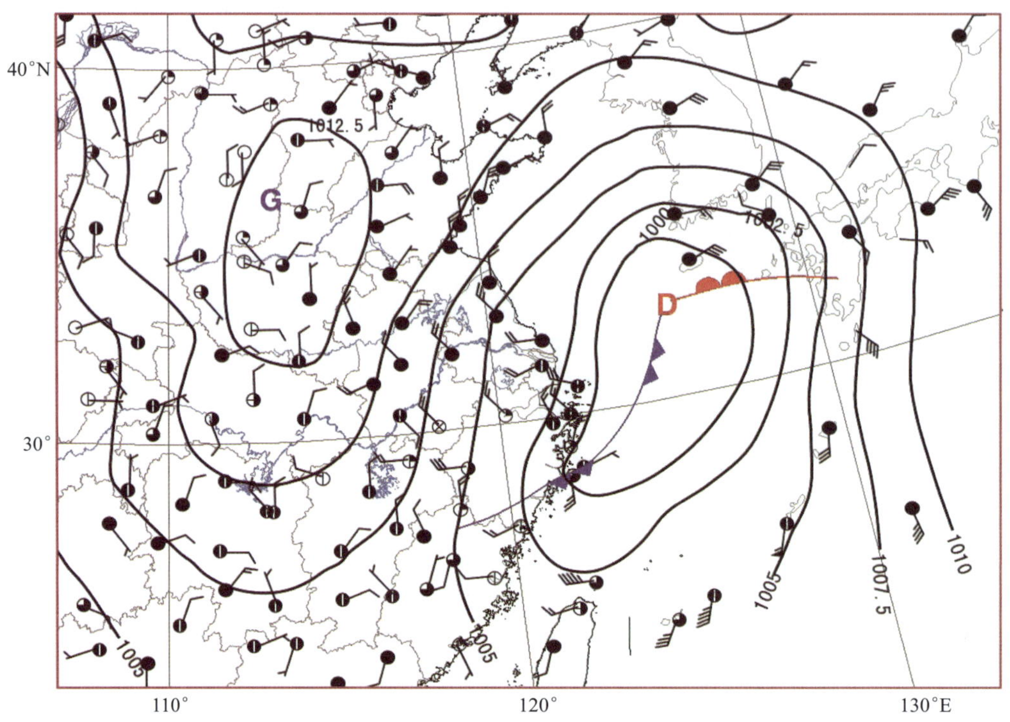

图 5.36　2008 年 4 月 9 日 14 时江淮气旋大风天气地面图

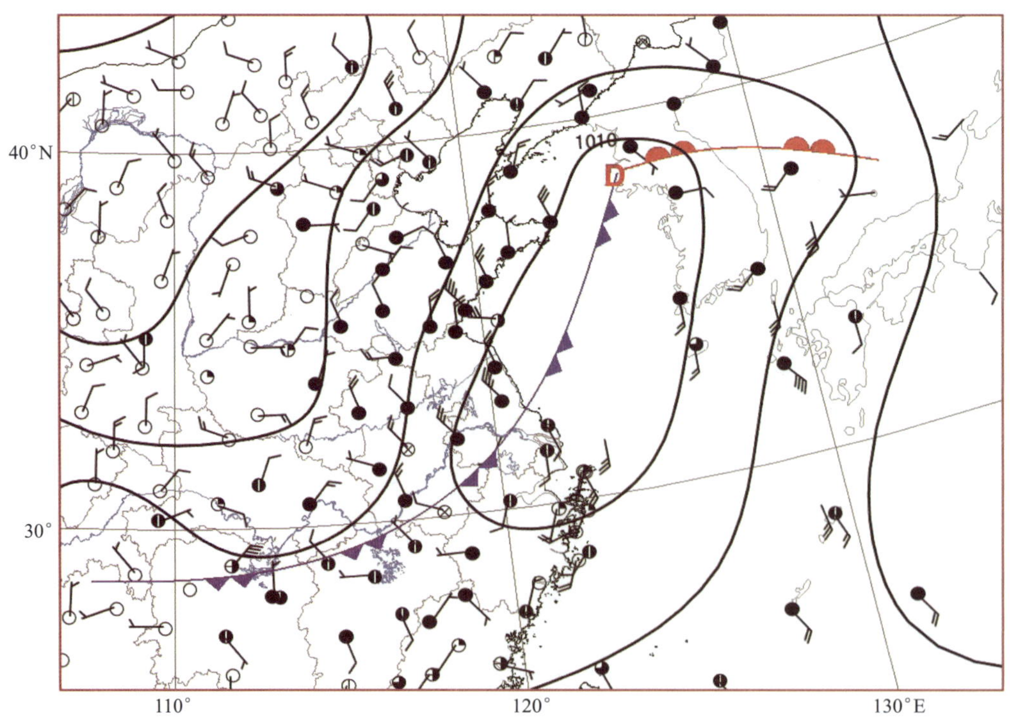

图 5.37　2012 年 4 月 2 日 20 时黄海气旋大风的地面图

(4)热带气旋大风

热带气旋区域大风分布是越靠近中心,风力越大,最大风力分布在眼壁(近中心)周围的环形地带(图 5.38)。大风的分布与热带气旋的内部结构有关,一个结构不对称的热带气旋,不同部位出现的风力大小差异很大。热带气旋中的风具有明显的阵性特征,阵风与平均风的风速差可达 30 m·s^{-1} 以上,阵风会造成巨大的人员财产损失。

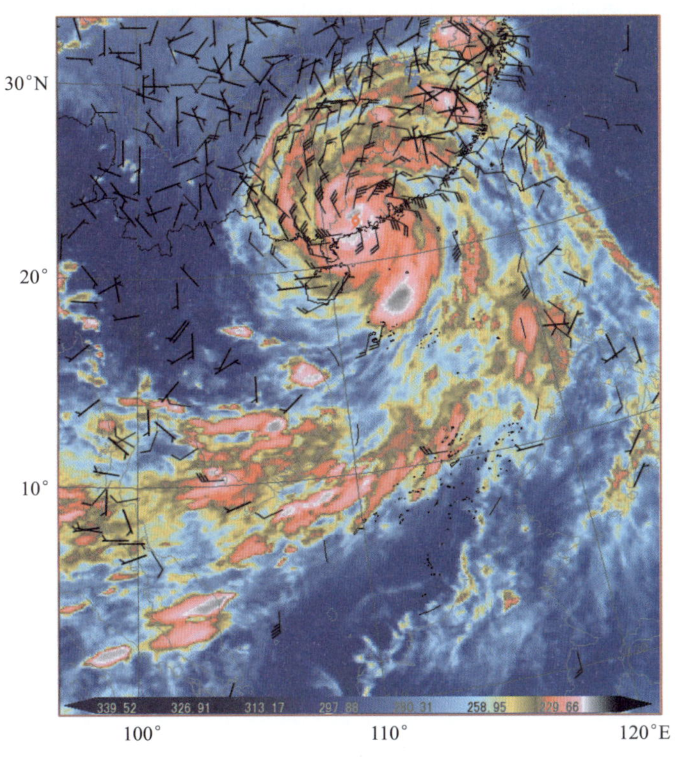

图 5.38　2018 年 9 月 16 日 20 时 1822 号台风"山竹"登陆广东后大风分布图

热带气旋造成的地面风力受诸多因素影响,除热带气旋自身的强度(气压梯度)和范围大小(特征风圈半径,如 7 级风圈、10 级风圈)外,登陆点的位置、周围天气系统的配置(如副热带高压、大陆高压、冷空气和它的周围环境流场)、地形的影响、热带气旋中心与预报点的距离等都将影响地面风力的预报结果。一般热带气旋强度强、强风圈半径大,造成的风力就越大,但是要注意在台风眼区域中,风力很小,风向多变。副热带高压位于热带气旋的北侧时,热带气旋和副热带高压之间就形成强东风区,在热带气旋登陆前较常见。副热带高压位于热带气旋的东侧时,热带气旋和副热带高压之间形成强南风区,这种形势出现在热带气旋登陆后,位于大陆上的高压(暖性和冷性)对热带气旋大风的增强作用也很明显,大陆高压位于热带气旋的西侧,从东面来的热带气旋与大陆高压之间形成很强的北风。地形对风力的分布影响很大,一般山地风力相对弱、平原地区较强,但是若等压线走向与山谷走向相同时,由于狭管效应,风力很大。

(5)对流性大风

雷暴大风是指伴随有雷暴的除龙卷以外的地面直线型大风,其阵风风力达到或超过 8 级(17.2 m·s^{-1}),可折断树木或高秆农作物,损坏房屋,具有很强的破坏力。雷暴大风的产生主要有两种方式：①对流风暴中的下沉气流到达地面时产生辐散，直接造成地面大风，造成地面大风的原因除较强的下沉气流外，移动着的雷暴的高空水平动量下传也是重要原因。②对流风暴下沉气流由于降水蒸发冷却在到达地面时形成一个冷空气堆向四面扩散，冷空气堆与周围暖湿气流的界面称为阵风锋，阵风锋的推进和过境也可以导致大风（孙继松 等，2014）。

雷暴大风的预报，除了考虑雷暴产生的三个要素（层结不稳定、水汽、抬升触发）外，还需要考虑能够产生强烈下沉气流的条件，有利于雷暴内产生强烈下沉气流的背景条件是：①对流层中层存在一个相对干的气层；②对流层下层的环境温度直减率越大，越接近于干绝热越有利（图 5.39）。雷暴大风发生前，大气层结不稳定性较强，一些对流参数有一定的指示意义。如在多数情况下，对流有效位能 CAPE>700 $J \cdot kg^{-1}$，下沉对流有效位能 DCAPE>500 $J \cdot kg^{-1}$，抬升指数 $LI<-2$ ℃，大风指数 $VV>20$ 等。在应用这些参数时，不同的地区有些差异。

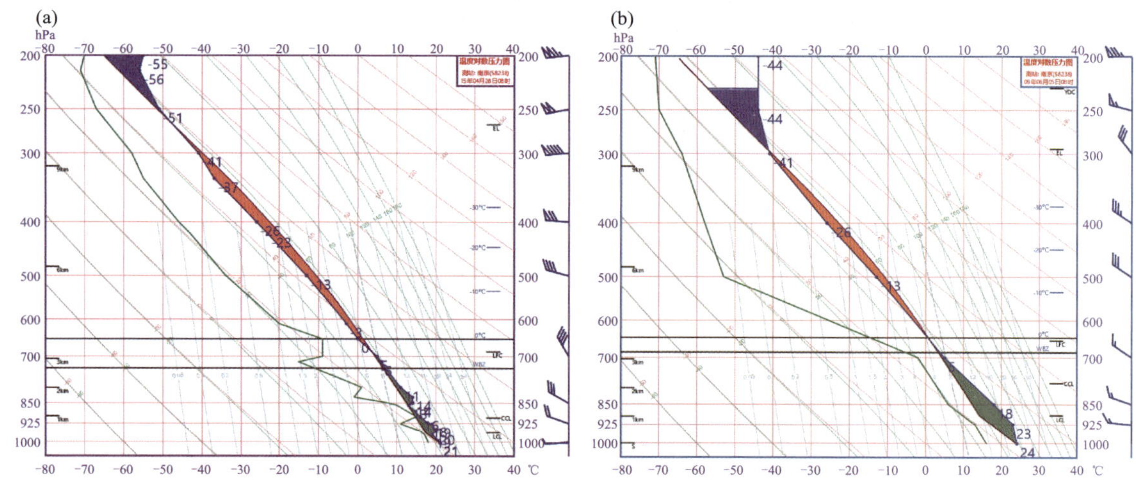

图 5.39 (a) 2015 年 4 月 8 日 08 时南京站探空图（雷暴大风和冰雹）；(b)2009 年 6 月 5 日 08 时南京站探空图（雷暴大风和小冰雹）

龙卷是对流云产生的破坏力极大的小尺度灾害性天气，最强龙卷的地面极大阵风风速为 125～140 $m \cdot s^{-1}$。龙卷分为中气旋龙卷和非中气旋龙卷（Davies-Jones et al.，2001；Moller，2001），大多数龙卷为中气旋龙卷。中气旋龙卷产生在超级单体中气旋内（Trapp et al.，2003），当中气旋底距离地面高度小于 1 km 时，龙卷的发生概率为 40%（Trapp et al.，2005），吴芳芳等（2013）发现 77%的苏北超级单体龙卷的中气旋底高高度低于 1 km；非中气旋龙卷有的出现在飑线或者弓形回波前部，有的出现在地面辐合切变线上（Wakimoto et al.，1989）。

大量研究表明，龙卷的发生需要有利的环境条件。对于中气旋龙卷而言，除了具备雷暴发生所需要的水汽、层结不稳定和触发机制之外，还要求具有有利于生成超级单体风暴的环境条件——较大的对流有效位能和强的 0～6 km 垂直风切变（Brooks et al.，2003）。对于 F2/EF2 级以上中气旋龙卷的环境条件还需要较大的低层相对湿度、较小的对流抑制能力、较低的抬升凝结高度（Craven et al.，2004；Grams et al.，2012）。非中气旋龙卷由辐合线上的中小尺度涡旋和快速发展对流风暴中的强上升气流共同作用形成，一般辐合线具有较强的水平切变和垂直涡度，而垂直风切变较弱（Pryor，2015）。而产生龙卷的飑线多为弓型回波或者波动型线状回波（郑永光 等，2018）。中国龙卷最易发生的三类天气背景有暴雨、台风和冷涡（姚叶青 等，

2012;王秀明 等,2015;郑媛媛 等,2015)。

对流大风的一般预报思路是:

首先,分析环境背景是否有利于强对流天气出现,如北方冷涡对于华北、东北、黄淮甚至江淮地区的对流天气都有影响,春季西风槽和冷锋背景下或者副热带高压边缘也容易出现强对流天气。

其次,利用快速更新同化高时空分辨率数值模式产品或者高分辨率数值模式集合预报产品,分析对流天气环境条件及强对流风暴的中尺度结构和发展机制,并制作不同强对流天气分类预报。

最后,要做好雷暴大风和龙卷的临近预报。弓形回波(俞小鼎 等,2012)、中层径向速度辐合(Schmocker et al.,1996)、强反射率因子核心下降(Roberts et al.,1989)、后侧入流槽口(Przybylinski,1995)等是指示雷暴大风天气的重要雷达观测特征。一般当雷暴距离雷达约70 km以外时,主要是通过弓形回波、中层径向辐合和中气旋等来作为判断地面大风的依据;而当雷暴在距离雷达70 km以内时,若雷达观测的0.5°仰角径向速度出现20 $m \cdot s^{-1}$以上的风速大值区,则需要关注地面雷暴大风的可能(俞小鼎 等,2012)。龙卷预报的主要依据是在有利于龙卷的环境条件下,探测到强中气旋或中等强度中气旋,底高不超过1 km;雷达探测到的龙卷涡旋特征(TVS)或者明显的钩状回波也是龙卷临近预警的重要参考依据(俞小鼎 等,2012)。

5.6 能见度的分析预报

能见度是反映大气透明度的一个指标,分为地面能见度和空中能见度两种。空中能见度又分为空中水平能见度、倾斜能见度以及垂直能见度三种。在地面气象观测中,主要是观测地面水平能见度。能见度对人们的生产生活,尤其对航空、水运、公路等交通运输有着重大的影响。低能见度天气可造成机场关闭、航班延误、高速公路封闭、有关航线停航,严重时还会造成交通事故、致使人员伤亡。因此,对低能见度天气(如大雾、霾、沙尘暴等)的准确预报,有利于提高气象预报服务水平。

5.6.1 实习目的

通过本节实习,了解影响能见度的因素及基本气象条件,初步掌握能见度的预报方法,并能够利用所给资料制作出未来24 h指定预报站点(或区域)能见度预报。

5.6.2 能见度预报

大气中的水汽凝结物和固体杂质的累积与扩散,是造成能见度变化和决定能见度好坏的根本原因。雾、霾、降水、云、烟幕、沙尘、吹雪等天气现象,都是水汽凝结物和固体杂质累积的结果,当有这些天气现象出现时,能见度变坏。可见,能见度和当时的天气状况密切相关。在人类活动区,霾天气往往和人为排放的一次和二次污染物有关,因此空气质量与能见度关系紧密。当空气污染严重时,大气中的悬浮颗粒物较多,由于大气颗粒物和污染气体的吸收和散射导致大气消光增强,能见度较差(姚学祥,2011)。当大气层结稳定,低层有逆温、地面气压场弱、风速小时,不利于污染物扩散,易造成边界层污染物累积,从而降低能见度。

能见度预报常用<1 km、1~2 km、2~4 km、4~6 km 、6~10 km和>10 km表示,能见

度小于 10 km 时，要报视程障碍天气现象。

能见度预报主要是在天气实况基础上，根据未来天气状况，空气质量预报，结合地方经验，对天气实况进行主观外推订正，或对数值预报输出产品进行订正，制作出预报结果(宋善允 等,2017)。

不同天气现象对于能见度影响不同(杨雪艳 等,2001;熊艳,2002)。下面是几种常见天气现象对于能见度影响及预报时的关注点。

(1) 雾和霾都是发生在边界层内的低能见度天气现象。雾是悬浮于近地面空气中的大量微小水滴或冰晶的可见集合体，水平能见度≤1.0 km。霾是大量烟、尘等微粒悬浮而形成的浑浊现象，水平能见度≤10 km。雾和霾形成的天气背景条件和气象条件有诸多相同之处，多出现在天气系统较弱且稳定少变、大气层结稳定(低层常有逆温层)、气压梯度较小、风速较弱的气象条件下(图 5.40)。两者最大的差异表现在湿度有很大的不同(表 5.15)。根据《霾的观测和预报等级》规定(QX/T 113—2010)，在能见度小于 10 km 的情况下，当相对湿度低于 80%时定义为霾；相对湿度超过 95%时为雾；介于 80%～90%之间为雾-霾混合，需根据颗粒物浓度或者地面观测规范进一步界定。有关雾和霾的预报在 5.6.3 节详细讨论。

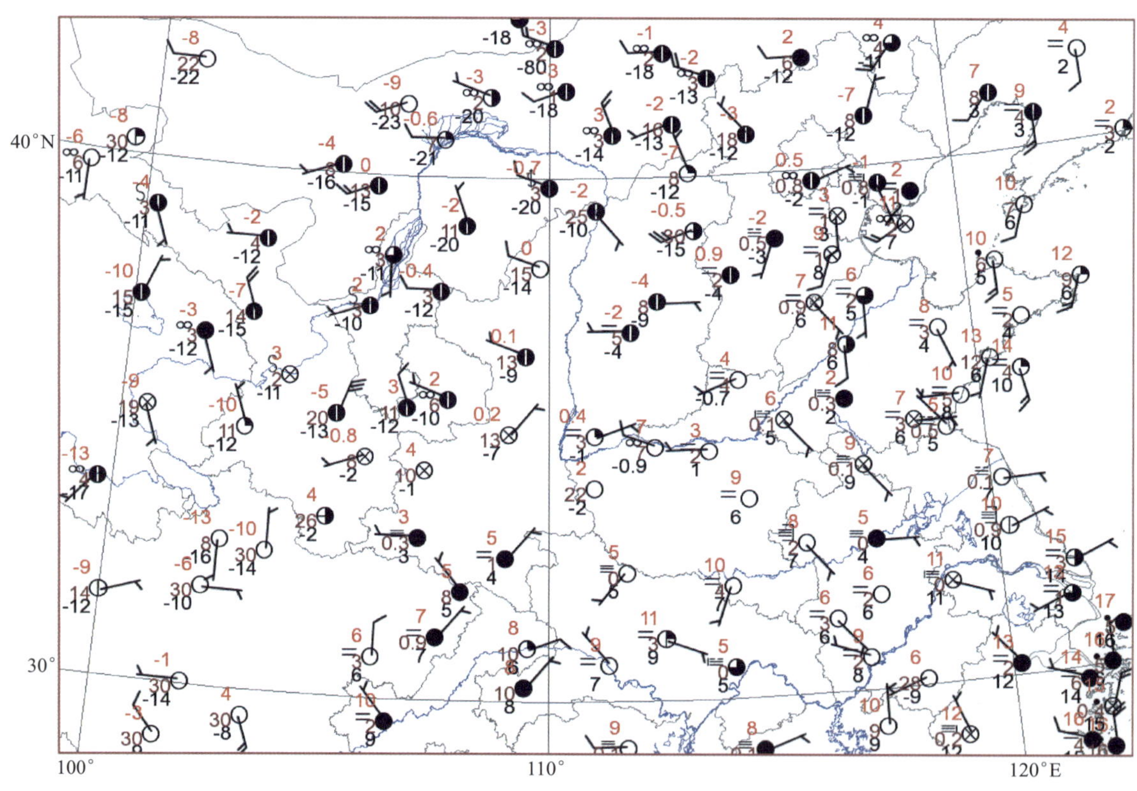

图 5.40　2018 年 11 月 26 日 08 时地面图

表 5.15　武汉测站雾-霾与地面气象要素情况

日期	地面风向	地面风速 (m·s^{-1})	温度露点差 (℃)	相对湿度 (%)	能见度 (m)
2006 年 3 月 10 日 08:00	E	1	0.3	98	600
2009 年 10 月 5 日 08:00	WNW	1	4.6	75	1000

(2)云和降水的预报在 5.2 节和 5.3 节已讨论。云主要影响空中能见度。特别密的小雨和很强的降水对能见度均有较大的影响，可根据不同的降水等级来预报能见度。鲍婧等(2018)利用江苏 70 个基本站多年逐时雨量及同时段内最低能见度观测资料，分析了不同强度降雨对能见度的影响(图 5.41)，结果表明，能见度随着小时降雨量的增大总体呈指数降低，但当小时雨量较小时，对应能见度分布较为分散，波动较大，说明小雨时能见度还受降水量以外的其他因素影响，如空气污染物等。樊高峰等(2017)利用杭州分钟级气象观测资料研究得到，降水与能见度符合幂函数分布特征(图 5.42)。持续稳定降水过程能够造成持续低能见度，如图 5.43a 所示，降水期间能见度明显低于降水前；从降水开始，能见度迅速从 6.2 km 下降至 0.6 km，并一直维持在 1 km 以下；突发性强降水更能造成能见度大幅度降低，如图 5.43b 显示，从 15:04 降水开始且强度迅速增强，能见度短时内下降到 1 km 以下，在降水间歇期，能见度迅速回升到降水前状态。

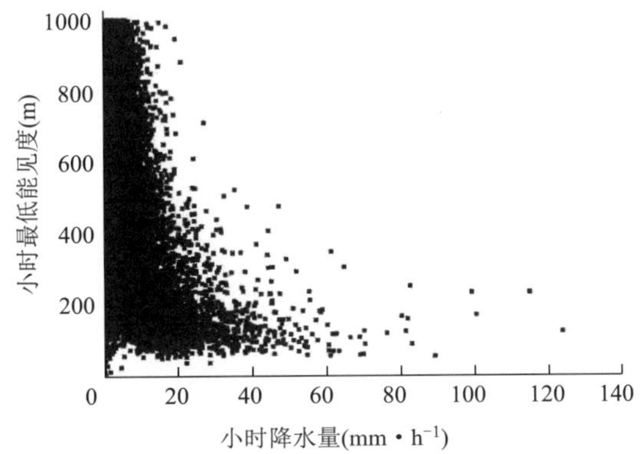

图 5.41　降雨造成的低能见度过程中小时降水量与小时最低能见度散点图(鲍婧 等，2018)

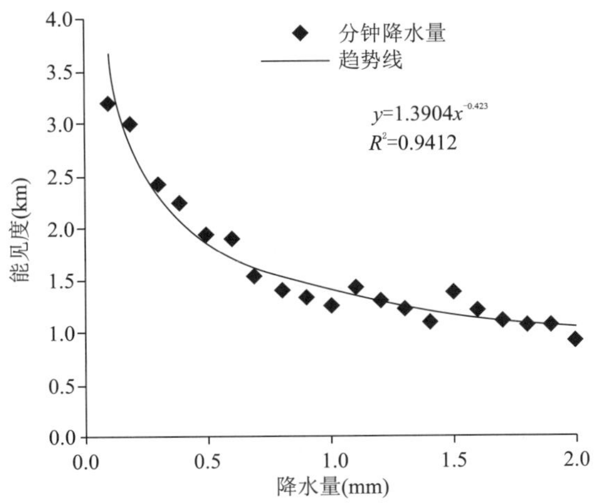

图 5.42　杭州分钟降水量与能见度统计关系图(樊高峰 等，2017)

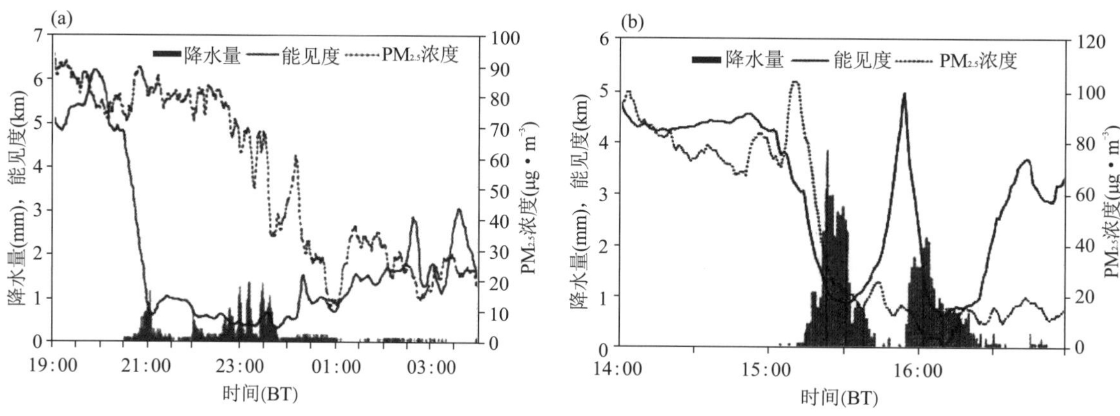

图 5.43　不同性质降水影响能见度变化趋势个例(樊高峰 等,2017)

(a)2014 年 5 月 13 日 19:01—14 日 03:59 杭州市 $PM_{2.5}$ 浓度、降水量、能见度逐分钟变化趋势；

(b)2015 年 8 月 20 日 14:01—16:59 杭州市 $PM_{2.5}$ 浓度、降水量、能见度逐分钟变化趋势

(3)沙尘是影响能见度的重要天气(图 5.44)。我国的沙尘天气春季出现最多,北方多于南方,长江以南地区较少。要形成扬沙和沙尘暴,需要沙尘源、强风和不稳定的大气层结。沙漠、沙丘群、沙滩和长期干旱的地带最有利于沙尘的形成,而冻土、湿地、植物覆盖的地表面,即使风速很大,一般也不会形成扬沙和沙尘暴天气。由于各地区的地表土质条件不同,产生扬沙和沙尘暴的临界风速值也不同,统计表明,一般需要有 10 $m \cdot s^{-1}$ 以上的风速,我国西北地区,

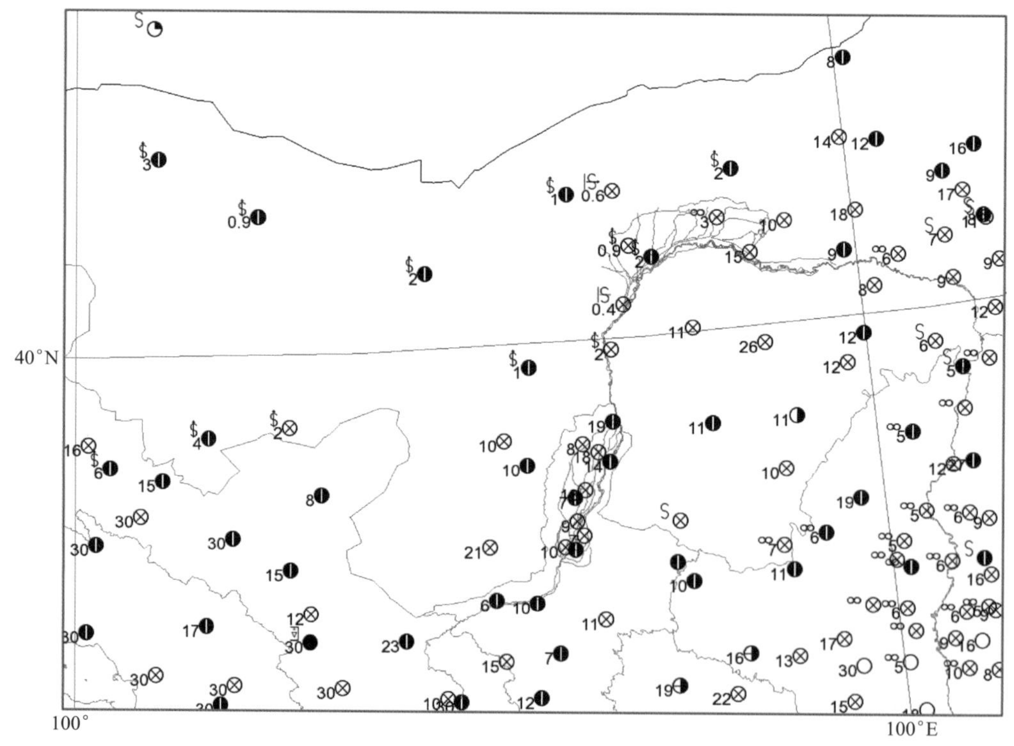

图 5.44　2017 年 5 月 4 日 20 时西北地区东部、内蒙古地区的沙尘天气

(填图数字为能见度,单位:km)

土质干松、沙源丰富，风速只要达到6～8 m·s^{-1}即可。2004年3月28日发生在甘肃酒泉的沙尘暴期间的自动气象站记录显示，沙尘暴发生前及过程前半段地面水平风速大于12 m·s^{-1}，在距沙尘暴发生还有5 min时出现了21 m·s^{-1}瞬时大风，此后约半小时为地面能见度最差，最低能见度只有400 m，因此风速的急速增大为起沙提供了必要的动力条件。不稳定大气层结是导致大气垂直运动的主要原因。研究表明，沙尘暴来临前到沙尘暴过境前半段，大气层结处于超绝热状态；沙尘暴后期，大气层结调整到稳定状态，抑制了干对流发展。在预报沙尘天气时，需要关注地面气压场中气压梯度和大气的不稳定条件(姚学祥，2011)。

浮尘有本地产生和从外地移来两种。本地产生的浮尘，多出现在地面大风减弱，风沙天气结束以后，与大气层结稳定度有直接关系。大气低层层结不稳定，能使沙粒上抬，而高层层结较稳定或有逆温层阻挡，能阻止尘粒向上消散。预报外地移来的浮尘时，主要是掌握空中风向、风速以及上游是否已有沙尘天气。

(4)吹雪是指地面上的积雪被风吹起，大量雪片飞扬在空中的天气现象。吹雪强烈时，水平能见度可小于1 km。吹雪主要出现在我国北方的冬季，尤其东北地区更为多见，长江流域及以南地区，吹雪现象是很少有的。

吹雪的预报实际上是降雪、积雪性质和大风的综合预报。吹雪和沙尘出现的天气条件基本上是一致的，只是扬起的是雪粒而不是尘土。要预报是否有吹雪现象发生，首先要考虑当时是否有降雪天气以及地表积雪性质。只有当地面温度降低、表面的积雪是比较干松时，才有利于形成吹雪，如果积雪的表面结了冰，或者所积的是湿雪，都不能形成吹雪；再则要考虑是否有大风出现。

5.6.3　雾和霾的预报

(1)雾预报

雾是空气中水汽达到(或接近、超过)饱和后，在凝结核上凝结而成。使空气达到饱和的方式主要有两种：一种是冷却(降温)，如夜间晴空辐射、冷平流或者是气块抬升等；另一种是增加水汽(增湿)，如水汽平流、下垫面或降水蒸发作用等。形成雾时大气湿度应该是饱和的，但如有大量吸湿性凝结核存在时，相对湿度不一定达到100%就可能出现饱和。

根据雾形成的机理不同可将其分为辐射雾、平流雾、混合雾(平流辐射雾)、爬坡雾(地形雾)、蒸发雾和锋面雾。下面简单介绍几类常见雾的形成条件及雾的预报思路(沈澄 等，2013；吴洪，2013b；谢清霞 等，2016)。

① 辐射雾

由于夜间地面辐射冷却，致使近地面层水汽达到饱和而形成的雾称为辐射雾。辐射雾常发生在秋冬季节，日出前后最浓，白天辐射升温开始后逐渐消散。

辐射雾的形成需要关注以下几个有利条件。

(a)水汽条件

近地面层水汽充沛，特别是雨(雪)后由于蒸发作用使得本地空气相对湿度大，湿度越大、湿层越厚越有利；在潮湿的山谷、洼地、盆地、水面也容易出现辐射雾。

(b)冷却条件

在晴朗少云的夜间或清晨，由于地表的长波辐射作用，使得近地面层气温快速下降，利于水汽凝结，也有利于逆温层的形成，此时形成的逆温层比较浅薄。

(c)层结条件

近地面气层比较稳定，有等温或者逆温层存在时，可抑制垂直湍流和对流发生，有利于水汽或者尘埃的聚集，利于水汽凝结成雾。

(d)风力条件

近地面层风速微弱($1\sim3\ m\cdot s^{-1}$)，可产生适度的垂直湍流，加厚近地面冷却层，使得逆温层增厚。而风速太大将导致上下层空气流动和交换过快，近地层气温将不易降得很低，难以达到饱和状态。

② 平流雾

暖湿空气移动到较冷的下垫面，因下部冷却达到饱和而形成的雾称为平流雾。平流雾春夏季较多，秋冬季节较少；可以在一天内的任何时间出现，持续时间较长，没有明显日变化规律；陆地上出现平流雾时常伴有层云、碎雨云和毛毛雨等天气现象。

平流雾的形成需要关注几个有利条件。

(a)水汽条件

平流的暖空气湿度大，水汽含量充沛。

(b)冷却条件

地表与平流的暖湿空气之间的热力差异越大，低层的冷却作用越强，平流逆温也越强，越有利于平流雾形成。

(c)层结条件

大气层结稳定，平流逆温的逆温层通常较高。

(d)风力条件

近地面层风速适中($4\sim7\ m\cdot s^{-1}$)，易引起垂直湍流混合，使饱和层增厚。

③ 锋面雾

锋面雾是指冷空气位于近地面低空，锋上云层中降下的雨滴在冷空气中蒸发、饱和、冷凝而形成的雾。锋面雾形成的条件有大气层结稳定，地表温度较低，冷暖空气团之间的热力差异非常大，地面微风或静风，有弱降水等。

雾短期业务预报思路主要采取从大(天气背景场)到小(所在地范围)，从远到近的跟踪判断预报法(章国材，2016)。

首先，分析天气背景。大雾发生时高空一般为西北气流或偏西气流，高压系统控制，此时大尺度弱下沉运动一方面限制边界层之上的混合作用(下沉逆温)，另一面有利于夜间晴空的存在；当 850 hPa 为弱的暖性结构，更有利于近地层逆温的生成和维持；而地面多为弱气压场或均压场。

其次，分析大气层结稳定度。可利用预报区域探空图或者数值模式探空图查看是否有逆温层存在；也可以通过计算近地面层(如 1000 hPa 或 925 hPa)和地面的温度差来判断逆温情况。

最后，利用前一日或者模式预报产品中有关雾生成的地面气象要素，做出雾的预报。如在未来没有降水的情况下，若 14 时露点温度稳定少变，甚至缓慢升高，说明近地面层在增湿，有利于次日出现大雾。ECMWF、GRAPES 区域模式等预报的 2 m 相对湿度在 90%以上时，对于大雾预报有较好指示意义。

另外，边界层如果有弱的上升运动有利于雾的形成。连续性大雾一般具有渐发性和稳定性特点，从个别站逐渐发展为大片雾，而大范围雾一旦出现，很难迅速消散（宋善允 等，2017）。

雾消散的条件与形成条件相反。在预报大雾减弱消散时，可从以下几方面考虑。

① 太阳辐射或者风的扰动使得逆温层消失；

② 近地面温度升高，空气饱和水汽压增大，空气湿度减小；

③ 当有明显降水（雪）发生时，大雾将逐渐减弱消散；

④ 深厚辐合系统过境或冷空气影响使得地面和高空风加大，湍流混合加强；

⑤ 中低云的移入将减弱雾顶的辐射冷却，雾停止发展。但一旦大雾形成，则不利于其消散（不利于升温）；

⑥ 湿平流减弱，或者暖湿平流改变为干冷平流时平流雾将减弱、消散。

（2）霾预报

霾的形成条件和预报思路与雾有诸多相似之处，如稳定的天气系统配置，中上层为弱下沉运动，边界层为弱上升运动，存在逆温层结等；但也存在一些不同。

① 霾造成的能见度下降是一个缓变过程，当本地大气环流背景处于相对稳定状态时，由霾造成的能见度降低过程将逐渐加重；而大雾的形成可以是一个突变过程（无论辐射雾或平流雾）；

② 在中国中东部地区边界层内有逆温一般就会形成不同等级的霾。而形成雾的逆温层厚度较低、较薄，这是由于较低的逆温层可在近地层保留更多的水汽，利于空气饱和；

③ 霾的形成与当地的大气污染物排放、经济发展水平和能源结构有关，在以化石燃料为主要能源的地区更易出现霾；

④ 霾现象与地形密切相关，在一些较大山脉地区，如天山、太行山、岭南山脉等阻碍了污染物颗粒的水平扩散，造成了它们在平原或盆地聚集（张小曳 等，2013）；

⑤ 霾的形成与气温变化无关，一般不考虑日变化。

霾的消散预报可以从以下几方面着手，首先是使逆温层逐渐变弱甚至消失的条件出现，另外降水出现时，空气中的气溶胶颗粒有明显的湿沉降过程；当有锋面或者深厚辐合系统移过时，霾迅速消散；风增大到一定程度时，气溶胶粒子在更大空间发生混合，霾也将减弱。

5.7　某城市的气象要素综合预报实例

2018 年 12 月 29—30 日西南及长江以南大部分地区出现大范围雨雪天气，本节将模拟制作 29 日 20 时—30 日 20 时南京单站（台站号：58238，经度：118.90°E，纬度：31.93°N）城市常规要素预报，并以此为例，说明制作单站气象要素预报的思路步骤。在制作单站预报产品时，预报员除了关注各预报要素的可能影响因素之外，还必须熟悉当地天气气候特点、环流背景、季节转换、地形地貌等。假定制作预报的时间为 29 日下午，则实况可用资料为 29 日 08 时及之前的探空资料、29 日 14 时及之前的地面常规资料，29 日 16 时前云图、雷达、地面加密观测资料等，模式资料包括 29 日 08 时前的 GRAPES、ECMWF、T639、日本模式、德国模式及 NCEP 等模式的输出产品，由于可参考数值模式产品较多，篇幅所限，仅选用 ECMWF 模式部分时次预报结果作为代表进行分析。

5.7.1 实况分析

通常在进行天气预报制作之前，预报员必须先了解熟悉前期的大气环流背景和影响系统的变化情况以及已经出现的天气现象，即分析过去发生了什么，为什么发生？现在正在发生什么，为什么发生？通过理解天气系统过去的运动规律以及天气现象和天气系统的关系，可以帮助我们更好地找到未来可能影响预报区域的天气系统，准确的预报未来可能发生的天气。

在进行环流形势分析时，一般先从 500 hPa 的形势及其系统的演变开始进行分析。在此重点分析预报起始时段(29 日 20 时)前 12 h(29 日 08 时)内的环流形势和主要影响系统。如图 5.45a 所示，在 28 日 20 时 500 hPa 中高纬度为两槽一脊的形势，到 29 日 08 时，西部低槽位于乌拉尔山西侧，东部低槽位于堪察加半岛到日本岛附近，两槽之间的西西伯利亚到中西伯利亚为暖高压脊；中纬度地区在巴尔喀什湖及伊朗高原东部为一高压脊，和高纬度脊线叠加在一起，使得脊前北风分量比较大，有利于冷空气南下；在新疆中部及青藏高原东部分别有一低压槽，南支槽位于高原南侧至孟加拉湾地区。对比 28 日 20 时，上述低槽东移过程中略有加深，特别是青藏高原东部的低压槽，槽后冷平流明显，斜压性强，未来将会继续发展东移。由于季节原因，副热带高压撤到太平洋上，副热带高压外围的西南气流主要影响华南地区。从 29 日 08 时 500 hPa 实况图上(图 5.45a)可以看到，此时南京上空气流较平直，以偏西风为主，空气湿度较小，未来需关注上游地区高原东部低槽东移及南支槽的影响。

在 700 hPa 天气图(图 5.45b)上，天气系统分布基本与 500 hPa 类似，中高纬度地区低槽分别位于乌拉尔山附近及千岛群岛到日本岛以东洋面上，高压脊位于蒙古国到中西伯利亚一带；中纬度地区在新疆及河套南部分别存在低槽，高原南侧有南支槽存在，长江中上游地区的高压脊脊线从河套西南地区到江南西部，南支槽前及高压脊后部的西南急流为西南到长江中上游地区输送水汽，所以西南地区东部、江南南部到华南大部分地区均为 $T-T_d \leqslant 5$ ℃的湿区。从温度场及风场来看，主要冷锋锋区位于黄淮到江淮一带，冷空气路径偏东，东北、华北、华东大部分地区为冷平流区，不断有冷空气沿着低涡后部高压脊前的西北气流南下。南京此时主要受长江中上游高压脊前西北气流的影响，未来需关注高压脊的动态和四川盆地低涡及南支槽的可能影响。

2018 年 12 月 29 日 08 时 850 hPa(图 5.45c)我国大部分地区被冷高压控制，冷空气前沿已到达江南南部地区，但在华北地区脊前涡后有冷空气南下，华北到华东地区受冷平流影响。由于高压底部偏东气流的作用，在云贵高原形成准静止锋锋区。南京主要受高压底前部东北气流的影响，未来仍需关注高压的动态。

此时地面图(图 5.45d)上，冷空气主体在蒙新高地，我国大部分地区受冷高压控制，南京位于冷高压的底前部，未来需继续关注冷高压的演变对南京造成的影响。此时南京地面温度已达−4 ℃，云系主要在西北地区东部、西南地区及华南，南京是晴天(图 5.45e 和图 5.46)，偏北风 3 级。

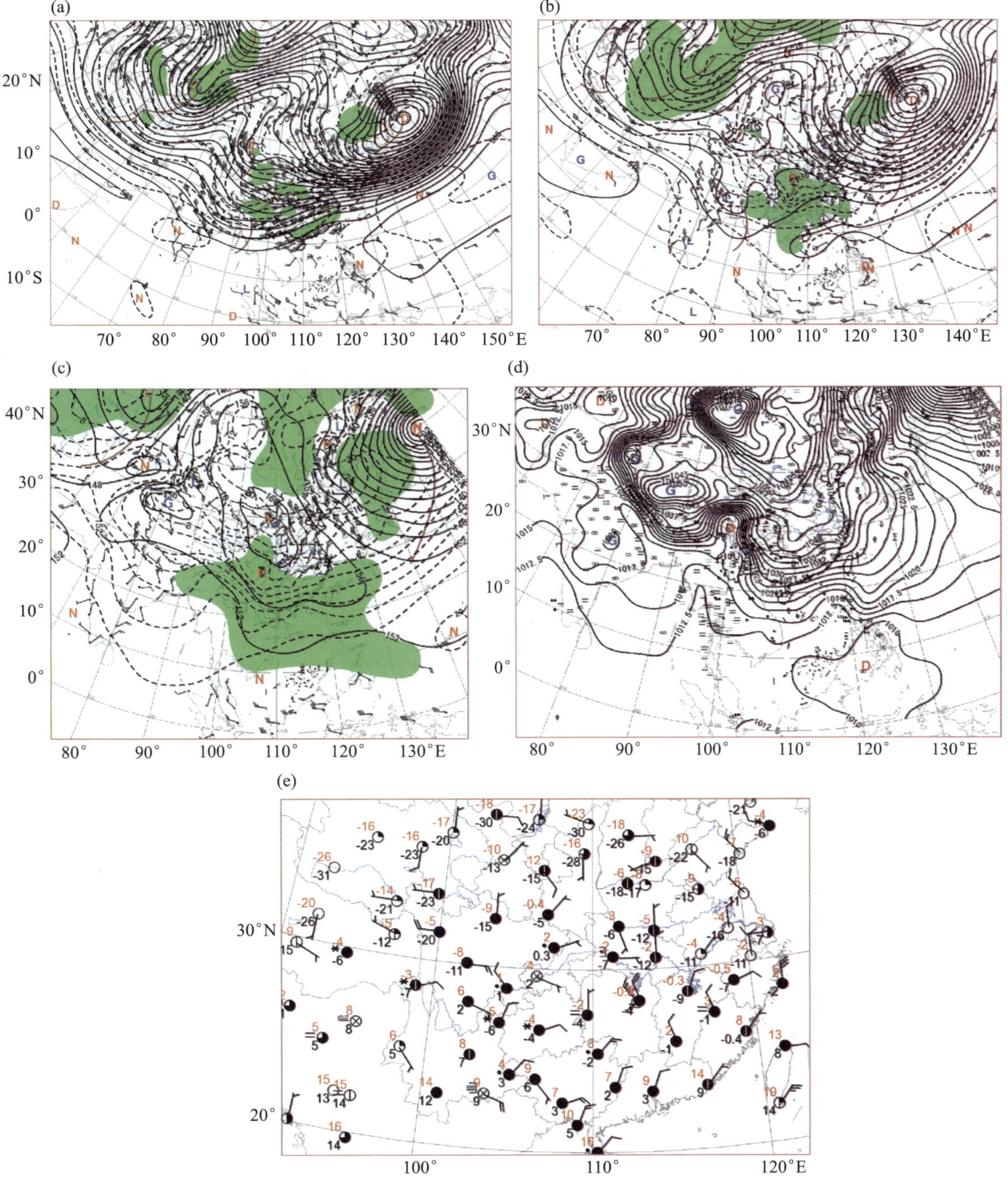

图 5.45 2018 年 12 月 29 日 08 时实况天气图

(a)2018 年 12 月 29 日 08 时 500 hPa 高空图，图中阴影部分为 $T-T_d \leqslant 5$ ℃的湿区，粗点线为过去 12 h(28 日 20 时)槽线；

(b)2018 年 12 月 29 日 08 时 700 hPa 高空图，图中阴影部分为 $T-T_d \leqslant 5$ ℃的湿区；

(c)2018 年 12 月 29 日 08 时 850 hPa 高空图，图中阴影部分为 $T-T_d \leqslant 5$ ℃的湿区；

(d)2018 年 12 月 29 日 08 时地面图；

(e)2018 年 12 月 29 日 08 时地面观测的风场(单位：$m \cdot s^{-1}$)、云量、温度(单位：℃)及露点(单位：℃)分布

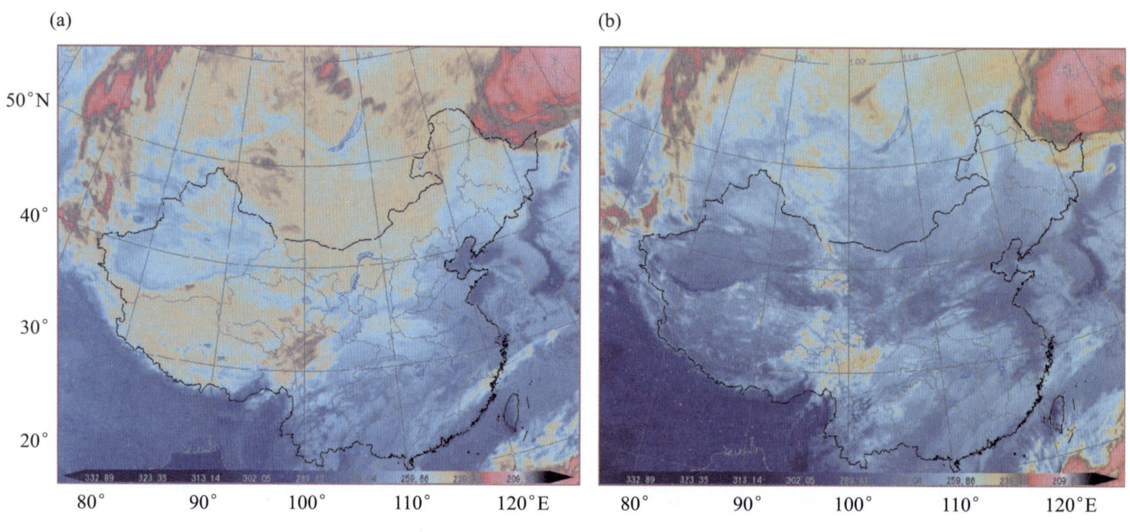

图 5.46　2018 年 12 月 29 日观测红外云图

(a) 2018 年 12 月 29 日 08 时 00 分;(b)2018 年 12 月 29 日 14 时 00 分

5.7.2　南京站气象要素综合预报

本节将利用 2018 年 12 月 28 日 20 时起报的 24 h(29 日 20 时)、48 h(30 日 20 时)以及 29 日 08 时起报的 24 h(30 日 08 时)的预报场来分析判断可能影响南京地区的天气系统的未来变化,以及未来雨雪天气可能的落区。经检验,ECMWF 模式对于主要槽脊系统的预报基本与实况一致,高原东部的低压槽预报比实况强,副热带高压比实况略偏强(图略),所以预报分析时需加以订正。

(1)29 日 20 时环流形势及各层天气系统的预报

图 5.47 显示,ECMWF 模式预报的 29 日 20 时 500 hPa 图上,中高纬度两槽一脊环流形势稳定维持,与 29 日 08 时实况图(图 5.45a)相比系统几乎没有移动;西部低压槽依然在乌拉尔山附近,东部低槽在千岛群岛到日本岛北部,高压脊位于巴尔喀什湖到中西伯利亚西部;高原东部低压槽位于西藏东部,南支槽位于东经 95°附近。500 hPa 南京此时位于偏西气流里。700 hPa 图上,随着河套及其以南地区高压脊的东移,南京受高压脊前西北气流的影响;850 hPa 图上,河套地区高压中心东移至山西北部,南京受此高压底前部东北气流的影响;地面图上预报冷高压中心位于贝加尔湖附近,南京位于高压底前部。从 700 hPa 湿度预报来看,相对湿度大值区主要与西南气流相配合,因此在西南、华南及长江中游地区的相对湿度≥50%。根据预报,20 时南京主要受高压系统影响,相对湿度值较低,说明此时水汽条件较差。

(2) 30 日 08 时环流形势及各层天气系统的预报

从图 5.48 看到 ECMWF 模式预报的 30 日 08 时 500 hPa 图上,大的环流背景没有明显变化;中纬度高原东部低压槽东移到四川盆地东部,南支槽位于东经 97°附近。南京此时受槽前西南气流影响,而且西南气流风速较大,最强可达 34 $m \cdot s^{-1}$,有利于低纬度地区水汽向北输送。700 hPa 图上,随着河套及其以南地区高压脊的东移,南京此时已转为脊后西南气流,西南风风速最大可达20$m \cdot s^{-1}$,达到急流强度,从中南半岛不断向长江流域及其以南地区输送

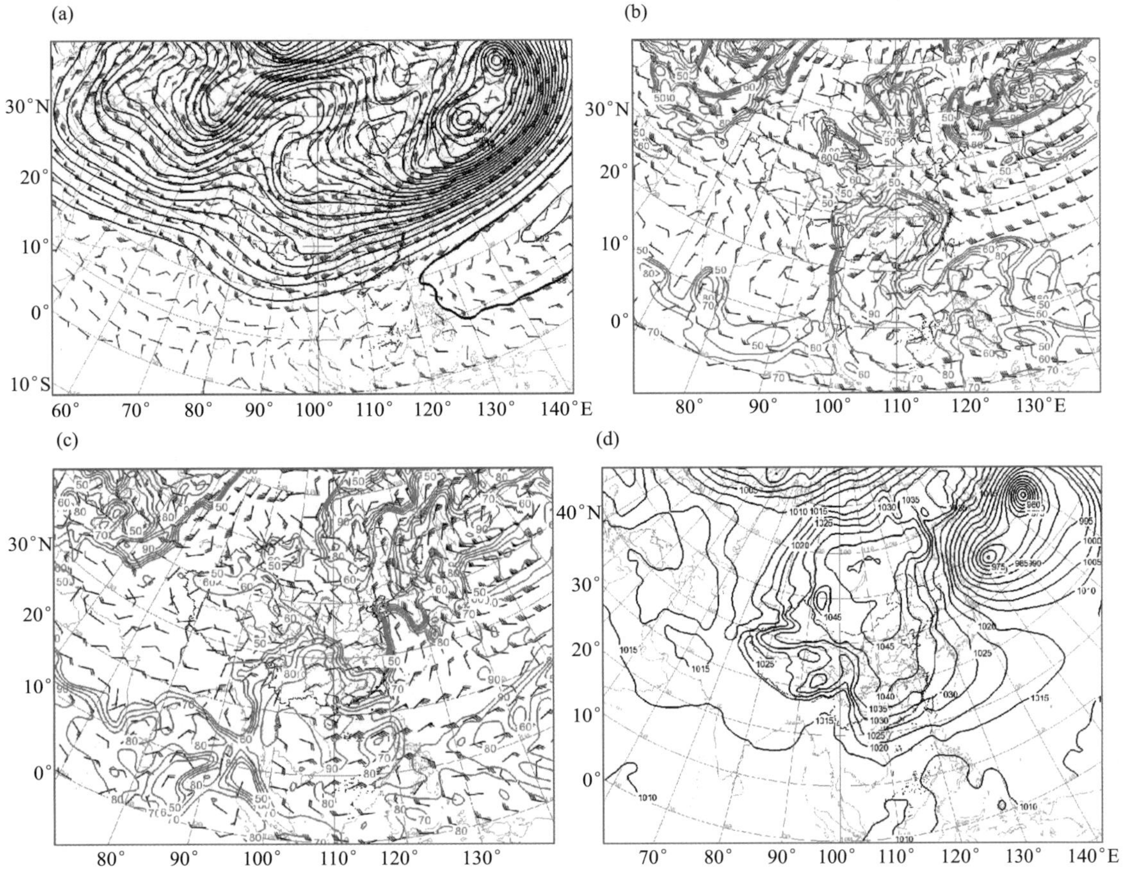

图 5.47　2018 年 12 月 28 日 20 时 ECMWF 预报 29 日 20 时天气图

(a)2018 年 12 月 28 日 20 时 ECMWF 模式预报 29 日 20 时 500 hPa 位势高度场及风场；

(b)2018 年 12 月 28 日 20 时 ECMWF 模式预报 29 日 20 时 700 hPa 风场及相对湿度(%)；

(c)2018 年 12 月 28 日 20 时 ECMWF 模式预报 29 日 20 时 850 hPa 风场及相对湿度(%)；

(d)2018 年 12 月 28 日 20 时 ECMWF 模式预报 29 日 20 海平面气压场

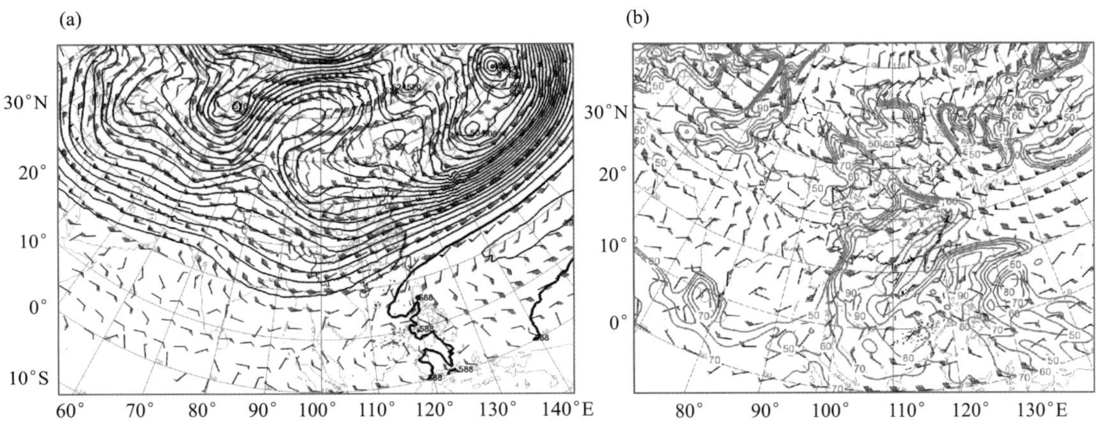

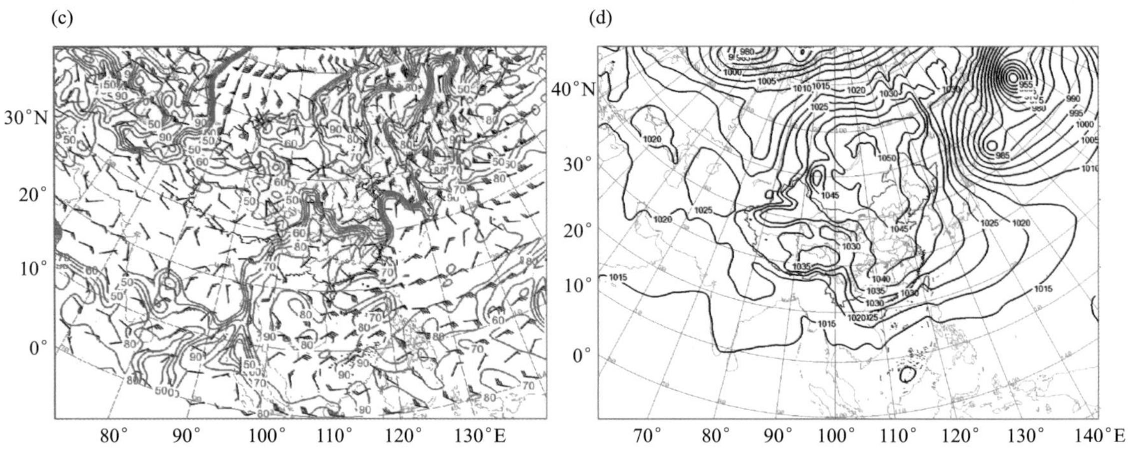

图 5.48　2018 年 12 月 29 日 08 时 ECMWF 模式预报 30 日 08 时天气图

(a)2018 年 12 月 29 日 08 时 ECMWF 模式预报 30 日 08 时 500 hPa 高度场及风场；

(b)2018 年 12 月 29 日 08 时 ECMWF 模式预报 30 日 08 时 700 hPa 风场及相对湿度(%)；

(c)2018 年 12 月 29 日 08 时 ECMWF 模式预报 30 日 08 时 850 hPa 风场及相对湿度(%)；

(d)2018 年 12 月 29 日 08 时 ECMWF 模式预报 30 日 08 时海平面气压场

水汽；850 hPa 图上，河套地区高压中心东移南下至河北南部，南京受此高压底前部东北气流的影响；地面图上预报的冷高压中心东移至贝加尔湖东侧，南京位于高压底前部。由于西南急流对水汽的输送作用，从 700 hPa 湿度预报来看，此时南京相对湿度＞90%，由干区转为湿区，有利于云雨天气的产生；850 hPa 相对湿度值依然＜50%，空气干燥。

(3)30 日 20 时环流形势及各层天气系统的预报

从图 5.49 看到 ECMWF 模式预报的 30 日 20 时 500 hPa 图上，大的环流背景依然没有明显变化；中纬度高原东部低压槽东移到华中西部地区，南支槽位于东经 99°附近。南京此时受槽前西南急流影响，最强可达 34 $m \cdot s^{-1}$，有利于低纬度地区水汽的向北输送。700 hPa 图上，随着河套及其以南地区高压脊的东移，四川盆地低压槽也移动至华中东部地区，南京此时已转为槽前西南气流，西南风风速相比于前 12 h 略有减弱，最大可达 16 $m \cdot s^{-1}$，水汽输送作用也减弱；850 hPa 图上，河套地区高压中心东移南下至山东半岛，南京受此高压底后部东南气流的影响，有利于东部海上水汽向华东地区输送；地面图上预报的冷高压中心依然位于贝加尔湖东侧。南京位于高压底前部。由于中低层西南气流持续的水汽输送作用，南京 700 hPa 相对湿度＞95%，而低层高压后部东南气流对水汽也有一定输送作用，850 hPa 相对湿度值已达 70%～80%，湿度条件较好。

(4)小结

根据上述分析可制作出如图 5.50 所示综合图，依据图中与上升运动有关的天气系统配置和各层相对湿度较大的区域，可以确定降水落区(图 5.51)，降水的大致范围为江淮、江南及西南地区。南京地区在 29 日夜间由于西南气流的水汽输送作用，相对湿度逐渐增加，但主要受高压系统影响，以下沉运动为主，因此夜间天气可以考虑多云转阴。到 30 日白天，由于各层西南气流的持续水汽输送累积作用，南京地区相对湿度进一步增大，整层都比较湿，而随着低槽的移近，槽前动力抬升条件逐渐建立，因此白天可以考虑有降水出现。

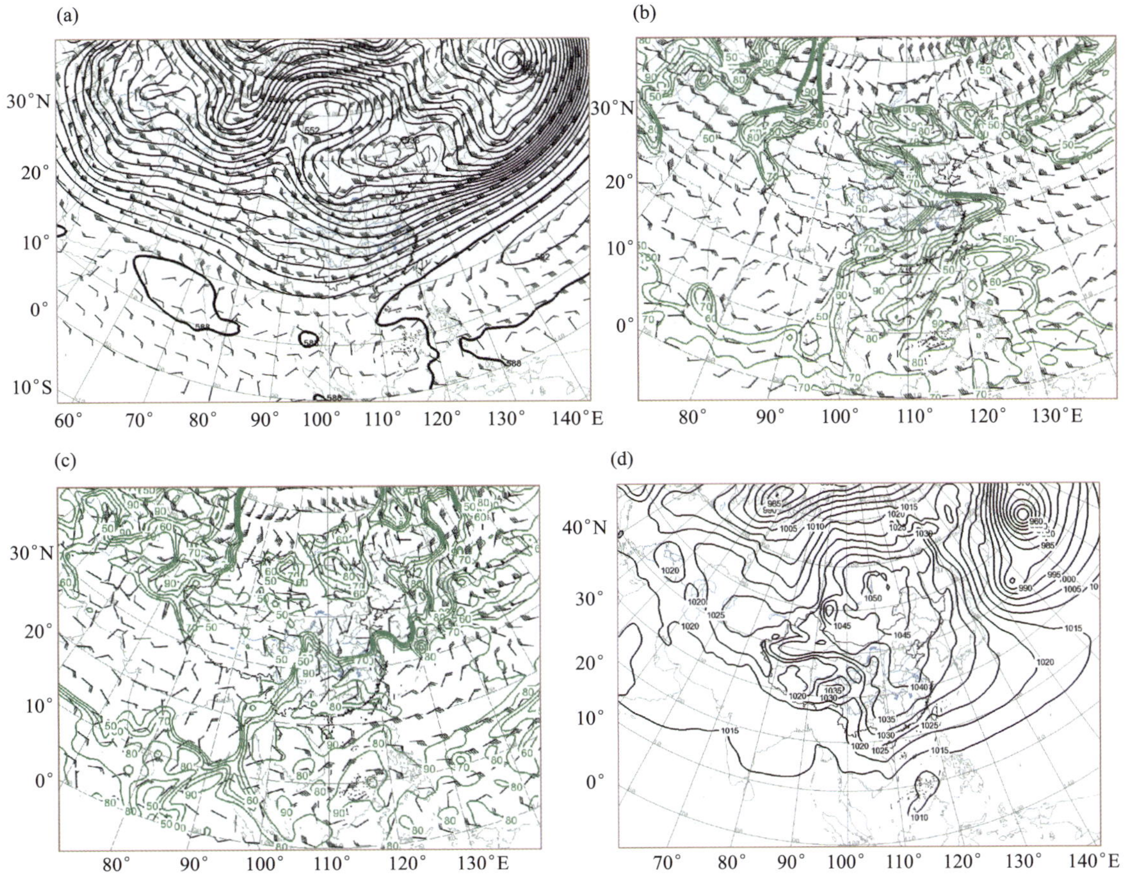

图 5.49　2018 年 12 月 28 日 20 时 ECMWF 预报 30 日 20 时天气图

(a) 2018 年 12 月 28 日 20 时 ECMWF 模式预报 30 日 20 时 500 hPa 高度场及风场；

(b)2018 年 12 月 28 日 20 时 ECMWF 模式预报 30 日 20 时 700 hPa 风场及相对湿度(%)；

(c)2018 年 12 月 28 日 20 时 ECMWF 模式预报 30 日 20 时 850 hPa 风场及相对湿度(%)；

(d)2018 年 12 月 28 日 20 时 ECMWF 模式预报 30 日 20 时海平面气压场

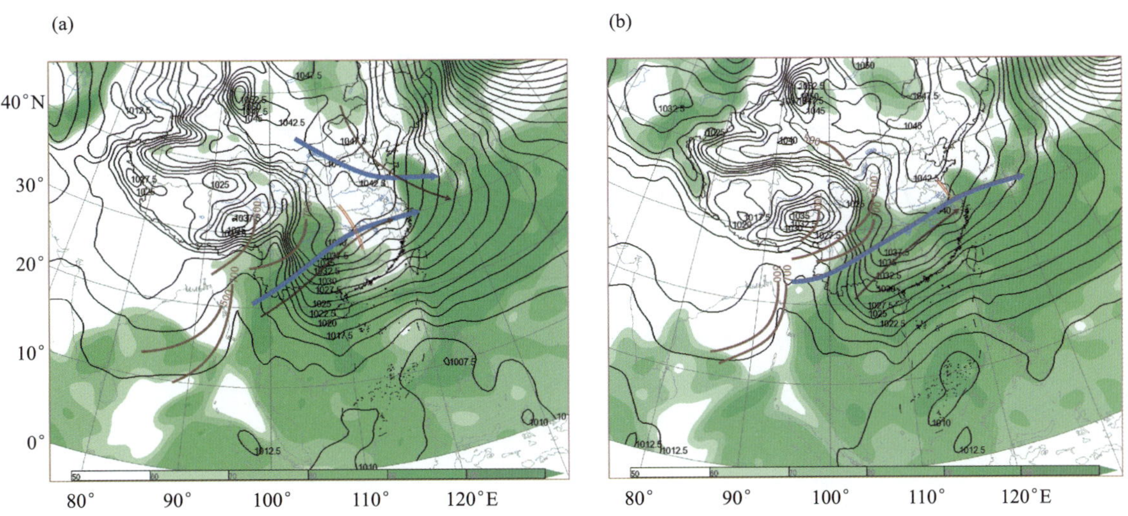

(c)

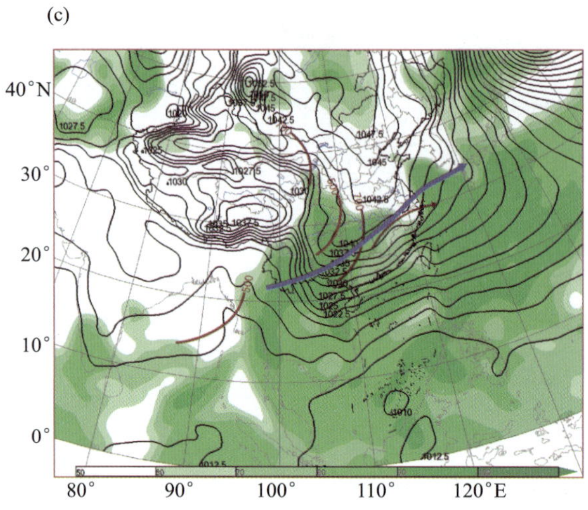

图 5.50　ECMWF 模式预报系统及湿度综合图

(a)2018 年 12 月 28 日 20 时预报 29 日 20 时综合图(细实线为海平面气压,细箭头为 700 hPa 急流,粗箭头为 500 hPa 急流,阴影区为 700 hPa 相对湿度(%),粗实线为槽线,双实线为脊线);
(b)2018 年 12 月 29 日 08 时预报 30 日 08 时综合图(细实线为海平面气压,细箭头为 700 hPa 急流,粗箭头为 500 hPa 急流,阴影区为 700 hPa 相对湿度(%),粗实线为槽线,双实线为脊线);
(c)2018 年 12 月 28 日 20 时预报 30 日 20 时综合图(细实线为海平面气压,细箭头为 700 hPa 急流,粗箭头为 500 hPa 急流,阴影区为 700 hPa 相对湿度(%),粗实线为槽线,双实线为脊线)

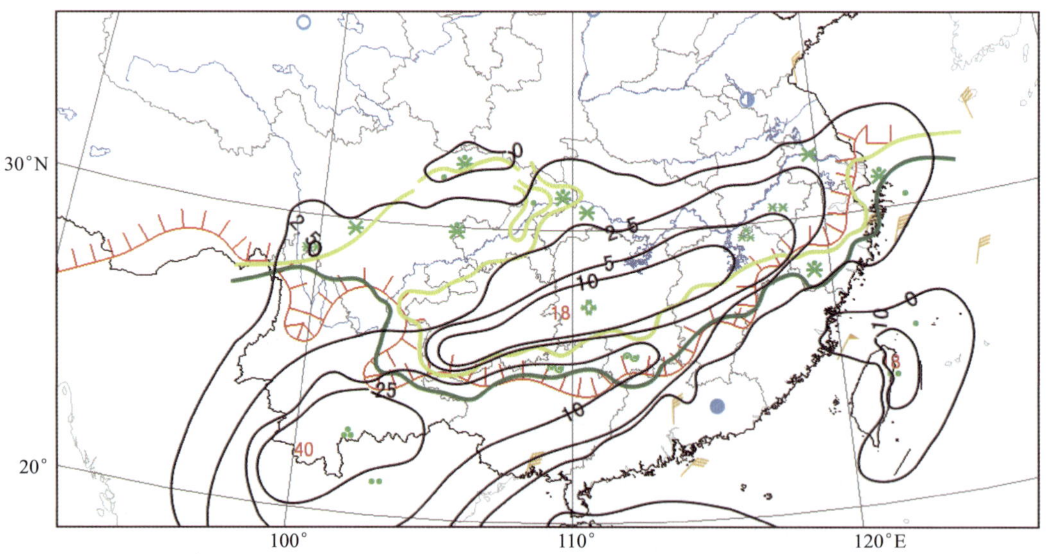

图 5.51　中央气象台发布的 2018 年 12 月 29 日 20 时—30 日 20 时主观预报(黑色实线为降水量,红色锯齿为霜冻线,黄色线以北为纯雪,黄色与绿色之间为雨夹雪,绿色线以南为雨)

再看降水的性质(雨,雪)。从 ECMWF 模式预报的 850 hPa 温度(图 5.52)来看,南京站温度在 29 日夜间到 30 日白天均低于−8 ℃,而地面 2 m 基本也在 0 ℃以下(图 5.53),模式预报 T-ln$p$ 图也显示南京上空整层大气均低于 0 ℃(图 5.54)。因此南京的降水性质主要考虑为雪(注:实况 850 hPa 为−10～−8 ℃,在降雪时间段地面温度均低于 0 ℃,图 5.55)。

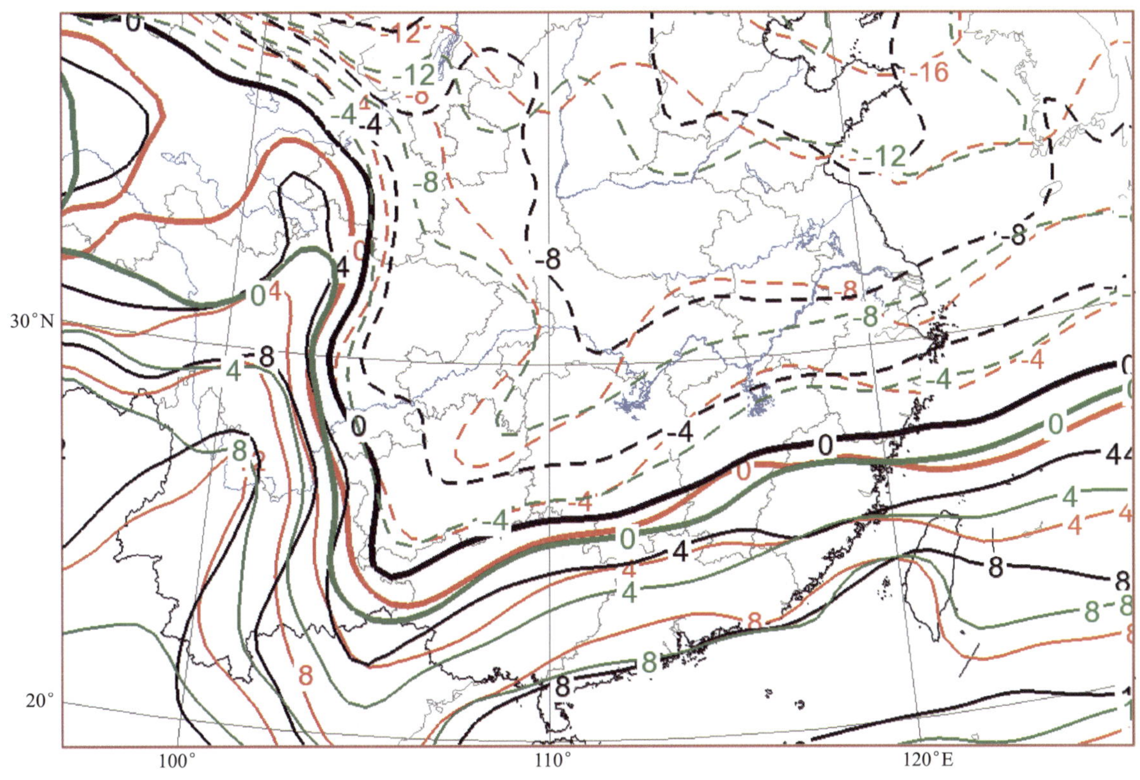

图 5.52　ECMWF 模式 28 日 20 时预报 29 日 20 时(红色)、29 日 08 时预报 30 日 08 时(绿色)及 29 日 20 时预报 30 日 20 时(黑色)850 hPa 温度

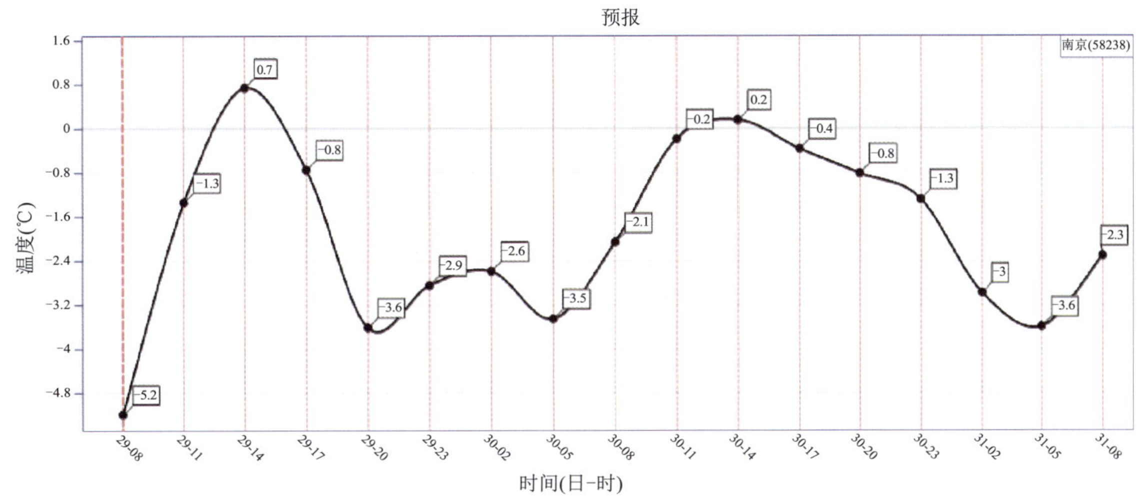

图 5.53　ECMWF 细网格模式 29 日 08 时预报南京站 2 m 温度曲线

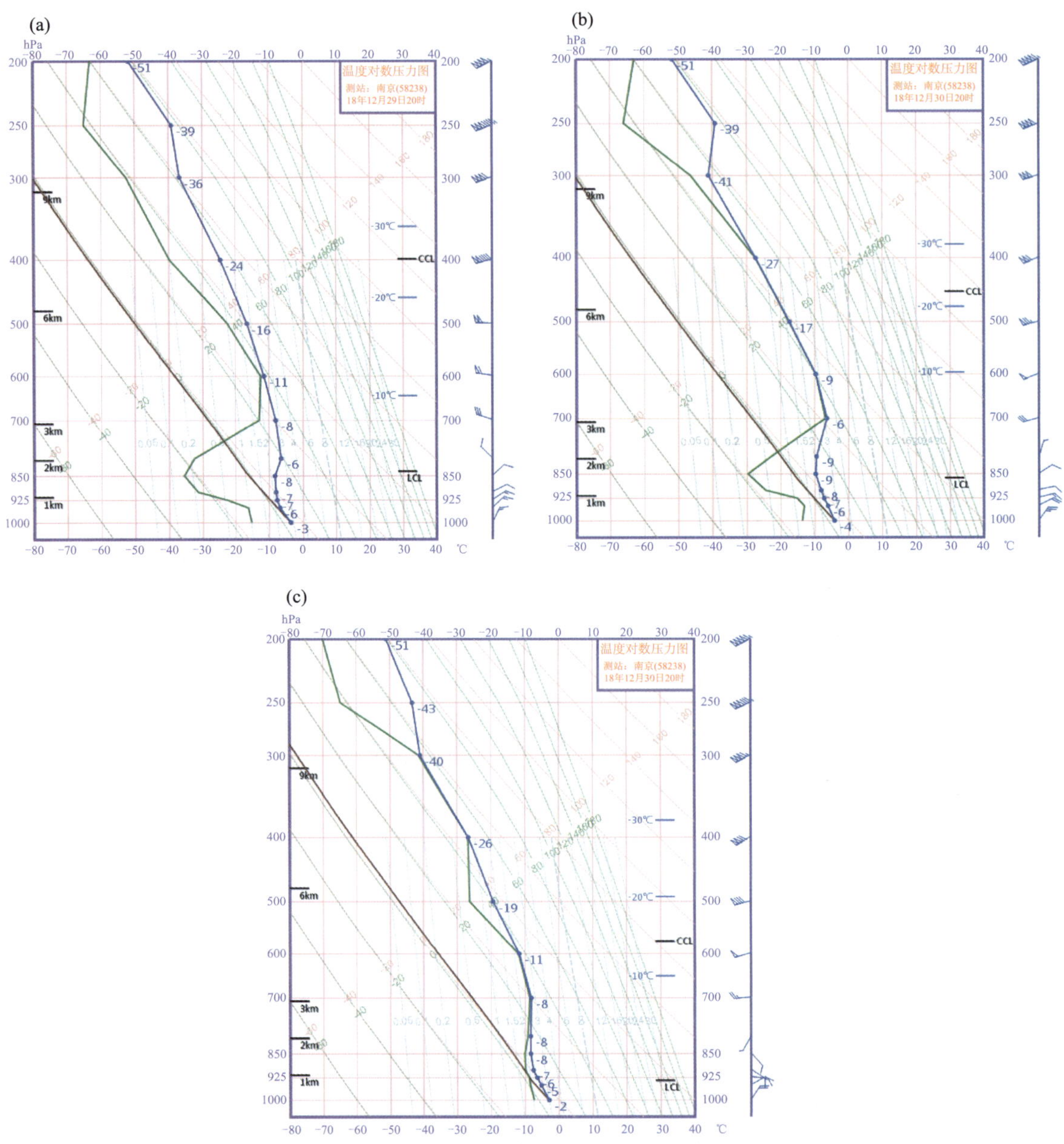

图 5.54 ECMWF 模式 2018 年 12 月 29 日 08 时预报 T-ln$p$ 图

(a)29 日 08 时;(b)30 日 08 时;(c)30 日 20 时

最后再确定降雪的强度，主要从水汽条件、垂直运动及降水持续时间等方面考虑。

通过 ECMWF 细网格模式预报的比湿时序图 5.56 可以看到本次过程比湿最大的层次主要在 700 hPa，在 29 日夜间随着 700 hPa 西南急流水汽的输送累积，南京站比湿在逐渐增大，到 30 日 08 时 700 hPa 最大达 3.2 g · kg^{-1}，而在 500 hPa 大约在 11—14 时达到最大值 1.7 g · kg^{-1}，850 hPa 上从 30 日 08 时开始增加，在 30 日 20 时达到最大值 2 g · kg^{-1}，这可能与降水粒子的下落有关。图 5.57 显示南京上空的湿层厚度也较薄，主要在 700—400 hPa 之间。总体来看，这次过程各层比湿均较小，不太利于较强降雪的出现。

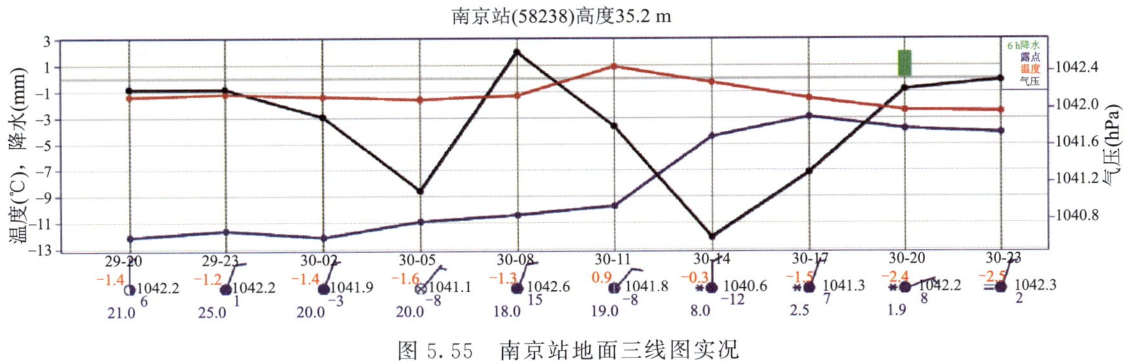

图 5.55　南京站地面三线图实况

(a)

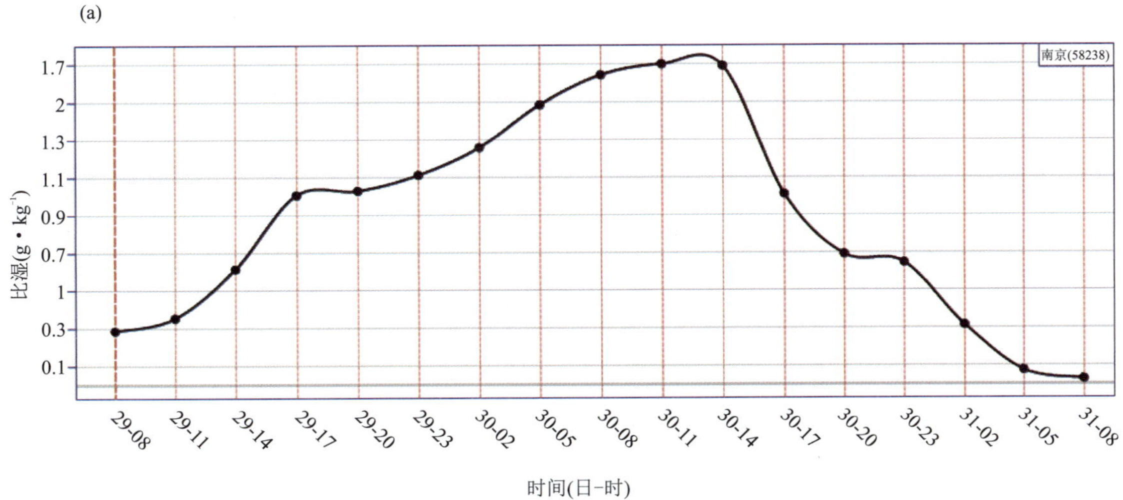

(b)

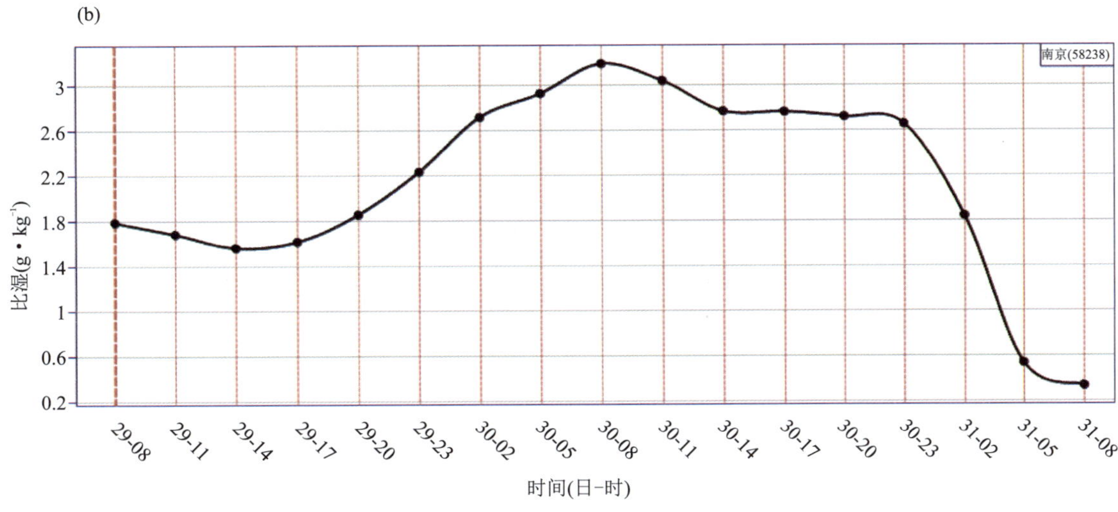

预防
南京(58238)
比湿(g·kg⁻¹)
时间(日-时)

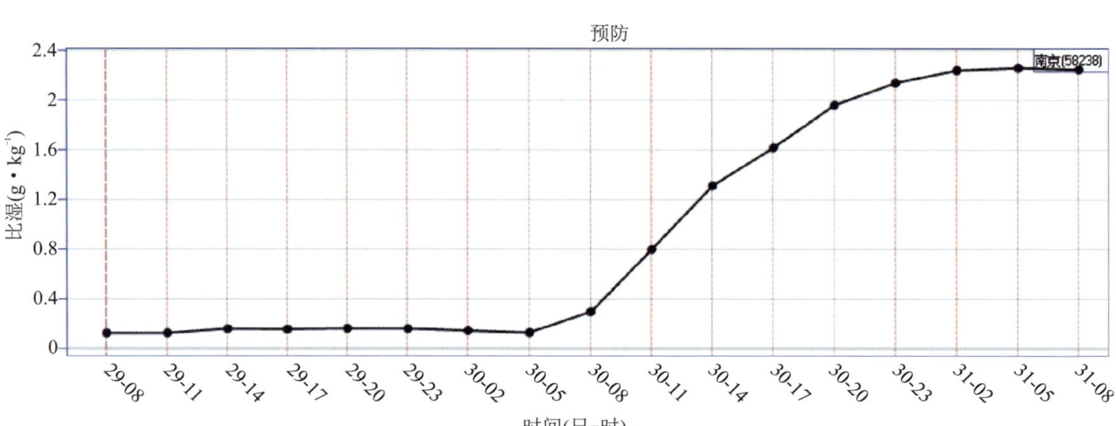

图 5.56　ECMWF 细网格模式 29 日 08 时预报南京站各层比湿时序图

(a)500 hPa;(b)700 hPa;(c)850 hPa

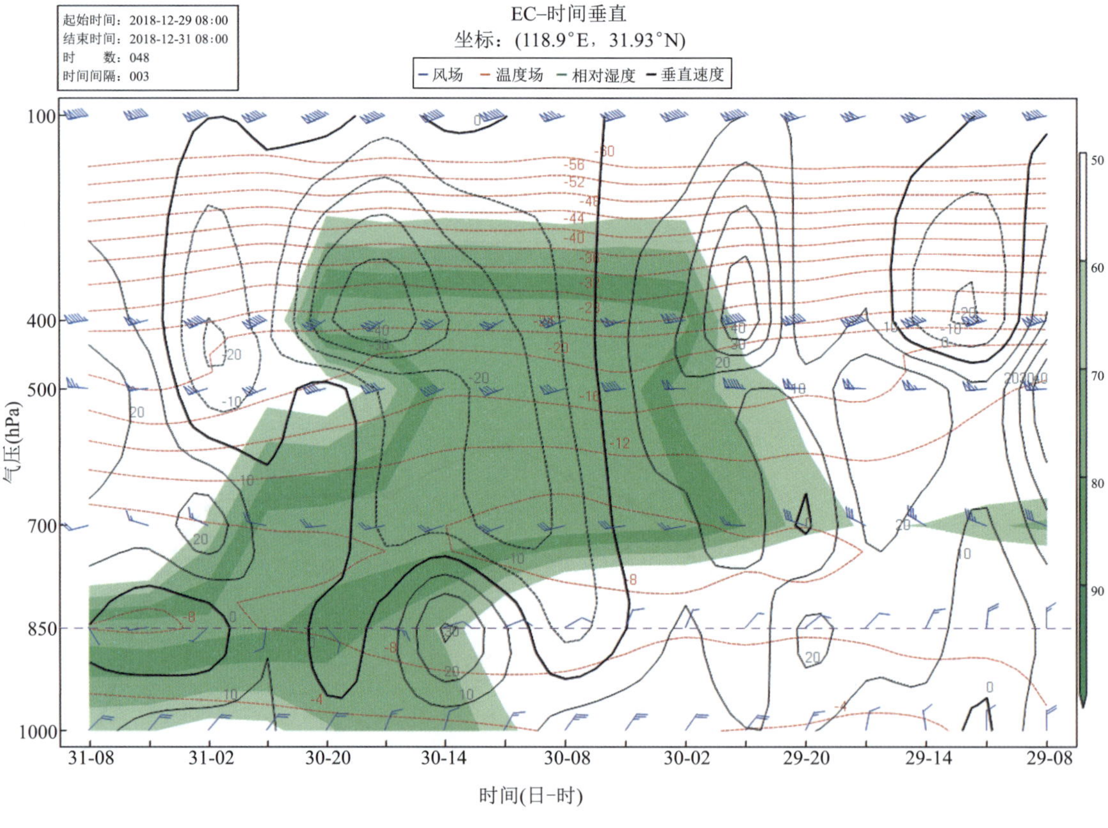

起始时间：2018-12-29 08:00
结束时间：2018-12-31 08:00
时　　数：048
时间间隔：003
EC–时间垂直
坐标：(118.9°E，31.93°N)
风场
温度场
相对湿度
垂直速度
气压(hPa)
时间(日-时)

图 5.57　ECMWF 模式 2018 年 12 月 29 日 08 时预报南京站风、温度(红色实线，单位：℃)、相对湿度(阴影，%)及垂直速度(黑色线，单位：10^{-2} Pa·s^{-1})时间垂直剖面图(附彩图)

再看垂直速度，从图 5.47—图 5.50 可知，引起南京降雪的系统主要是 700 hPa 及其以上层次的低压槽；850 hPa 及其以下层次为高压系统影响，以下沉运动为主，是比较典型的冬季降水的系统配置。图 5.57 也显示，南京站的上升运动主要在 30 日白天，且上升运动主要出现在 850 hPa 以上层次，30 日 17 时前后 400 hPa 出现最大中心，值为 -40×10^{-2} Pa·s^{-1}，上升速度不是很强。另外从湿度和垂直运动的配合来看，降雪主要出现在白天段。参考 ECMWF 模式细网格预报的降水量(图 5.58)，南京站降雪最大量级可以考虑预报中雪。

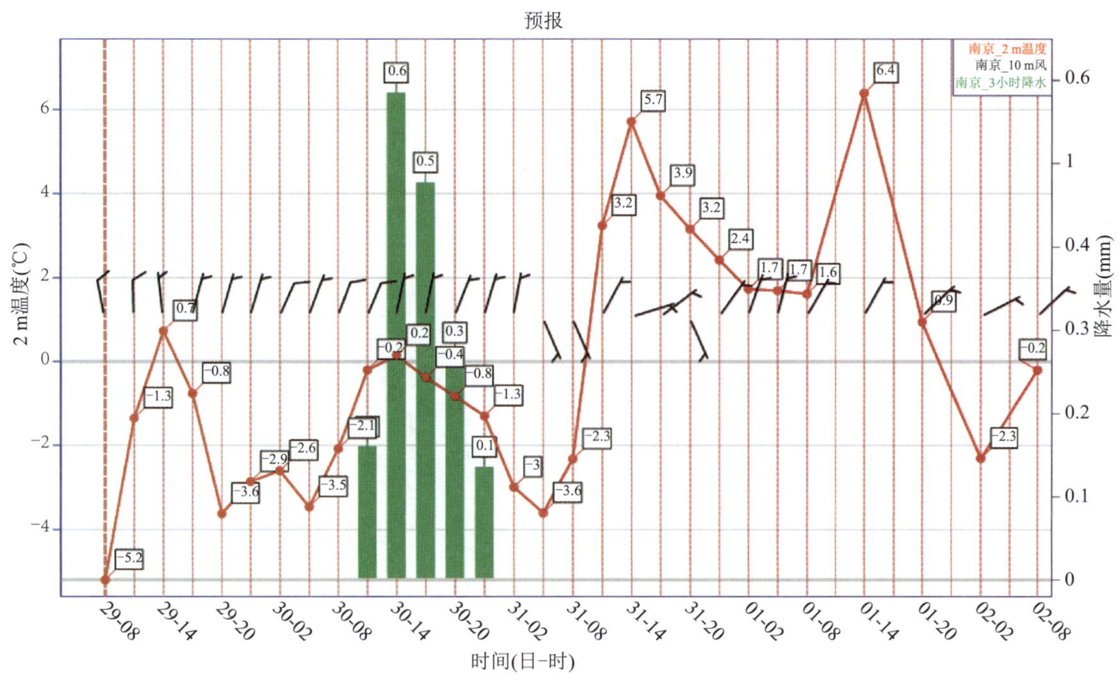

图 5.58　ECMWF 细网格模式 2018 年 12 月 29 日 08 时预报南京站 10 m 风、2 m 温度(实线，单位：℃)及逐小时降水量(单位：mm)时序图

另外，在模式检验部分，ECMWF 模式对高原东侧的低压槽(本次过程的主要影响系统)预报比实况偏强，可能使得预报的系统造成的上升速度比实况偏强，因此预报时可适当人工订正，下调降水量。

综上所述，南京的晴雨天空预报结果为：多云转阴有小雪。

南京地处丘陵地区，因此地面风的预报主要考虑天气系统的影响。先看 29 日 14 时地面实况(图 5.59)，南京位于高压底前部，观测实况为 3 级左右偏北风。而由图 5.47—图 5.49 中 ECMWF 模式预报的海平面气压场分布来看，南京依然处于高压底前部，等压线疏密程度比 29 日 14 时实况略有加密，根据地转风及梯度风原理，南京 29 日夜间到 30 日白天风向风速最大可考虑预报为东北风 3～4 级。另外 ECMWF 模式也给出了 10 m 风场的预报(图略)及 3 h 阵风的预报，可作为参考(图 5.60)(注：实况是东北风 2～3 级)。

要制作南京地面温度的预报，首先了解最近几天的实况，从图 5.61 可以发现在云量(我国自 2014 年不再观测云状)较多时如 27 日，05 时温度(3.8 ℃)和 14 时温度(3.9 ℃)差异较小，当天空转晴后，夜间辐射降温比较明显，如 28 日 05 时温度为 −0.9 ℃，当然实际中需综合考虑平流的作用。根据温度预报方程(5.6)式，首先读取温度实况。南京 29 日凌晨最低温度为 −5.1 ℃，最高温度用 29 日 14 时地面温度填图近似替代，值为 1.2 ℃。

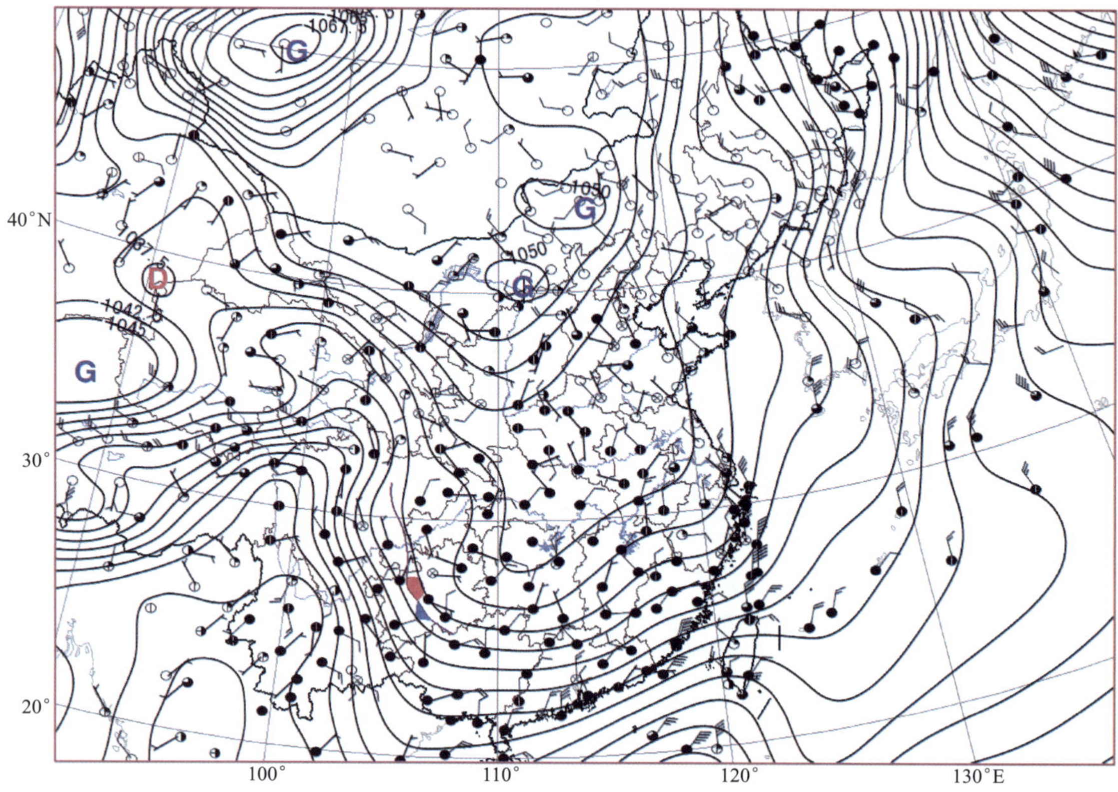

图 5.59　2018 年 12 月 29 日 14 时地面图实况

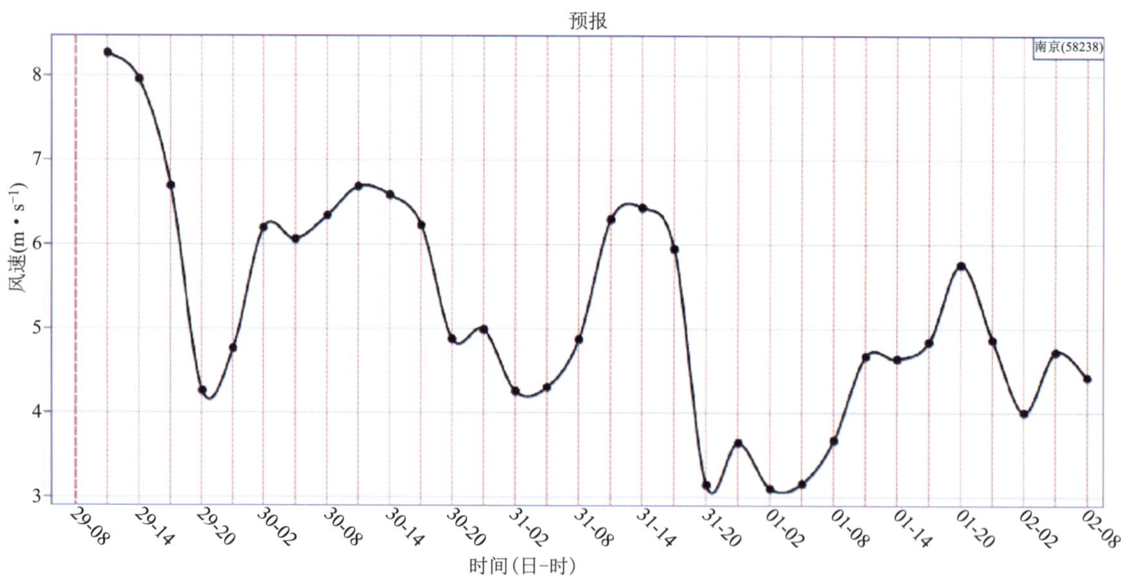

图 5.60　ECMWF 细网格模式 2018 年 29 日 08 时预报南京站逐 3 h 阵风风速

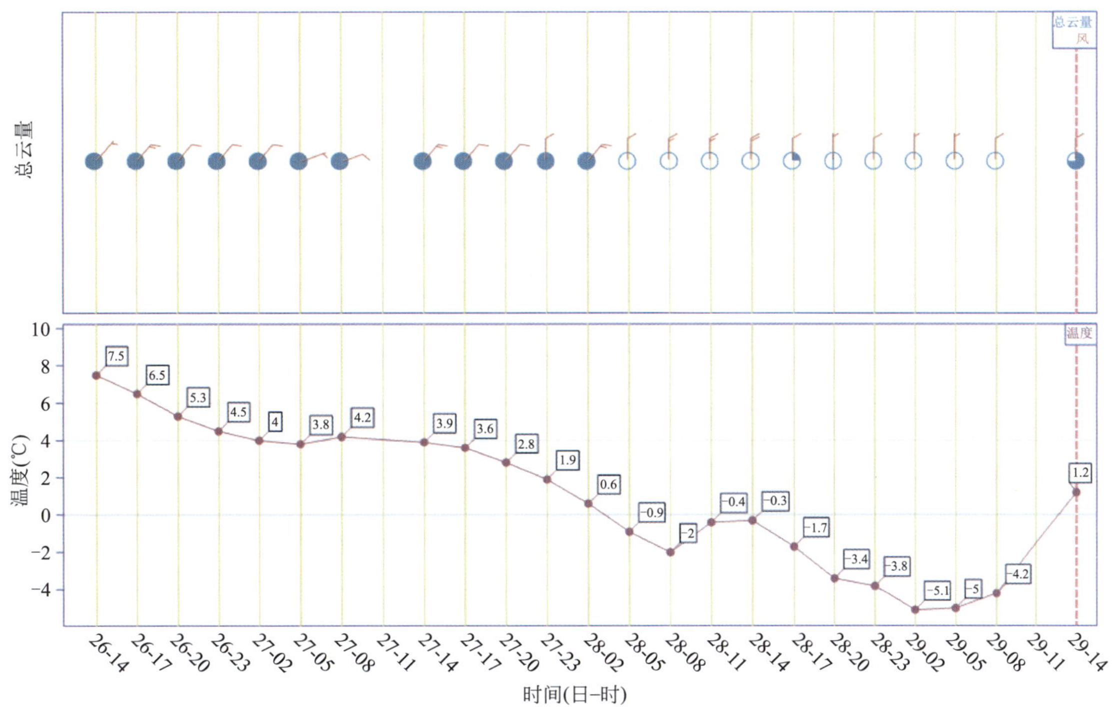

图 5.61　2018 年 12 月 26 日 14 时—29 日 14 时南京站观测地面温度、总云量及风时序图

再来看温度平流的影响，图 5.62 显示 ECMWF 模式预报 29 日夜间南京 850 hPa 为弱冷平流，可使得夜间的最低温度偏低，30 日上午平流非常弱，当高压南下以后，受高压后部东南气流影响，下午以后逐渐转为暖平流，因此平流对最高温度没有太大影响。图 5.63 中 850 hPa 24 h 变温曲线图也说明在预报时段内无明显冷暖空气影响南京地区。

根据前面的晴雨天空状况预报，在 29 日夜间到 30 日白天为多云转阴有小雪的天气，29 日夜间比 28 日夜间云量增多，不利于地表辐射降温，因此辐射项对最低温度的影响使得最低温度较前一天偏高；而 30 日白天预报有降雪，与 29 日白天云量相比也是增加的，因此不利于地表接收来自太阳的短波辐射，使得最高温度较前一日偏低。

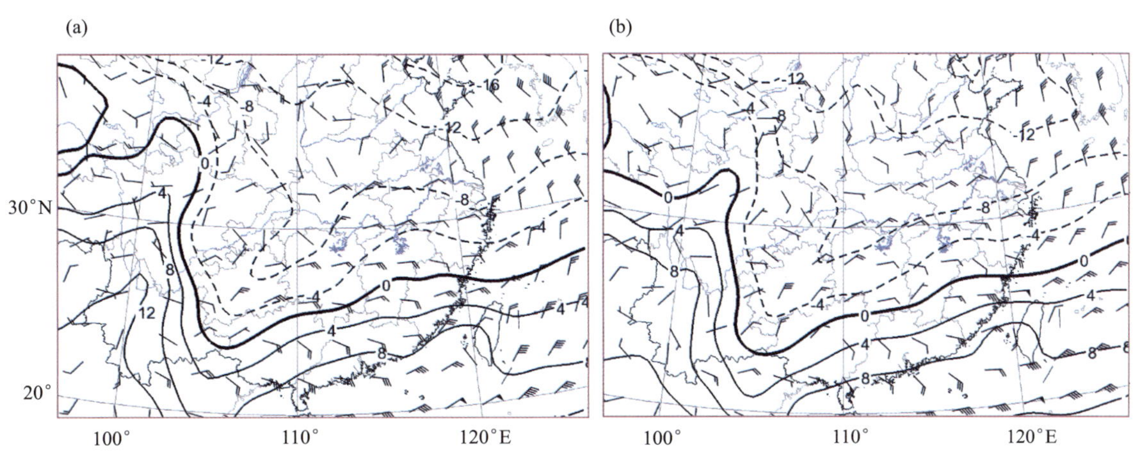

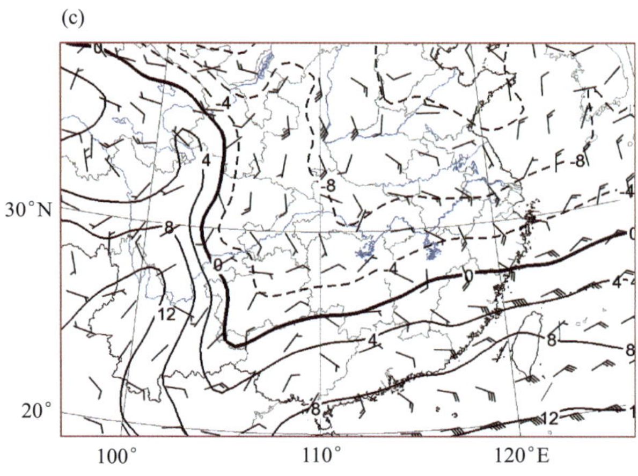

图 5.62　ECMWF 模式预报 850 hPa 风场及温度场

(a)28 日 20 时预报 29 日 20 时 850 风场及温度场；(b)29 日 08 时预报 30 日 08 时 850 风场及温度场；(c)28 日 20 时预报 30 日 20 时 850 风场及温度场

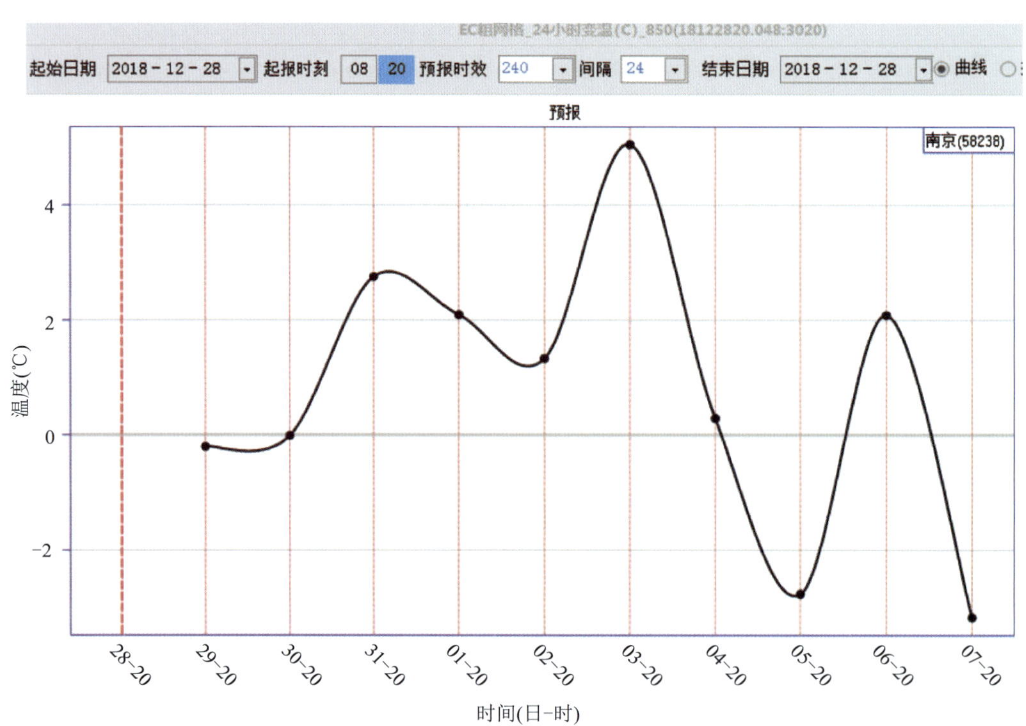

图 5.63　ECMWF 模式 2018 年 12 月 28 日预报南京站 24 h 变温时序图

另外考虑等压线相对密集，预报了 3～4 级东北风，风速较大，使得温度日变化较小。

综上所述，最低温度主观考虑比前一日偏高，最高温度比 14 时温度偏低。最后参考数值模式的客观温度预报结果来制作温度预报产品，首先对模式前期的预报效果作一检验，对比图 5.58 及图 5.61 发现，ECMWF 模式客观预报 29 日 08 时温度比实况偏低 1 ℃，14 时温度预报比实况偏低 0.5 ℃，在此基础上对温度客观预报做主观订正，则南京 29 日夜间到 30 日白天最低温度可报−3～−2 ℃，最高温度可报 1 ℃（注：实况最高气温 2 ℃，最低气温−2 ℃）。

5.8　实习

实习 1　影响系统分析与预报

1. 目的和要求

了解影响系统及其不同部位产生的垂直运动的区别，掌握未来 24 h 预报台站上空各层影响系统及影响部位的分析方法。

2. 实习内容及步骤

(1)利用实习当日 08 时实况资料及最新数值预报产品(GRAPES、ECMWF、JAPAN 等)，分析未来 24 h(当日 20 时—次日 20 时)南京站(或指定预报站点)上空 500 hPa、700 hPa、850 hPa 及地面四个主要层次的影响系统，并说明预报台站处于影响系统的什么部位。

(2)根据影响系统的高低空配置初步判断南京站(或指定预报站点)上空的垂直运动条件。

3. 实习报告

以文字形式概述预报时段内各层主要的影响系统及动态演变等相关内容，判断系统的空间配置情况。

实习 2　天空状况预报

1. 实习目的

了解表征水汽输送或局地水汽状况的物理量的含义，理解垂直运动、水汽条件与云雨状况的关系，掌握晴雨天空状况的预报方法。

2. 实习内容及步骤

(1)利用实习当日 08 时实况资料及最新数值预报产品(GRAPES、ECMWF、JAPAN 等)分析各等压面层影响系统及高低空配置情况，初步判断可能出现的天气；

(2)调出 700 hPa 和 850 hPa 数值模式未来 24 h 预报的表征水汽情况的物理量，如相对湿度，温度露点差、比湿或者水汽通量散度等，读取预报区湿度数值，判断水汽状况；

(3)调出数值模式预报的垂直速度，读取数值，判断预报区是上升还是下沉运动；

(4)利用(1)～(3)分析结果结合最新卫星云图综合制作天空状况预报；

(5)调取最新数值模式预报的未来 24 h 累积降水量，修正(4)预报结果。

3. 实习报告

用天空状况预报用语给出南京站(或指定预报站点)天空状况预报结论，以文字形式从各层主要的影响系统、水汽条件、垂直运动条件及卫星、模式定量降水预报等方面阐述预报理由。

实习 3　温度预报

1. 目的和要求

了解温度平流和未来天空状况对气温的影响，掌握日最高气温和最低气温的预报方法。

2. 实习内容及步骤

(1)读取预报站点实习当日地面最高气温和最低气温的实况；

(2)调取模式预报的未来 24 h 850 hPa 天气图，分析温度平流对最高、最低温度的影响；

(3)分析辐射项对温度的影响，需白天、夜间分别分析；

将预报的今夜天空状况与昨夜天空状况进行对比，如果云量增多，则今夜最低温度偏高；否则偏低。

将预报的明天白天天空状况与今天白天天空状况进行对比，如果云量增多，则明天白天最高温度偏低；否则偏高。

(4)综合温度平流和辐射两项的共同作用，再考虑影响温度的其他因素或者模式预报的2 m温度预报，最终制作出最高、最低温度的预报结论。

3. 实习报告

制作出南京站(或指定预报站点)最高、最低温度预报结论，以文字形式阐述预报理由。

实习4　风的预报

1. 目的和要求

理解风压关系在天气分析和预报中的应用，掌握风向和风速预报方法。

2. 实习内容及步骤

(1)利用实习当日最新的地面实况资料及模式预报的未来24 h的海平面气压场，确定预报地区处于什么系统什么部位，根据风压关系预报出风向；

(2)根据数值模式预报的海平面气压场等压线的疏密程度制作风速预报；

(3)根据预报地区的地形、局地热力条件、日变化规律等结合数值预报预报的10 m风修正(1)—(2)风向风速预报结果。

3. 实习报告

制作出南京站(或指定预报站点)风向、风速预报结论，以文字形式阐述预报理由。

实习5　能见度的预报

1. 目的和要求

了解雾、霾等大气凝结物或污染物与能见度的关系，理解雾霾天气形成的气象条件，初步掌握能见度的预报方法。

2. 实习内容及步骤

(1)了解实习时的气候背景和当地气候特点，判断预报区在未来24 h内是否可能出现低能见度；

(2)调看当日最新的污染物浓度观测资料、地面观测当前天气现象及能见度实况资料。如果预报区已经出现雾、霾等天气现象，需要特别关注未来气象条件的影响；另外还需要关注上游地区污染物的输送情况；

(3)利用观测资料及数值模式产品制作未来24 h气象条件预报，如近地面风速大小、湿度情况、大气层结条件等，制作预报台站的能见度或者雾、霾天气预报。

3. 实习报告

制作出南京站(或指定预报站点)能见度预报结论，以文字形式阐述预报理由。

实习6　区域要素预报A

1. 目的和要求

(1)了解气象台站发布预报的专业术语，理解区域要素预报的一般思路。

(2)理解不同高空形势下局地天气的特点。

2. 实习内容及资料

利用2019年11月23日14时前地面及探空资料、ECMWF(JAPAN或GRAPES)模式23日08时预报23日20时—24日20时预报产品，制作南京地区23日20时—24日20时区域气象要素预报。

预报提示：如图 5.64 所示南京地区在 21—22 日夜间已经出现轻雾，且南京探空显示湿层较薄，925—1000 hPa 为中性层结，较为稳定（图 5.65）。地面图（图 5.66e）显示南京位于高压后部均压区，偏南风且风速较小，上游有低压槽将逐渐东移影响南京（图 5.66a—d），在高、低层湿度平流作用下，南京地区的水汽进一步累积；在地面冷锋过境前，南京地区上空环流形势维持不变，所以需要考虑大雾出现的可能及雾可能的消散时间，另外需要关注低槽、冷锋系统配合可能产生的锋面降水及冷锋过境有无可能产生地面大风及强降温天气。

3. 制作南京地区要素预报结论，以文字形式阐述预报理由。

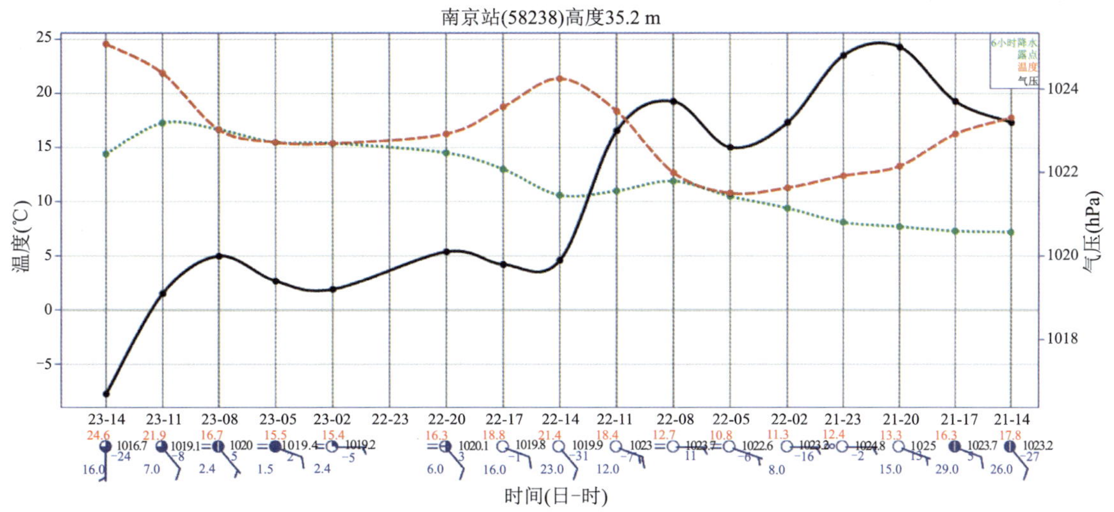

图 5.64　南京地面三线图（实线：海平面气压；虚线：温度；点线：露点）

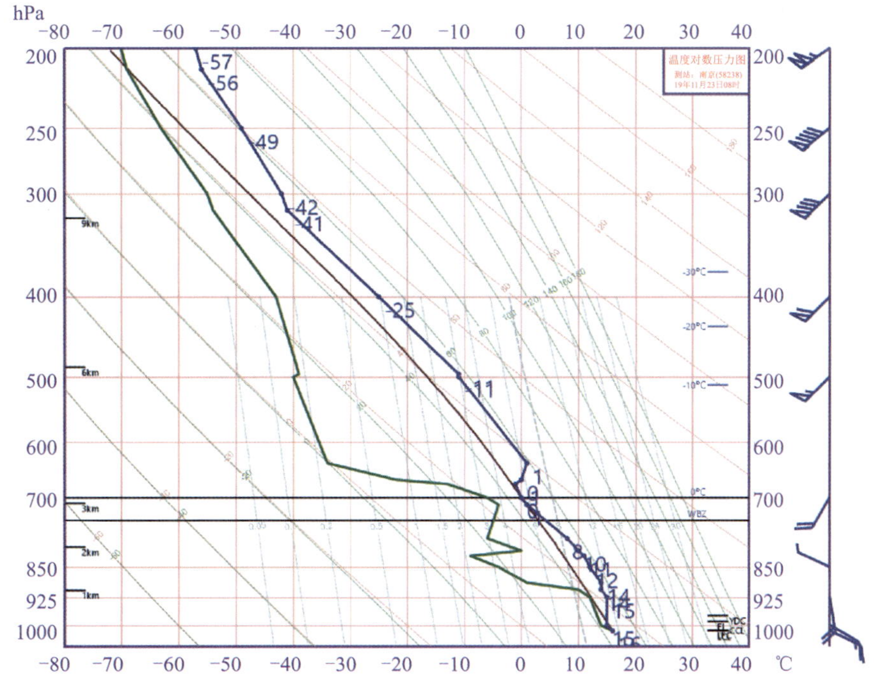

图 5.65　2019 年 11 月 23 日 08 时南京探空图

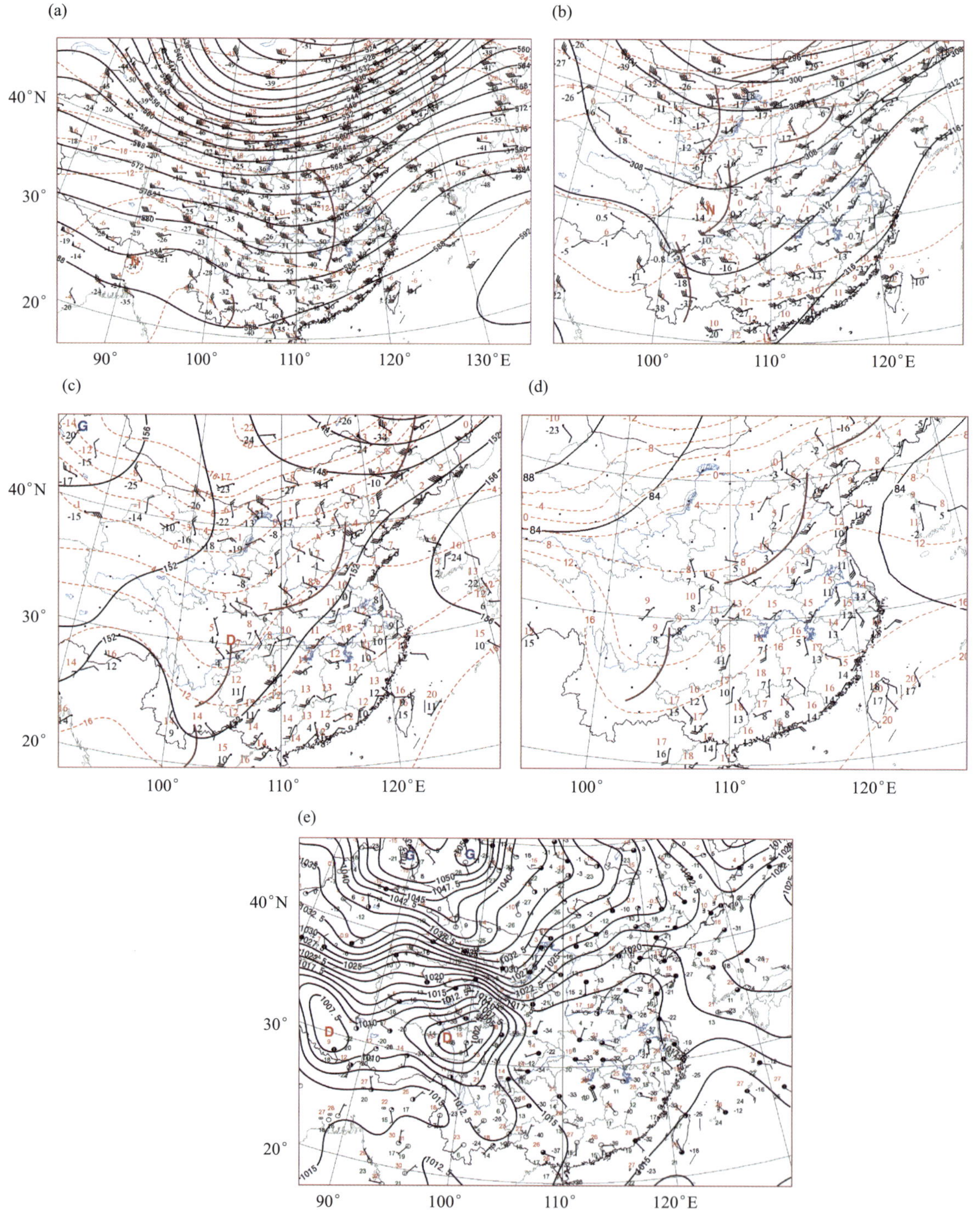

图 5.66　2019 年 11 月 23 日实况天气图

(a)2019 年 11 月 23 日 08 时 500 hPa 天气图；(b)2019 年 11 月 23 日 08 时 700 hPa 天气图；
(c)2019 年 11 月 23 日 08 时 850 hPa 天气图；(d)2019 年 11 月 23 日 08 时 925 hPa 天气图；
(e)2019 年 11 月 23 日 14 时地面天气图

实习7　区域要素预报B

1. 目的和要求

进一步了解掌握区域要素预报的一般思路；了解非常规气象观测资料在预报中的应用，理解不同天气背景下预报关注的重点。

2. 实习内容

根据2018年7月5日14时及以前地面、探空资料，参考卫星及雷达产品，利用ECMWF(JAPAN或GRAPES)模式5日08时预报6日20时—7日20时预报产品，制作南京地区气象要素预报。

预报提示：本次天气过程属于梅雨期的一次降水天气，主要影响系统为低槽、低涡切变线、低空急流及气旋(图5.67)，水汽条件充沛，需重点关注降水的量级，判断有无对流暴雨出现的可能性及强降雨可能出现的时间段。

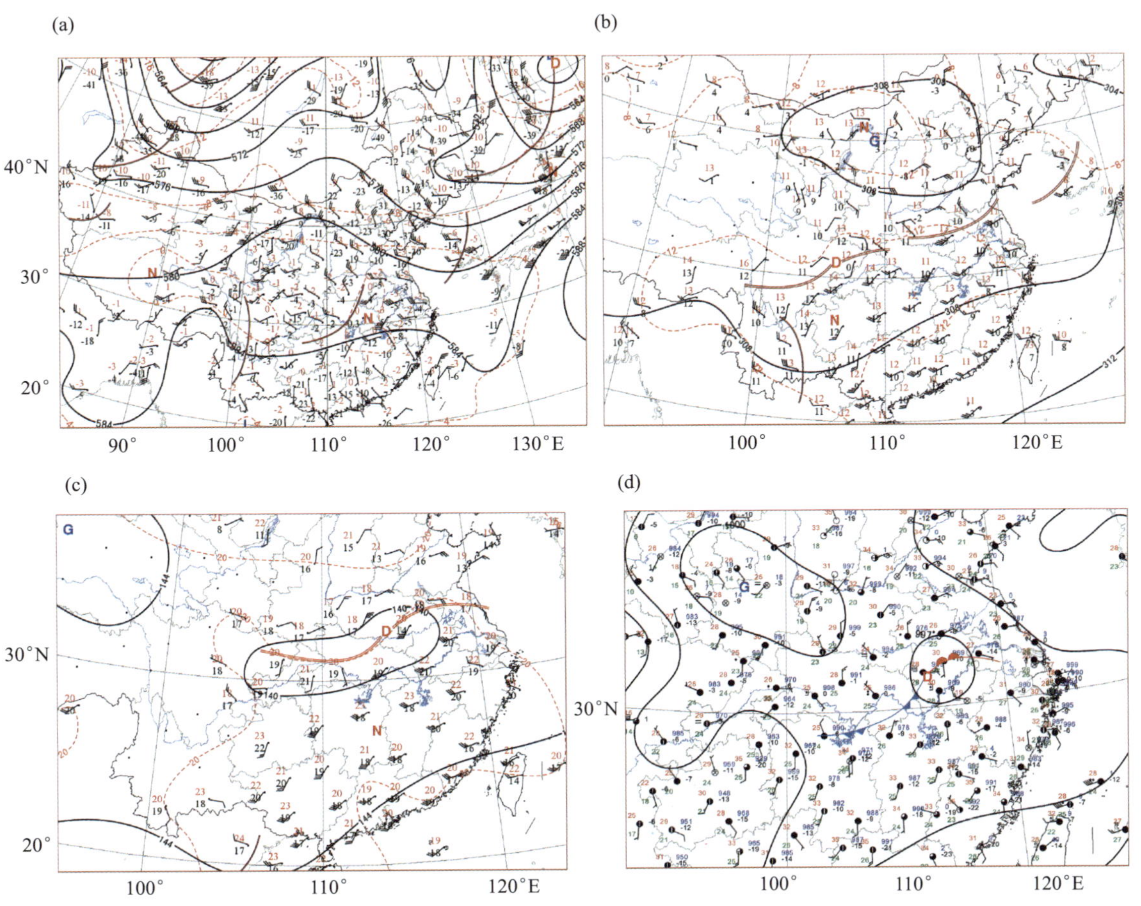

图5.67　2018年7月5日实况天气图

(a)2018年7月5日08时500 hPa天气图；(b)2018年7月5日08时700 hPa天气图；(c)2018年7月5日08时850 hPa天气图；(d)2018年7月5日14时地面天气图

3. 实习报告

制作南京地区要素预报结论，以文字形式阐述预报理由。请对比分析实习6所给的两种天气所产生的环境背景条件异同点,总结两类天气预报着眼点。

思考题:

(1)影响天空状况的因素有哪些?

(2)云及降水的形成条件是什么?

(3)雨雪相态预报中应关注哪些内容?

(4)影响地面温度的因子有哪些?实际业务预报中主要考虑什么因子的影响?

(5)地面风的预报思路是什么?在我国有哪些天气条件下可以产生大风?

(6)有哪些因子影响能见度的预报?

(7)我国气象要素预报的内容有哪些?

参考文献

鲍婧，黄亮，沈阳，等，2018. 江苏不同强度降雨对能见度影响分析[J]. 大气科学学报，41(5)：702-709.

常军，李祯，朱业玉，等，2005. 基于支持向量机(SVM)方法的冬季温度预测[J]. 气象科技，33(增刊)：100-104.

陈豫英，陈晓光，马金仁，等，2005. 基于MM5模式的精细化MOS温度预报[J]. 干旱气象，23(4)：52-57.

陈豫英，陈晓光，马金仁，等，2007. 风的精细化MOS预报方法研究[J]. 气象科学，27(2)：210-217.

陈豫英，刘还珠，陈楠，等，2008. 基于聚类天气分型的KNN方法在风预报中的应用[J]. 应用气象学报，9(5)：574-572.

崔讲学，2011. 地面气象观测[M]. 北京：气象出版社：183.

丁一汇，李怡，王遵娅，等，2020. 亚非夏季风的年代际变化：大西洋多年代际振荡与太平洋年代际振荡的协同作用[J]. 大气科学学报，43(1)：20-32.

丁一汇，王遵娅，宋亚芳，等，2008. 中国南方2008年1月罕见低温雨雪冰冻灾害发生的原因及其气候变暖的关系[J]. 气象学报，66(5)：808-825.

董全，黄小玉，宗志平，2011. 我国各地降水相态变化的气温分析[J]. 天气预报技术总结专刊，2：29-35.

樊高峰，马浩，任律，等，2017. 分钟降水量对能见度及$PM_{2.5}$浓度影响研究[J]. 气象，43(12)：1528-1533.

高嵩，任延洋，李开元，等，2017. 气象信息综合分析处理系统第四版(Micaps4.0)客户端使用指南[M]. 北京：气象出版社.

宫德吉，李彰俊，2001. 低空急流与内蒙古的大(暴)雪[J]. 气象，27(12)：4-7.

国家气候中心，2018. 中国灾害性天气气候图集[M]. 北京：气象出版社.

国家气象科学数据中心. http://data.cma.cn/data/weatherBk.html.

韩成鸣，李耀东，史小康，2015. 云分析预报方法研究进展[J]. 地球科学进展，30(4)：505-517.

胡邦辉，张惠君，杨修群，等，2009. 基于非参数回归模型的局部线性估计云量预报方法研究[J]. 南京大学学报(自然科学版)，45(1)：89-97.

黄嘉佑，1990. 气象统计分析与预报方法[M]. 北京：气象出版社：28-85.

黄嘉佑，谢庄，1993. 卡尔曼滤波在天气预报中的应用[J]. 气象，19(4)：3-7.

季良达，1998. 利用水汽图像研究高原大雪的水汽源[M]. 北京：气象出版社：59-63.

矫梅燕，2004. 现代数值预报业务[M]. 北京：气象出版社.

李昌玉，沈洁，玉红英，2017. 青藏高原东北部近10年大到暴雪天气过程分析[J]. 现代农业科技，(14)：210-212.

李江波，李根娥，裴雨杰，等，2009. 一次春季强寒潮的降水相态变化分析[J]. 气象，35(7)：87-94.

李倩，胡邦辉，王学忠，等，2011. 基于BP人工神经网络的区域温度多模式集成预报试验[J]. 干旱气象，29(2)：231-235.

梁红，马福全，李大为，等，2010. "2009.2"沈阳暴雪天气诊断与预报误差分析[J]. 气象与环境学报，27(4)：22-27.

梁理新，黄国宗，2007. 单站最高最低气温预报方法研究[J]. 广西气象，27(增刊3)：4-7，17.

林良勋，程正泉，张兵，等，2004. 完全预报(PP)方法在广东冬半年海面强风业务预报中的应用[J]. 应用气象学报，15(4)：485-490.

刘还珠，赵声蓉，陆志善，等，2004. 国家气象中心气象要素的客观预报—MOS系统[J]. 应用气象学报，15(2)：181-191.

龙柯吉,王佳津,郭旭,等,2016. 四川省降水相态识别判据研究[J]. 高原山地气象研究,36(3):57-65.

马林,马元仓,王文英,等,2001. 青藏高原东部牧区秋季雪灾天气的形成及预报[J]. 高原气象,20(4):407-414.

马玉坤,赵中军,王玉国,等,2011. 环渤海地区云量的动力过程相似预报方法[J]. 兰州大学学报(自然科学版),47(4):38-43.

欧建军,周毓荃,杨棋,等,2011. 我国冻雨时空分布及温湿结构特征分析[J]. 高原气象,30(3):792-799.

潘晓滨,何宏让,王春明,等,2017. 数值天气预报产品解释应用[M]. 北京:气象出版社.

漆梁波,张瑛,2012. 中国东部地区冬季降水相态的识别判据研究[J]. 气象,37(8):991-998.

饶纲伟,徐穗珊,李江南,2008. 不同云微物理方案对粤北冻雨的敏感性试验[J]. 广东气象,30(7):20-23.

沈澄,姜有山,刘冬晴,2013. 南京秋季辐射雾与平流雾边界层气象要素特征比较[J]. 气象科技,41(6):552-557.

史津梅,扎西才让,张吉农,等,2002. 利用卡尔曼滤波法建立最高、最低气温的逐日滚动预报系统[J]. 青海科技,(1):40-42.

寿亦萱,许健民,2005. 2005 年 6 月 10 日沙兰镇泥石流成因及机制分析[C]. 中国气象学会 2005 年年会论文集:2728-2740.

宋善允,彭军,连志鸾,等,2017. 河北省天气预报手册[M]. 北京:气象出版社:40-41,47,162-164,184-185.

孙继松,戴建华,何立福,等,2014. 强对流天气预报的基本原理与技术方法[M]. 北京:气象出版社.

孙燕,严文莲,尹东屏,等,2013. 江苏冬季降水相态气候分布特征及预报方法探讨[J]. 气象科学,33(3):325-332.

索渺清,丁一汇,鲁亚斌,等,2018. 中国南方准静止锋对冬季大范围冻雨的影响[J]. 气象学报,76(4):525-538.

谭桂容,郭志荣,陈旭红,2017. 数值天气预报产品释用实习教程[M]. 北京:气象出版社.

王秀明,俞小鼎,周小刚,2015. 中国东北龙卷研究:环境特征分析[J]. 气象学报,73(3):425-441.

王宗敏,丁一汇,张迎新,等,2012. 太行山东麓焚风天气的统计特征和机理分析 I:统计特征[J]. 高原气象,31(4):547-554.

吴芳芳,俞小鼎,张志刚,等,2013. 苏北地区超级单体风暴环境条件与雷达回波特征[J]. 气象学报,71(2):209-227.

吴洪,2013a. 新任预报员上岗培训系列讲义:地面风与温度预报[R]. 北京:中国气象局培训中心.

吴洪,2013b. 新任预报员上岗培训系列讲义:雾和低云的预报思路及方法[R]. 北京:中国气象局培训中心.

伍荣生,1999. 现代天气学原理[M]. 北京:高等教育出版社:282-288.

肖琢静,1995. 地转风和梯度风的实用计算[J]. 海洋预报,12(3):78-84.

谢清霞,唐延婧,庞庆兵,等,2016. 贵州辐射雾的时空变化特征及其气象要素分析[J]. 气象与环境科学,39(2):119-125.

熊聪聪,王静,宋鹏,等,2008. 遗传算法在多模式集成天气预报中的应用[J]. 天津科技大学学报,23(4):80-84.

熊秋芬,胡江林,陈永义,2007. 天空云量预报及支持向量机和神经网络方法比较[J]. 热带气象学报,23(2):255-260.

熊秋芬,吕文忠,2013a. 新任预报员上岗培训系列讲义:云的分析和预报[R]. 北京:中国气象局培训中心:14-16,20-28.

熊秋芬,牛宁,章丽娜,等,2013b. 新任预报员上岗培训系列讲义:降水的分析和预报[R]. 北京:中国气象局培训中心:1-26.

熊艳,2002. 能见度影响因子分析及观测着眼点[J]. 江西气象科技,27(增刊):251-252.

许爱华，乔林，詹丰兴，等，2007. 2005年3月一次寒潮天气过程的诊断分析[J]. 气象，32(3)：49-55.

薛志磊，张书余，2012. 气温预报方法研究及其应用进展综述[J]. 干旱气象，30(3)：451-458.

杨成芳，姜鹏，张少林，等，2013. 山东冬半年降水相态的温度特征统计分析[J]. 气象，39(3)：355-371.

杨雪艳，谢静芳，周宪明，等，2001. 能见度影响因子分析及预报[J]. 吉林气象，(2)：19-23.

杨玉华，雷小途，2004. 我国登陆台风引起的大风分布特征的初步分析[J]. 热带气象学报，20(6)：633-642.

杨忠恩，陈淑琴，黄辉，2007. 舟山群岛冬半年灾害性大风的成因与预报[J]. 应用气象学报，18(2)：80-85 .

姚学祥，2011. 天气预报技术与方法[M]. 北京：气象出版社 .

姚叶青，郝莹，张义军，等，2012. 安徽龙卷发生的环境条件和临近预警[J]. 高原气象，31(6)：1721-1730.

余功梅，宋火，茅卫平，等，1999. 用PP法制作中期气温趋势预报[J]. 气象科技，27(4)：34-38.

余金龙，朱红芳，邱学兴，等，2017. 安徽冬季地面降水相态的判别研究[J]. 气象，43(9)：1052-1063.

俞小鼎，周小刚，王秀明，2012. 雷暴与强对流临近天气预报技术进展[J]. 气象学报，70(3)：311-337.

曾晓青，薛峰，赵瑞霞，等，2019. 几种格点化温度滚动订正预报方案对比研究[J]. 气象，45(7)：1009-1018.

张长卫，2009. 基于BP神经网络的单站总云量预报研究[J]. 气象与环境科学，32(1)：68-71.

张小曳，孙俊英，王亚强，等，2013. 我国雾—霾成因及其治理的思考[J]. 科学通报，58(13)：1178-1187.

张秀年，曹杰，杨素雨，等，2011. 多模式集成MOS方法在精细化温度预报中的应用[J]. 云南大学学报(自然科学版)，33(2)：67-71.

张迎新，侯瑞钦，张守保，2007. 回流暴雪过程的诊断分析和数值试验[J]. 气象，33(9)，25-32.

章国材，2016. 中国雾的业务预报和应用[J]. 气象科技进展，6(2)：42-48.

赵声蓉，2007. 多模式温度集成预报[J]. 应用气象学报，17(1)：52-57.

郑国光，2019. 中国气候[M]. 北京：气象出版社 .

郑婧，许爱华，刘波，等，2009. 江西省冬季大雪气候概况和环流特征分析[J]. 气象与减灾研究，32(1)：32-38.

郑永光，田付友，周康辉，等，2018. 雷暴大风与龙卷的预报预警和灾害现场调查[J]. 气象科技进展，8(2)：55-61.

郑媛媛，张备，王啸华，等，2015. 台风龙卷的环境背景和雷达回波结构分析[J]. 气象，41(8)：941-952.

中国气象局数值预报中心，2013. GRAPES_Meso中尺度数值预报系统用户指南[Z]. 1版 .

周后福，2005. 局地温度变化中各项因子的定量估算[J]. 气象，31(10)：20-23.

朱乾根，林锦瑞，寿绍文，等，2007. 天气学原理和方法[M]. 4版 . 北京：气象出版社：204-230.

朱智慧，黄宁立，问晓梅，2015. 双台风"天秤"和"不拉万"相互作用诊断分析[J]. 气象科技，43(3)：506-511.

BROOKS H E, LEE J W, CRAVEN J P, 2003. The spatial distribution of severe thunderstorm and tornado environments from global reanalysis data[J]. Atmos Res, 67-68: 73-94.

CRAVEN J P, BROOKS H E, 2004. Baseline climatology of sounding derived parameters associated with deep moist convection[J]. NatlWea Dig, 28: 13-24.

DAVIES-JONES R, TRAPP R J, BLUESTEIN H B, 2001. Tornadoes and Tornadic Storms[M]//Doswell C A Ⅲ. Severe Convective Storms. Boston: American Meteorological Society: 167-221.

DOSWELL C A III, BROOKS H E, MADDOX R A, 1997. Flash flood forecasting: An ingredients-based methodology[J]. Wea Forecasting, 11(4): 570-581.

GRAMS J S, THOMPSON R L, SNIVELY D V, et al, 2012. A climatology and comparison of parameters for significant tornado events in the United States[J]. Wea Forecasting, 27(1): 106-123.

HUFFMAN G J, NORMAN G A, 1988. The super cooled warm rain process and the specification of freezing precipitation[J]. Mon Wea Rev, 116(11): 2172-2182.

LOWNDER C A S, BEYON A, HAWSON C L, 1974. An assessment of some snow predictors[J]. Meteor Mag, 103: 341-358.

MOLLER A R, 2001. Severe Local Storms Forecasting[M]//Doswell C A Ⅲ. Severe Convective Storms. Boston:Amer Meteor Soc: 433-480.

PRYOR K L,2015. Progress and developments of downburst prediction applications of GOES[J]. Wea Forecasting, 30(5):1182-1200.

PRZYBYLINSKI R W,1995. The bow echo: Observations, numerical simulations, and severe weather detection methods[J]. Wea Forecasting, 10(2): 203-218.

RAUBER R M,OLTHOFF L S,RAMAURTHY M K,et al,2000. The relative importance of warm rain and melting processes in freezing precipitation events[J]. J Appl Meteor, 39(7):1185-1195.

ROBERTS R D, WILSON J W, 1989. A proposed microburst nowcasting procedure using single-Doppler radar[J]. J Appl Meteor, 28(4): 285-303.

SCHMOCKER G K, PRZYBYLINSKI R W, LIN Y J,1996. Forecasting the initial onset of damaging downburst winds associated with a mesoscale convective system (MCS) using the mid-altitude radial convergence (MARC) signature[C]. Preprints 15th Conference on Weather Analysis and Forecasting, Norfolk, American Meteorological Society, 306-311.

TRAPP R J,STUMPF G J,MANROSS K L,2005. A reassessment of the percentage of tornadicmesocyclones [J]. Wea Forecasting,20(4):680-687.

TRAPP R J, WEISMAN M L, 2003. Low-level mesovortices within squall lines and bow echoes. Part Ⅱ: Their genesis and implications[J]. Mon Wea Rev,131(11):2804-2823.

WAKIMOTO R M, WILSON J W, 1989. Non-supercell tornadoes[J]. Mon Wea Rev, 117(6): 1113-1140.